초등학교 수학 이렇게 가르쳐라

초등학교 수학 이렇게 가르쳐라

1판 제1쇄 인쇄 • 2002년 7월 4일

1판 제6쇄 펴냄 • 2019년 6월 3일

지은이 • 리핑 마

옮긴이 • 신현용, 승영조

펴낸이 • 황승기

편 집 • 황승기, 정진희, 임은선

마케팅 • 김현호, 안애정

펴낸곳 • 도서출판 승산

등록날짜 • 1998. 4. 2

주 소 • 서울특별시 강남구 테헤란로34길 17 혜성빌딩 402호

전 화 • 02-568-6111

F A X • 02-568-6118

E-Mail • books@seungsan.com

ISBN 89-88907-35-3   03410

• 잘못 만들어진 책은 친절히 바꿔 드리겠습니다.

• 값은 표지에 있습니다.

• 도서출판 승산은 좋은 책을 만들기 위해 언제나 독자의
   소리에 귀를 기울이고 있습니다.

초등학교 수학 이렇게 가르쳐라

리핑 마 지음 / 신현용 · 승영조 옮김

승산

추천사

리 S. 슐만(카네기 교육진흥재단)

이 연구서는 주목할 만한 책이다. 이 책의 가장 중요한 교훈을 자칫 오해하기 쉽다는 것 역시 주목할 만하다. 리핑 마는 미국과 중국의 초등학교 교사들이 기초수학fundamental mathematics을 얼마나 잘 이해하고 있는지 비교 연구했다. 그것은 너무나 단순한 연구처럼 보인다. 그런데 무엇을 오해하기 쉽다는 것일까? 요약하면 다음과 같다.

- 이 책은 수학을 가르치는 미국과 중국의 초등교사들을 비교 연구한 것처럼 보인다. 그러나 이 책의 가치는 비교한 데 있는 것이 아니다. 어떻게 가르쳐야 기초수학을 올바르게 가르친다고 할 수 있는지, 그 이론과 실제를 보여주었다는 데 이 책의 가치가 있다.
- 이 책은 가르치는 방법보다 수학 내용을 이해하는 것에 대해 말하고 있는 것처럼 보인다. 그러나 내용의 이해가 가르치는 방법

을 좌우한다고 이 책은 말한다.

● 이 책은 현장에서의 수학 교육에 대해서만 말하고 있는 것처럼 보인다. 그러나 이 책은 교육정책과 교사교육 담당자도 참고하지 않을 수 없는 내용을 담고 있다.

● 이 책은 교사들의 수업 준비와 가장 큰 관계가 있는 것처럼 보인다. 그러나 이 책은 우리가 어떻게 교직을 이해하고, 어떻게 교사 능력을 향상시킬 수 있을 것인가에 대한 방향까지 제시하고 있다.

● 이 책은 초등교사들의 수학 수업에 초점을 맞추고 있지만, 미래의 교사와 미래의 학부모에게 수학을 가르치는 대학교수들까지도 이 책의 주요 독자에 포함된다.

이 추천사에서 나는 다소 아리송한 위 발언을 풀어서 설명하고자 한다. 그러나 먼저 리핑 마의 약력부터 살펴보는 게 좋겠다.

리핑 마는 문화혁명(1965~1976) 덕분에 우연찮게 초등교사가 되었다. 상하이에서 중학교 8학년[1]을 마친 그녀는 농부들에게 재교육을 받으라는 지시와 함께 "시골"로 보내졌다. 그 "시골"은 유난히 가난한 남부 산악지대에 있었다. 몇 달 후, 촌장은 리핑 마에게 마을학교의 교사가 되어달라고 부탁했다. 내게 들려준 말에 따르면, 그녀는 정규교육을 고작 8년밖에 받지 않은 십대 소녀였는데도, 한 교실에서 2개 학년 아이들에게 전 과목을 가르쳐야 했다. 그러나 7년 후 그녀는 교장이 되었고,

---

1) 옮긴이 주 : 근대교육을 시작했을 때 중국 학제는 6·3·3제였다가, 1951년부터 5·3·3제, 문화혁명기에 5·3·2제, 그 이후 현재까지 5·4·3제 혹은 6·3·3제가 일반적인데, 지역에 따라 차이가 있다.

5개 학년 전부를 가르쳤다. 몇 년 후에는 한 주의 초등학교 교육감이 되었다.

　교육감이 되어 상하이로 돌아온 리핑 마는 리우 교수의 제자가 된다. 리우 교수는 리핑 마에게 공자, 플라톤, 로크, 루소, 피아제, 브루너 등의 교육에 관한 고전문헌을 읽게 했다. 리우 교수는 나중에 화동사범대학교의 총장이 되었고, 그 대학에서 리핑은 석사학위를 받게 된다. 리핑은 미국에 가서 더 공부하고 싶은 열망이 있었다. 그리고 1988년 말, 그 열망대로 미국의 미시간 주립대학을 다니게 된다.

　미시간 주립대학에서 리핑은 교사 교육과 수학 교육, 비교 교육학 분야를 공부했다. 그녀는 초등교사의 수학 이해에 관한 국가조사 자료의 개발·분석에 참여했다. 이때, 그녀는 미국 초등교사들이 기초수학을 잘 모른다는 사실에 충격을 받게된다. 중국 교사들과는 현저하게 달랐던 것이다.

　몇 년 후 그녀의 가족은 캘리포니아로 이주했고, 리핑은 박사학위를 받기 위해 스탠포드 대학에 입학한다. 이때 나는 그녀의 지도교수였다. 그녀는 스펜서 재단의 장학금을 받으며, 이 책의 초고가 된 박사논문을 준비했다. 이 장학금과 더불어 미시간 주립대학의 지원을 계속 받은 그녀는 중국에 가서 중국 교사들을 만나 자료를 수집해 올 수 있었다. 박사학위를 받은 후, 리핑은 2년간의 박사 후 장학금을 받으며 버클리에 소재한 캘리포니아 대학에서 연구를 계속하는 한편, 박사논문을 다듬어서 이 책을 펴내게 되었다.

　이 책의 가장 중요한 교훈은 무엇인가? 이제 서두에 제시한 다섯 가지 오해에 관한 내용으로 돌아가서, 자세히 논의해보겠다.

　이 책은 수학을 가르치는 미국과 중국의 초등교사들을 비교 연구한 것처럼 보인다. 그러나 이 책의 가치는 비교한 데 있는 것이 아니다. 어떻게 가르쳐야 기초수학을 올바르게 가르친다고 할 수 있는지, 그 이론과 실제를 보여주었다는 데 가치가 있는 것이다. 이 연구서는 미국과 중국 교사들을 비교한 결과, 중국 교사들이 기초수학을 훨씬 더 많이 알고 있다고 말한다. 너무나 단순한 얘기 같다. 그러나 핵심은 미국과 중국 교사들을 비교한 데 있지 않다. 이 책의 백미는 두 집단의 이해의 차이를 탁월하게 분석해서, 기초수학을 올바르게 가르치는 길을 제시한 데 있다. 중국 교사들은 "기초수학에 대한 깊은 이해" 차원에서 훨씬 더 뛰어난 것으로 보인다. 그들이 "더 많이 안다"거나 "더 많이 이해한다"는 것을 입증하기 위해 이 책은 이론적 근거를 제시한다. 중국 교사들은 사실상 수학을 훨씬 적게 공부했다고 할 수 있는데도, 그들의 지식은 훨씬 더 깊이가 있고, 훨씬 더 융통성이 있고, 훨씬 더 응용력이 높았다.

이 책은 가르치는 방법보다 수학 내용을 이해하는 것에 대해 말하고 있는 것처럼 보인다. 그러나 저자는 내용의 이해가 가르치는 방법을 좌우한다고 말한다. 리핑 마는 미국과 중국 초등교사들의 수학 지식과 이해의 차이를 설명한다. 그런데 여기서, 제대로 이해한다는 것이 무엇인지가 중요하다. 이 책은 안다는 것에 여러 측면이 있음을 밝히고, 중요한 수학적 아이디어를 학생들에게 설명해주는 교사의 능력은 수학의 이해 정도에 달려 있다고 강조한다. 그녀는 이해의 조건인 네 가지 속성—기본개념, 개념들 간의 관계, 한 개념에 대한 다중 접근, 개념들 간의 종적 일관성—을 제시한다. 이들 네 속성은 이해의 골격을 이룬다. 이런 골격을 튼튼히 갖추었을 때 비로소 학생들의 생각을 제대로 이해하면서 가르칠 수 있다.

이 책은 현장에서의 수학 교육에 대해서만 말하고 있는 것처럼 보인다. 그러나 이 책은 교육정책과 교사교육 담당자도 참고하지 않을 수 없는 내용을 담고 있다. 정책 입안자들은 미래의 교사들이 학생 교육에 필요한 교과지식을 지니고 있는지의 여부를 증명해야 한다는 것에 너무나 집착해왔다. 교사자격증을 발급하는 당국자들은 교사의 교과지식 테스트에만 골몰한다. 그러나 그런 테스트로는 잘못된 지식을 점검해서 평가할 수 없다. 리핑 마의 연구는 수학적 풀이 절차나 규칙에 대한 피상적 지식을 평가하는 게 아니라, 기초수학에 대한 깊은 이해 정도를 평가할 수 있는 방법이 개발될 수 있는 교육정책을 촉구한다.

이 책은 교사들의 수업 준비와 가장 큰 관계가 있는 것처럼 보인다. 그러나 이 책은 우리가 어떻게 교직을 이해하고, 어떻게 교사 능력을 향상시킬 수 있을 것인가에 대한 방향까지 제시하고 있다. 리핑 마는 중국과 미국 교사들의 차이를 기술하는 것으로 만족하지 않았다. 이 연구서는 중국 교사들은 수학을 계속해서 배우며, 경력이 쌓일수록 교과내용에 대한 이해도 계속 깊어진다는 것을 밝혀냈다. 이것은 중요한 발견이다. 중국에서는 수업 내용에 대해 진지한 토론이나 세미나를 하는 것이 교사활동에 포함되며, 그런 토론과 세미나는 적극 후원된다. 그것은 교사활동의 핵심이기도 하다. 그러나 미국 교사들은 근무시간에 그처럼 함께 토론을 할 기회가 주어지지 않는다. 따라서 아무리 오래 경력을 쌓아도 교과내용에 대한 이해가 깊어지지 않을 수 있다. 반대로, 중국 교사들은 계속적으로 배움의 기회가 창출되는 환경에서 일한다.

이 책은 초등교사들의 수학 수업에 초점을 맞추고 있지만, 미래의 교사와 미래의 학부모에게 수학을 가르치는 대학교수들까지도 이 책의 주요 독자에 포함된다. 수학을 제대로 이해하고 가르치는 일이 가능하다고 할 때, 미래의 교사들이 처음에 그러한 수학을 배우는 것은 언제부터일까? 중국에서는 초등학교와 중학교 시절에 그런 수학을 배운다. 또 사범학교에서 수학 교과시간에 이해를 심화시킨다. 나아가 교육현장에서 이해 수준을 더욱 높여간다. 이와 달리 미국에서는 악순환이 이루어진다. 미국 교사들의 수학 지식에는 한계가 있기 때문이다. 이 악순환이 깨지는 유일한 곳은 수학 강의가 훨씬 더 효과적으로 이루어지는 대학원에서이다. 그러나 오늘날의 대학원 수학 강의 가운데 기초수학을 깊이 이해하도록 가르치는 강의는 없는 것 같다. 혹시 기초수학을 가르치더라도 그것은 보완교육으로 이해될 뿐, 엄격히 조직적으로 대학원에서 다뤄야 할 만한 것으로 간주되지 않는다. 기초수학 교육은 미래의 교사와 미래의 시민 모두를 위해 국가적으로 우선되어야 할 일이다. 그렇기 때문에 대학의 수학과는 이 일을 책임지고 수행해야 한다.

이 연구서는 이제야 비로소 책으로 출판되었지만, 원고는 이미 오래 전부터 수학계에 배포되어 왔다. 최근의 한 편지에서, 리핑 마의 박사후 과정을 지도한 캘리포니아 대학의 앨런 쇼엔펠트 교수는 이 책 원고에 대한 세계적 반응을 다음과 같이 생생하게 묘사했다.

> 리핑 마의 원고는 이미 놀랄 만한 주목을 받아왔다. 암암리에 대인기를 끌었는데, 내가 보기에 이것은 "수학 전쟁[2]"의 양측이 모두 주목하고 모두 호의를 보인 유일한 원고이다. 수많은 세계적 수학자들이 모두 이 원고에 열광한다. 연례 수학모임에서 [길게 나열한 지도적인 수학자들 이름] 등과 같은 사람들은 이 책을

위해 걸어 다니는 광고판 구실을 했다. 이 책이 내용지식의 중요
성을 말하고 있기 때문이다. 그러나 동시에, 개혁적 관점을 가진
수학자들—수학적 사고가 심층적으로 연계되어 있다는 관점에 가
치를 두며, 교사의 능력은 내용지식뿐만 아니라 광범위한 교수법
적 지식에 좌우된다고 생각하는 수학자들—도 이 원고가 내용지
식뿐만 아니라 교사교육, 교사의 전문성과 관련한 풍부한 정보를
제공한다는 점에서 열광했다.

이 책은 참으로 값지고 계몽적인 책이다. 이 책은 저자의 재능을 입증
하며, 중국과 미국의 학습환경이 그 재능에 자양분을 제공했다는 것을
입증한다. 이 책은 외국의 학자를 받아들여 미국에서 공부하도록 하는
것이 얼마나 값진 일인지를 우리에게 보여준다. 미국과 중국의 수학 교
육의 질에 대해 관심이 있는 모든 분들이 이 책을 읽길 바라며, 이 책이
주는 교훈을 진지하게 받아들이기를 바라마지 않는다.

---

2) 옮긴이 주 : 1990년대 초부터 최근까지 지속된 미국 캘리포니아 주의 수학 교육에 관한 열띤 논쟁으
로 미국 전역에 큰 파장을 불러 일으켰다. 캘리포니아 주의 교육 개혁안에 관하여 "back-to-basics"
진영과 "teach-for-understanding" 진영 사이에 이루어졌다. 학생들의 기초 계산 능력, 개념 이해, 문
제 해결력, 그리고 수학 교육에서의 계산기와 컴퓨터의 활용 등이 주요 논점이었다. 각 진영은 리핑 마
의 연구 결과는 자기들의 입장을 지지한다고 본다.

🍂 감사말

약 30년 전, 중국은 소위 "문화혁명"이라는 것을 추진하고 있었다. 이때 수백만 명의 도시 학생들이 시골로 보내졌다. 그들 가운데 한 명이었던 나는, 태어나서 자라온 상하이를 떠나 남부의 작고 가난한 산골 마을로 내려 갔다. 정규교육을 7~8년 받은 우리 십대 일행 일곱 명은 거기서 "소비조합" 가족이 되어 함께 살았다. 우리는 농사를 지어 생계를 꾸려가면서 농부들에게 재교육을 받아야 했다. 몇 달 후, 촌장이 나를 찾아왔다. 그는 놀랍게도 마을 초등학교의 교사가 되어달라고 부탁했다―그들의 자녀를 가르쳐달라는 것이었다. 산골 마을의 농부들 대다수는 글을 알지 못했다. 그들은 후세가 벽촌에서 문맹자로 살아야 할 운명을 간절히 바꾸고 싶어했다.

이 책 원고를 들고 먼 과거를 돌이켜보고 있는 지금 이 순간에도, 내 삶의 전환점이 된 그 순간들이 또렷이 머리에 떠오른다. 상하이 출신의 앳된 소녀가 2개 학년의 시골 아이들에게 전 과목을 가르치기 위해 악전고투하던 그 날들. 그것은 정말 눈물만큼이나 웃음도 넘쳤던 긴 여정이었다. 이 책에 조금이라도 가치가 있다면 그것은 모두 그 긴 여정을 거치며 배양된 것이다.

줄곧 도움이 이어지지 않았으면 이 책은 나올 수가 없었을 것이다. 이 책은 두 단계를 거쳐 나오게 되었다. 박사논문 연구와 집필, 그리고 단행본으로 개정하는 작업. 이 두 단계는 수많은 사람과 기관의 도움을 받아 이루어졌다.

먼저, 스펜서 재단과 맥도넬 재단에 감사드린다. 두 재단에서는 박사와 박사 후 과정의 장학금을 대주어 논문 집필과 개정 작업을 후원해주었다.

미국의 내 "고향"이랄 수 있는 미시간 주립대학의 샤론 파이만-넴저 교수, 린 페인 교수, 그리고 특히 그들의 가족에게 큰 빚을 졌다. TELT(교사교육과 교수법) 프로젝트는 내 지적 고향이었다. 나는 그 프로젝트의 참여자들에게 많은 도움을 받았다. 이 책을 쓰는 데 지적으로 도움을 받았을 뿐만 아니라, 데보라 볼이 개발한 질문지를 사용했고, 데보라 볼과 샤론 파이만-넴저, 페리 래니어, 미셸 파커, 리처드 프래워트가 수집한 자료를 사용할 수 있었다.

미국에 도착했을 때 내 주머니에는 30달러밖에 없었다. 그러나 지도교수였던 샤론 교수가 장학금을 받을 수 있도록 크게 애를 써준 덕분에 나는 연구에만 몰두할 수 있었다. 교육과 연구에 관해 탁월한 학문적 깊이를 지닌 샤론 교수는 나를 비롯한 모든 학생들을 깨우쳐주었다. 그녀의 가르침은 앞으로도 계속 교사 교육에 관한 내 연구에 영향을 미칠 것이다.

린 페인 교수를 직접 만나기 전에 중국어로 전화 통화를 한 적이 있었다. 그때 나는 그녀가 미국인이 아니라 중국인인 줄만 알았다. 린 교수는 교육에 관한 국제 비교연구 방법을 내게 처음으로 확고하게 가르쳐준 분이다. 나중에 린 교수는 스탠포드 대학에서 박사논문 심사위원 가운데 한 사람으로서 내 논문을 면밀하게 읽고, 꼼꼼히 사려 깊은 촌평을 해 논문의 질을 높여주었다.

미시간 주립대학에서 나는 또 데보라 볼과 마거릿 버치만, 데이빗 코언, 헬렌 페더스톤, 로버트 플로덴, 매리 케네디, 데이빗 래버리, 윌리엄 맥디아미드, 수전 멜닉, 리처드 내버로, 존 슈빌러, 문 창 등의 교수들에게도 빚을 졌다. 이분들은 내가 처음 박사과정 연구를 할 때 뜻깊은 도움을 주었다.

아울러 동료 학생들에게도 고마움을 전하고 싶다. 즈시옹 차이, 환후우 리, 이칭 리우, 셜리 미스키, 미셸 파커, 제러미 프라이스, 넬리 울프, 츠우안꾸어 쉬 등은 처음 외국에 온 나를 따뜻하게 맞아주고 여러가지로 도와주었다.

스탠포드 대학의 지도교수였던 리 슐만에게 특히 감사드리고 싶다. 그는 내가 처음 연구 주제를 제시했을 때부터 계속 나를 도와주었다. 항상 자상하게 핵심적인 지적 통찰을 제공해주었고, 따뜻하게 격려해주었으며, 예리한 충고를 해주었다. 그의 지도 아래, 나는 연구 아이디어의 씨를 뿌리는 방법과 그것을 커다란 나무로 길러내는 방법을 배웠다.

마이런 애트킨, 로비 케이스, 래리 쿠번, 엘리어트 아이스너, 제임스 그리노, 넬 노딩스, 토머스 로렌, 조앤 탤버트, 데커 워커 등의 스탠퍼드 대학 교수들에게도 감사드린다. 이분들은 연구기간 내내 도움을 주었다. 미시간 대학의 해럴드 스티븐슨 교수는 내 논문 제안을 읽고 값진 제안을 해주었다. 화동사범대학교의 전 총장인 훠니엔 리우 교수도 내 연구에 대해 열정적으로 격려해주었다.

박사 후 과정을 밟는 동안에는 미리엄 개모런 셔린에게 많은 도움을

받았다. 그녀는 당시 버클리의 캘리포니아 대학에 다니던 대학원생이었
는데, 지금은 노스웨스턴 대학의 조교수이다. 미리엄은 원고의 대부분
을 읽고 내 "칭글리시Chinglish"를 수정해주었을 뿐만 아니라, 사려 깊
은 촌평으로 나를 북돋아주었다. 다른 두 대학원생, 캐티 시몬과 글렌
트래거는 스탠퍼드 대학에서 내 글을 다듬어주었고, 따뜻하고 지속적인
격려를 해주었다.

나는 박사 후 과정을 밟는 동안 이 박사논문을 단행본으로 펴내기로
결심했다. 마침내 원고를 끝내고 출판사에 부치러 가는 길에, 나는 마
치 딸아이의 결혼식을 앞둔 어머니 같은 기분이 들었다. 그러나 박사논
문을 마친 것은 단지 아기를 낳은 것에 불과했다. 그것을 단행본으로
펴내는 것은 아기를 기르고 교육시키는 것과 같아서, 여간 어려운 일이
아니었다. 게다가 20대에 영어를 배우기 시작한 나로서는 더욱 그랬다.
그러나 뛰어난 여러 사람들이 따뜻하고 힘찬 도움의 손길을 건네준 것
은 여간 다행스러운 일이 아닐 수 없다.

내가 버클리에 있는 캘리포니아 대학에서 박사 후 과정을 밟는 단계
에서 가장 먼저 감사를 드려야 할 분은 지도교수였던 앨런 쇼엔펠트이
다. 앨런은 편집을 맡은 연속 기획물에 이 책을 포함시켜주었다. 그는
이 책의 모든 내용을 읽고 촌평을 해주었으며, 개선해야 할 부분에 대
해 값진 제안을 해주었고, 심지어 몇 문단을 고쳐 써주기까지 했다. 그
는 내가 필요로 할 때마다 항상 도움을 주었다. 앨런의 곁에서 공부하
며 나는 연구조사에 대해 많은 것을 배웠고 학생들이나 동료들과 어울
리는 방법에 대해서도 아주 많은 것들을 배울 수 있었다. 《뉴요커》지의
편집자인 윌리엄 숀이 자신의 공동체에 대해 말했듯이, "늘 사랑의 감
정에 압도되었고, 사랑이야말로 키워드였다." 앨런은 제자들을 미래의

동료로 대우하는 공동체를 만들었다. 그 공동체에서는 모든 사람이 잠재적인 동료였다. 그래서 앨런은 서슴없이 공동체의 모든 구성원으로 하여금 이 책의 집필을 돕도록 했다.

버클리에서 같이 연구한 동료인 캐시 케셀 박사는 내 "아기"에게 없어서는 안 될 "유모" 노릇을 해주었다. 그녀는 내 원고의 문장을 다듬는데 큰 도움을 주었고, 취약한 논리를 지적해주었으며, 내 아이디어를 명료하게 표현할 수 있도록 도와주었다. 특히 그녀는 문헌을 조사해서 제7장의 내 주장을 확대하고, 강화하고, 명료하게 표현하도록 도와주었다. 그러한 지적인 도움 외에도, 그녀는 단행본 원고를 만드는 과정에서 수반되는 온갖 잡일도 처리해주었다. 캐시가 이 책에 기여한 점은 이루 다 말할 수가 없을 정도이다. 그녀의 도움이 없었다면 "어머니"인 나는 "아기"를 기를 수가 없었을 것이다. 사실 이 책에 대한 그녀의 열정은 나에 못지않다.

루디 앱펠, 데보라 볼, 매릴 기어하트, 일레너 혼, 수전 매깃슨에게도 감사드리고 싶다. 그들은 머리말에 대해 훌륭한 촌평을 해주었다. 또 앤 브라운이 제1장부터 4장까지 꼼꼼히 사려 깊은 촌평을 해준 덕분에 문장이 한결 더 명료해질 수 있었다. 앨런 쇼엔펠트의 연구그룹은 두 차례의 모임에 걸쳐 내 원고를 토론해주었다. 줄리아 애가이르, 일래너 혼, 수전 매깃슨, 매니어 래먼, 나타샤 스피어는 값진 촌평을 해주었다. 함수그룹과 앤 브라운이 5장, 6장, 7장에 대해 촌평해준 것에 대해 감사드리며, 국립교사교육연구센터(NCRTE) 데이터베이스의 온갖 자료를 제공해준 로버트 플로덴에게 다시 감사드린다.

또한 로렌스 얼바움 협회의 책임 편입자인 나오미 실버만의 끈기 있는 도움에 대해서도 감사드리고 싶다.

리처드 애스키 교수에게도 충심으로 감사드린다. 이 책의 원고는 그의 관심과 열정 덕분에 많은 사람의 주목을 받을 수 있었다.

고국인 중국으로 돌아가서, 내가 살아가며 아이들을 가르쳤던 마을인 춘치엔의 농부들에게도 감사드리고 싶다. 그들은 거의 교육을 받지 못했지만, 그들이 처음을 이끌어준 덕분에 나는 스탠퍼드 대학의 박사학위를 받기까지 이를 수 있었다. 내 면담에 응해준 중국 교사들에게도 깊이 감사드린다. 특히 내가 어렸을 때 훌륭한 가르침을 베풀어준 여러 선생님들에게 감사드린다.

마지막으로, 우리 가족이야말로 가장 고마운 사람들이 아닐 수 없다. 가족의 도움이 없었다면 이 책의 집필뿐만 아니라 내 삶 자체가 불가능했을 것이다.

🍎 머리말

　수학적 능력에 대한 국가간 비교연구 결과 중국 학생이 미국 학생보다 더 뛰어난 것으로 밝혀졌다. 그런데 역설적으로 중국 교사들은 미국 교사들보다 수학 교육을 받은 기간이 훨씬 짧다. 대다수 중국 교사들은 11~12년의 학교교육만 받았다―그들은 9학년을 마치면 사범학교에 가서 2~3년 더 교육을 받는다. 이와 달리 대다수 미국 교사들은 16~18년의 정규교육을 받았다―모두 학사학위를 받았고, 1~2년 더 교육을 받은 경우가 많다.

　이 책에서 나는 왜 이런 역설이 가능한가를 밝히고자 한다. 적어도 초등학교 수준에 대해서만큼은 확실히 밝힐 수 있다. 내가 수집한 자료에 따르면, 중국 교사는 미국 교사에 비해 초등수학elementary mathematics을 더 잘 이해한 상태에서 교사 생활을 시작한다. 초등수학은 이해하는 것에 못지않게 가르치는 방법을 이해하는 것도 중요한데, 중국 교사들은 교직에 있는 동안 이해 수준이 계속 높아진다. 사실 중국 교사 가운데 약 10퍼센트는 정규교육을 제대로 받지도 못했다. 그러면서도 미국 교사들에게서 찾아보기 힘들 만큼 높은 이해 수준을 보여준다.

　이 책에서 나는 미국과 중국 교사들의 초등수학 지식의 차이를 밝히고, 수학과 교수법에 대한 중국 교사의 이해 수준이 학생들의 학업 성취에 어떻게 기여하는가를 제시하게 될 것이다. 또 중국 교사가 이해 수준을 높이는 데 도움이 되는 요인 일부를 밝히게 될 것이다. 미국 교사가 수학에 대한 이해 수준을 높이는 것이 불가능하지는 않더라도 현재로서는 어려워 보이는데, 그 이유가 무엇인지도 제시하고자 한다. 우선 이 연구를 시작하게 된 동기부터 밝히고 싶다.

　1989년에 나는 미시간 주립대학의 대학원생이었다. 나는 NCRTE(국립교사교육 연구센터)에서 TELT(교사교육과 교수법) 프로젝트의 연구 보조로 일하면서 다음과 같은 질문들에 대한 교사들의 응답 원고를 입력했다.

　　분수 나눗셈을 가르친다고 하자. 아이들에게 그 연산의 의미를 깨우쳐주기 위해, 수학을 다른 것과 결부시키려는 교사가 많다. 그래서 때로는 실 사회 상황 즉 문장제 문제story-problems를 만들어내서 그 연산이 실 사회에서 어떻게 적용되는지를 보여주려고 한다. 그런 의미에서 다음 분수 나눗셈을 문장제로 바꿔 보라.

$$1\frac{3}{4} \div \frac{1}{2} = ?$$

　이 질문에 대한 답을 보고 나는 큰 충격을 받았다. 올바른 답을 낸 교사가 거의 없었던 것이다. 예비교사와 신참교사, 고참교사를 막론하고 100여 명에 이르는 대다수 교사가 만들어낸 이야기는 $1\frac{3}{4} \times \frac{1}{2}$ 혹은

$1\frac{3}{4} \times 2$에 해당하는 것이었다. 다른 많은 교사들은 이야기를 전혀 만들어내지 못했다.

이런 답을 보며 나는 상하이에서 초등학교를 다닐 때 분수 나눗셈을 어떻게 배웠는지 회상해보았다. 당시의 선생님은 분수 나눗셈과 정수 나눗셈 사이의 관계를 가르쳐주었다. 즉, 나누기가 곱하기의 역이라는 것은 여전하지만, 분수 나눗셈의 경우에는 정수 나눗셈을 확대한 것이라고 가르쳐주었다. 우리는 측정모델measurement model($1\frac{3}{4}$안에 $\frac{1}{2}$이 얼마나 많이 들어 있는가를 알아내는 것), 그리고 분할모델partitive model(어떤 수의 $\frac{1}{2}$이 $1\frac{3}{4}$인가를 알아내는 것)로 분수 나눗셈을 배웠다. 훗날 내가 초등학교 교사가 되었을때, 대다수 동료 교사들은 초등학교 시절에 나를 가르쳤던 선생님처럼 분수 나눗셈을 이해하고 있었다. 그런데 대다수 미국 교사들은 왜 그것을 이해하지 못하는 것일까?

원고를 작성한 후 두 달쯤 지났을 때, 나는 부유한 백인 거주지에 있는 초등학교 한 곳을 방문하게 되었다. 수준 높은 교육을 하는 것으로 유명한 초등학교였다. 교사교육 담당자 한 명, 경험 많은 협력교사 한 명과 함께 나는 수학 수업을 참관했다. 교생이 4학년 아이들에게 도량형을 가르치고 있었다. 수업은 매끄럽게 진행되었지만, 나는 또 다시 충격을 받았다. 길이와 단위 바꾸기를 가르친 후, 교생은 한 학생에게 야드가 표시된 줄자로 교실의 한 쪽 길이를 재보도록 했다. 학생은 길이가 7야드 5인치라고 말했다. 그리고 계산기를 두드리더니 이렇게 덧붙여 말했다. "7야드 5인치는 89인치예요." 교사는 칠판에 "7야드 5인치"라고 받아쓴 곳 옆에 주저 없이 "(89인치)"라고 덧붙여 적었다. 칠판에 나란히 적힌 "7야드 5인치"와 "89인치"가 동일하지 않다는 것은 너무나 명백해 보였다. 1야드는 3피트(36인치)인데, 그 학생은 야드와 피트를 같은 것으로 혼동한 게 분명했다. 학생이 실수를 한 거야 놀랄 일은 아니었다. 내가 놀란 것은, 그렇게 단위를 바꾼 것에 대해 아무런 토론도 하지 않은 채, 수업이 끝날 때까지 잘못된 수치가 그대로 칠판에 적혀 있었다는 것이다. 더욱 놀랍게도, 수업 도중에 그 실수를 지적하거나 바로잡는 일이 없었던 것은 물론이고, 수업이 끝난 후 교생의 수업에 대해 토론할 때조차도 그 실수가 전혀 언급되지 않았다. 교생의 수업을 감독한 협력교사도, 교사교육 담당자도 실수를 알아차리지 못했다. 나는 초등학교 교사이자 여러 해 동안 교사들과 함께 일 해온 연구자로서, 초등교사들이 일정 수준의 수학 지식을 지녔을 거라고 기대해 왔다. 그러나 내가 중국에서 지녔던 기대치가 미국에서는 여지없이 무너지는 것 같았다.

미국에서 초등수학 교육과 연구에 대해 더욱 많은 것을 알게 될수록 나는 그런 현상이 더욱 흥미로워졌다. 수학에 자신이 있는 전담교사나 고참교사조차도, 그리고 현재의 수학 교육 개혁에 적극적으로 참여하는 교사들조차도 초등수학에 대한 철저한 지식을 갖지 못한 것 같았다. 나를 놀라게 한 두 사례는 예외적인 것이 아니었다. 이미 널리 확산되어 분명하게 밝혀진 현상을 새삼스럽게 보여준 사례였을 뿐이다.

이후 나는 수학 성취도에 대한 국가간 비교 연구서들을 읽었다.[3] 이들 연구 결과, 한국과 일본, 중국 등 일부 아시아 국가의 학생들이 같은 학년의 미국 학생보다 지속적으로 더 우수하다는 사실이 밝혀졌다.[4] 연

---

3) IEA(국제교육성취평가협회)는 1964년에 제1차 국제수학연구를 수행했다. 이 연구에서는 12개국의 8년차와 12년차 학생을 대상으로 해서 여러 수학 주제에 대한 성취도를 측정했다. 1980년대 초에 IEA는 제2차 연구를 수행했다. 제2차 국제수학연구에서는 17개국의 8년차와 12년차 학생을 비교했다. 제3차 국제수학·과학연구(TIMSS)에서는 40개국 이상을 대상으로 했고, 최근에 보고서를 발표하기 시작했다.

구자들은 이러한 "학습 격차"를 낳은 요인으로 다음 사항을 지적했다. 첫째, 부모의 기대치나 수 언어 체계[5] 등의 문화적 배경 차이. 둘째, 학교 편제 즉 수학을 배우는 시간 양의 차이. 셋째, 수학 교육 과정상의 내용과 학년별 내용 할당의 차이. 그러나 나는 이러한 연구서를 읽으면서도 내심 교사들의 지식수준을 염두에 두고 있었다. "학습 격차"는 학생들만의 문제가 아닌 교사의 문제일 수도 있는 게 아닐까? 만일 그렇다면, 미국 학생들의 수학 실력이 뒤떨어지는 것을 새로운 관점에서 설명할 수 있었다. 수업 외적인 요인과 달리, 교사의 지식수준은 수학 교수·학습에 직접적인 영향을 미칠 것이다. 그리고 수 언어 체계나 자녀교육 방식과 같은 문화적 요인을 바꾸기보다는 교사 수준을 바꾸는 것이 더 쉬울 것이다.

중국의 초등교사가 미국의 초등교사보다 수학을 더 잘 안다는 것은 묘한 일이 아닐 수 없었다. 중국 교사는 고등학교도 다니지 않고, 9학년을 마친 후 사범학교에서 2~3년간 더 교육을 받을 뿐이다. 이와 달리, 미국 교사들은 최소한 학사학위를 지니고 있다. 혹시 두 나라 초등교사들의 수학 지식은 구조가 전혀 다른 게 아닐까? 슐만(1986)은 교과지식 subject matter knowledge을 "보통의 동료 교사가 지닌 것과 동일한 지식"이라고 정의했는데, 어떤 교사는 전혀 다른 종류의 교과지식을 지닐 수 있는 게 아닐까? 예를 들어 나의 초등학교 시절 선생님이 지닌 나눗

---

4) TIMSS의 결과도 그와 같다. 예를 들어 4년차 수학 성취도 측정은 아시아에서 5개국이 참여했는데, 싱가포르, 한국, 일본, 홍콩의 평균점수가 가장 높았다. (5번째의 다른 아시아 국가는 태국이다.)
5) 예를 들어, 중국어로는 20이라는 수가 "two tens(二十)", 30이라는 수가 "three tens(三十)" 식으로 표기된다. 수와 그 명칭 사이의 관계에 있어서, 중국의 수언어number-word 체계가 영어의 수언어 체계보다 훨씬 더 쉽다는 것은 누구나 동의하는 사실이다(물론 한국과 일본 등 한자 문명권의 수언어 체계는 중국과 동일하다. : 옮긴이 주).

셈의 두 모델에 대한 지식은 보통의 고등학교나 대학 선생들이 지니고 있지 않은 것일 수 있다. 그런 종류의 지식은 슐만이 교수법적 내용 지식pedagogical content knowledge이라고 일컬은 지식에 해당하는 것일까?—이 지식은 "다른 사람이 이해할 수 있도록 내용을 설명하고 형식화하는 방법"이라고 슐만은 정의했다.

나는 의문점을 파헤쳐 보기로 결심했다. 비교연구를 해보면 다른 것을 볼 수 있고, 때로는 같은 것을 달리 볼 수도 있다. 내 연구는 두 나라 교사들의 지식수준을 평가하는 데 초점을 둔 게 아니라, 교사들에게 바람직한 수학 교과지식의 표본을 찾아내는 데 초점을 두었다. 이러한 표본을 찾아내면 미국 교사들에게 바람직한 지식을 찾는 노력을 더욱 북돋울 수 있을 것이다. 게다가 개념적으로 유추한 게 아니라, 교사들에게서 직접 얻어낸 지식의 표본은 교사들에게 "더 친숙"할 테니까, 그것을 이해하고 받아들이기도 더 쉬울 것이다.

2년 후 나는 이 책에 실린 연구를 마쳤다. 연구 결과, 미국 교사들이 고등학교나 대학에서 더 고급한 수학을 접했을 수는 있지만, 초등학교에서 가르치는 수학에 대해서만큼은 중국 교사들이 더욱 폭넓은 지식을 지니고 있는 것으로 나타났다.

이 연구에서 나는 TELT의 설문을 사용했다. 주된 이유는 그 설문이 수학 교육과 관계된 것이었기 때문이다. 에드 비글이 《수학 교육의 중요 변수》에서 설명하고 있듯이, 초기의 여러 연구는 초·중등 교사들의 지식을 측정할 때 어떤 학위를 받았고, 어느 분야의 수학을 몇 학점이나 이수했는가를 따지는 게 보통이었다. 따라서 이렇게 측정된 교사의 지식과 학생의 다양한 학습 결과 사이에는 상관 관계가 거의 없었다. 1980년대 말 이후 연구자들은 교사가 학생을 가르치는 데 필요한 수학 교과 지식에 관심을 갖게 되었다. "수학자가 지닐 수 있는 고등 수준의 지식"이 아니라, "특정학교 수준 교육 과정상의 수학을 교사가 가르치는 데 필요한 지식"에 관심을 둔 것이다. TELT의 설문은 데보라 볼이 박사논문으로 개발한 것인데, 교사들이 수업을 할 때 공통적으로 가르치는 것이 무엇인가에 맞추어 교사들의 수학 지식을 점검하기 위해 고안된 것이었다. 이 설문은 특별한 수학적 아이디어를 시나리오로 만들어서 교실 수업 때에 중요한 역할을 할 수 있도록 구성되었다. 예를 들어, 교사들의 응답을 보고 내가 충격을 받았던 앞서의 질문은, 분수 나눗셈을 교사에게 친근한 과제—실 사회 상황이나 문장제 문제 혹은 도형을 만들어 설명하기—로 접근해서 교사의 수학 지식을 점검한다. 이러한 전략은 수학 시험처럼 직선적인 교과 질문으로 지식을 점검하는 것과는 판이하게 다르다. 이 전략은 교사가 가르치는 데 필요한 지식을 점검하는 데 유용하게 사용되어 왔다. 로완과 그의 동료가 최근 분석한 결과도 이 전략의 유용성을 입증해준다. 그들의 논문인 《교육 사회학》 (1997)에는 1988년의 국가교육 추적연구 자료를 기초로 한 모델 하나가 제시되어 있다. 이 모델에 따르면, 분수 나눗셈 설문과 동일한 전략을 담고 있는 다른 TELT 설문에 대해 어떤 교사가 올바르게 답한 것을 실제 수업에 적용해보자 학생의 성취도 증진에 놀라운 효과가 있었다.

  TELT 설문을 이용한 또 다른 이유는, 이 설문이 초등수학을 포괄적으로 다루고 있기 때문이다. 교사들의 수학 지식에 대한 대다수 연구가 단일한 주제에 초점을 맞춘 반면, TELT는 초등 교수 · 학습의 전 분야를 다루었다. TELT의 수학 설문은 초등수학에서 가장 일반적인 네 개의 주제—뺄셈, 곱셈, 분수 나눗셈, 둘레와 넓이의 관계—를 다루었다. 이러한 네 주제는 초등수학 전반을 포괄하고 있어서, 이 분야 교사들의 교과지식을 비교적 총체적으로 파악할 수 있었다.

그런데 TELT 설문을 사용한 또 다른 이유가 있다. TELT 프로젝트가 이미 충실한 교사 면담 자료를 축적해 놓았던 것이다. 이 자료를 토대로 해서 NCRTE 연구자들은 알차고 영향력이 있는 연구를 수행해왔다. TELT 등의 연구를 통해 파악된 미국 교사들의 수학 지식의 실상을 원용함으로써, 내 비교연구는 더욱 효율적으로 이뤄질 수 있을 뿐만 아니라 미국 수학교육 연구와 더욱 밀접한 관계를 지닐 수 있었다.

TELT 설문과 자료를 이용해서 나는 두 나라 교사들을 연구했다. 미국 교사 23명은 "평균 이상"인 것으로 여겨졌다. 그들 가운데 11명은 마운트 홀리오크 대학의 교사 대상 여름 수학강좌를 듣던, 수학에 "더욱 헌신적이며 더욱 자신감이 있는" 교사들이었다. TELT 프로젝트의 면담은 여름 강좌가 시작되자마자 이루어졌다. 다른 12명은 뉴멕시코 대학과 해당 학구(學區)가 공동으로 운영한 대학원의 수습교사용 강좌를 듣던 사람들이었다. 이들에 대한 면담은 교직 1년차를 마친 직후인 여름에 이루어졌다. 이들은 이 여름 강좌가 끝나면 석사 학위를 받을 예정이었다.

TELT 프로젝트의 면담을 받은 미국 교사들은 평균 이상이었지만, 나는 중국 교사들의 지식에 대해서만큼은 좀더 대표성이 있는 표본을 얻으려고 했다. 그래서 교육 수준이 아주 높은 곳부터 아주 낮은 곳까지 다섯 초등학교[6]를 선택해서 5개 학교의 수학 교사 72명 모두를 면담했다.

---

6) 이들 학교는 내가 미국에 가기 전부터 잘 알고 있던 학교 중에서 선택한 것이다. 세 학교는 대도시 지역인 상하이에 있다. 세 학교의 교육 수준은 다양하다. 한 학교는 수준이 아주 높고, 또 하나는 중간이며, 나머지 하나는 수준이 아주 낮다. 다른 두 학교는 사회 경제적·교육적으로 중간에 속하는 자치주에 위치해 있다. 그 중 하나는 수준이 높은 시내학교이다. 다른 하나는 수준이 낮은 시골학교인데, 산악지역의 세 마을 아이들이 다니는 학교이다.

제1장부터 4장까지는 이 면담 결과 드러난 교사들의 수학 교과지식의 실상을 기술했다. 각 장마다 초등수학의 표준이 될만한 주제를 하나만 할당해서 모두 네 주제—받아내림이 필요한 뺄셈, 여러 자릿수의 곱셈, 분수 나눗셈, 닫힌 도형의 둘레와 넓이의 관계—를 다루었다. 각 장은 TELT의 설문 하나로 시작한다. 각 설문은 (1)간단한 주제 하나를 가르치기, (2)학생들의 잘못을 바로잡아주기, (3)수식을 문장제로 제시하기, (4)학생의 새로운 아이디어에 대처하기 등 교사 공통의 과제 가운데 하나를 수학 지식과 결부시킨 가상의 수업 시나리오를 통해, 교사가

〈표 1.1〉 연구 대상 교사

	교사경력	본문 호칭(1)	인원수
	신참교사	Ms. 혹은 Mr.로 시작	
미국 교사(2)	만 1년	A~L	12
중국 교사	5년 이하	A~Z	40
	고참교사	Tr.로 시작	
미국 교사(3)	평균 11년	M~W	11
중국 교사	5년 이상	A~Z	24
PUFM(4)을 가진 중국 교사	평균 18년	중국 성씨	8

—〈표1.1〉 연구 대상 교사 표에서—

(1) 옮긴이 주 : 영문 원서에서는 중국 교사의 경우 영어 알파벳 두문자를 사용했고, 미국 교사의 경우에는 가명을 사용했다. 낯설고 긴 영문 이름이 불필요하다고 보아서 이 번역본에서는 미국 교사 이름도 영어 알파벳으로 바꾸었으며, 중국 교사들과의 구분을 위해 철자를 기울였다. 참고로, Ms.는 여자 선생님, Mr.는 남자 선생님을 부를 때 흔히 사용하는 존칭이고, Tr.는 teacher의 약자이다.

(2) 이들 12명은 뉴멕시코 교육대학을 졸업해서 교사 자격을 얻은 후, 교사가 되기 직전부터 여름에 동 대학의 대학원 과정을 이수해왔다. 이 연구에 사용된 자료는 이들의 교사경력이 만 1년이 된 후, 두 번째 여름 학기에 수집한 것이다.

(3) 이들 11명이 듣던 강좌는 수학교육 지도자 양성 프로그램이었다. 이 프로그램은 보통의 여름 강좌보다 더 길고 더 강도 높은 것이다. 이 프로그램의 목표는 뛰어난 수학 교사를 양성해서 이들이 자기 지역이나 교구의 교사를 연수시킬 수 있도록 하기 위한 것이었다. 이들은 두 번의 여름 학기를 포함해서 3학년 이상을 수강한다. 이 연구에 사용된 자료는 이 프로그램이 시작된 1987년 7월과 8월에 수집한 것이다.

(4) PUFM은 "기초수학에 대한 깊은 이해Profound Understanding of Fundamental Mathematics"를 뜻한다.

수학 지식을 언어로 표현해보도록 고안된 것이다. 예를 들어 앞에서 언급한 분수 나눗셈 시나리오는 $1\frac{3}{4} \div \frac{1}{2}$ 이라는 문제가 학생들에게 의미를 지닐 수 있도록 이야기로 제시해 볼 것을 요구한다.

자료를 제시한 이들 각 장에서, 미국 교사들의 답을 먼저 기술한 다음에 중국 교사들의 답을 기술했고, 자료에 대한 논의와 결론을 덧붙였다. 각 표본은 초등수학에 대한 이해의 차이를 보여주는데, 기초수학에 대한 깊은 이해를 보여주는 표본도 포함되어 있다.

교사 지식에 대한 기존 연구 가운데 불충분한 수학 교과지식의 사례를 보여주는 연구는 매우 많다. 그런데 정작 교사들이 가르치는 데 필요한 바람직한 지식의 사례를 보여주는 연구는 거의 없었다. 최근의 수학교육 개혁에서 요구되는 바람직한 지식의 사례는 더욱 찾아보기 힘들다.

기존 연구자들은 교사들에게 요구되는 바람직한 수학 교과지식이 무엇인가를 기술하는 일반적인 개념의 틀을 만들어왔다. 이 분야에서 의미 있는 연구를 수행한 사람 가운데 한 명이 데보라 볼이다. 그녀는 교사들의 수학 이해를 "그 교과의of, 교과에 대한about 생각의 짜임새"라고 정의했다. 수학의of 지식[7]이란 본질적인 수학 교과지식을 뜻한다. 즉, 특정 주제, 풀이 절차, 개념 등을 이해하고, 여러 주제와 절차와 개념들 사이의 관계를 이해하는 것을 뜻한다. 수학에 대한about 지식은 종합적인 지식을 뜻한다. 즉, 수학의 특성과 담론 등을 이해하는 것을 말하는 것이다. 이것에 덧붙여서 그녀는 본질적인 교과지식의 세 가지 "명확한 평가기준"을 제시했다. 정확성 · 의미 · 연관성이 그것이다. 데

7) 옮긴이 주 : 〈knowledge of mathematics〉: 앞의 말에 맞추어 이것을 〈수학"의" 지식〉으로 어색하게 번역했지만, 사실은 〈수학"을" 앎〉이라는 뜻이다. 데보라 볼은 〈수학을 안다는 것〉과 〈수학에 대해 안다는 것〉이 다르다고 말한 것이다.

보라 볼 등의 연구자들이 바람직한 수학 교과지식에 대한 개념을 확대 발전시키기는 했지만, 그들의 자료에는 한계가 있어서 그러한 지식이 정작 무엇인지를 구체적으로는 제시하지 못했다.

제5장의 서두에서는 그런 쟁점을 다룬다. 그리고 자료를 제시한 앞서의 장에서 서술한 다양한 이해 수준을 개괄하고, 기초수학의 의미와 기초수학에 대한 깊은 이해(PUFM)의 의미를 논의한다. PUFM은 정확하게 계산해 내거나 연산 원리를 제시하는 것 이상을 뜻한다. PUFM을 지닌 교사는 초등수학에 내재한 개념적 구조와 수학적 기본 태도에 익숙할 뿐만 아니라, 그 구조와 태도를 학생들에게 가르칠 수도 있다. 학생들이 사과 다섯 개, 연필 다섯 자루, 어린이 다섯 명에 어떤 공통점이 있는지 발견하게 하고, 그처럼 전혀 다른 것들로부터 5라는 개념을 이끌어내도록 도와주는 1학년 교사는 어떤 수학적 태도—수를 이용해서 세상을 서술하기—를 가르치는 셈이다. $7+2+3=9+3=12$를 $7+2+3=9+12$로 쓸 수 없는 이유를 가르치는 3학년 교사는 학생들로 하여금 상등equality이라는 수학의 기본 원리 하나를 이해하게 한다. 247×34는 $247 \times 4 + 247 \times 30$과 같기 때문에, 표준 곱셈 계산법을 사용할 때, 3을 곱한 값을 적는 두 번째 줄에서는 한 칸 왼쪽으로 옮겨 적어야 한다는 것을 가르쳐야 할 때도 있다. 이때 교사는 기본원리(분배법칙, 자릿값, 묶음나누기regrouping)와 일반적인 태도(방법을 아는 것으로는 충분치 않으며, 그 이유도 알아야 한다)를 가르치는 셈이다. $\frac{1}{4}$과 $\frac{1}{5}$ 사이의 수를 발견하는 새로운 방법을 알아냈다고 흥분해서 선생님께 보고하는 학생은 하나의 문제를 여러 가지 방법으로 풀 수 있다는 것을 터득한 셈이다. 교사가 수업을 계획하고 토론을 이끌 때에는, 가르치는 방법에 대한 지식(교수법적 내용지식)을 필요로 하지만, 학생들의 반응을

이해하고 수업의 목표를 정할 때에는 교과지식을 필요로 한다.

제6장에서는 언제 어떻게 기초수학에 대한 깊은 이해(PUFM)를 얻게 되는지에 대한 간단한 조사 결과를 제시했다. 교사들의 수학 지식 향상을 뒷받침하는 요인들이 중국에는 있지만 미국에는 없다. 미국의 경우 더욱 안타까운 것은, 현재의 교육 환경이 초등교사의 수학 지식 향상과 수업 편제의 발달을 가로막기까지 한다는 것이다.

마지막 장에서는 교사 양성과 교사 지원 체제가 어떻게 달라져야 하는지, 미국 교사들이 PUFM을 얻기 위해서는 수학 교육 연구가 어떻게 이뤄져야 하는지를 제시했다.

part 1

받아내림[8]이 필요한 뺄셈 :

간단한 주제 하나를 가르치는 여러 방법

⚙ **시나리오** ⚙

가르칠 때 다루게 될 특정주제 하나에 대해 잠시 생각해보자. 예를 들어 53−25나 64−46처럼 리그루핑regrouping이 필요한 뺄셈을 가르친다고 하자. 2학년생을 가르칠 경우 이 문제를 어떻게 지도하겠는가? 리그루핑이 필요한 뺄셈을 배우기 전에 학생들이 먼저 이해할 필요가 있거나 이해할 수 있는 것은 무엇이라고 보는가?

처음 뺄셈을 배울 때 학생들은 빼일 수와 빼는 수의 같은 자리에 있는 숫자끼리 빼는 법을 배운다.

$$
\begin{array}{r}
75 \\
-12 \\
\hline
63
\end{array}
$$

---

8) 옮긴이 주 : "regrouping"을 우리 문화에 맞추어 "받아내림"이라고 옮겼지만, 두 용어는 개념이 다르다. "regrouping"은 우리말로는 "묶음나누기"에 가깝다. 미국에서는 받아내림이 필요한 뺄셈 subtraction with regrouping을 할 때 우리처럼 "받아내림"이나 중국처럼 "떨기[退一]"가 필요하다고 생각하지 않고, "묶음나누기regrouping" 혹은 "빌려오기borrowing"가 필요하다고 생각한다. "regrouping"의 의미는 나중에 저자가 상세하게 설명하고 있다. "regrouping"을 이후에는 "리그루핑"으로 음역했다.

이런 계산을 하기 위해서는 단순히 5에서 2를 빼고, 7에서 1을 빼기만 하면 된다. 그러나 이렇게 쉬운 방식이 언제나 적용되지는 않는다. 53-25, 64-46처럼 빼는 수의 끝자리 숫자가 빼일 수의 끝자리 숫자보다 더 크면 곧바로 뺄 수가 없다. 64에서 46을 빼기 위해 학생들은 리그루핑을 배우게 된다.

$$\begin{array}{r} 5\!\!\!\!^6\!\!\!^{1}2 \\ -4\ 9 \\ \hline 1\ 3 \end{array}$$

리그루핑이 필요하든 않든 간에 아무튼 뺄셈은 아주 초보적인 것이다. 그까짓 것을 가르치는 데에도 수학에 대한 깊은 이해가 필요할까? 그렇게 단순한 문제를 푸는 데에도 수학에 대한 깊은 이해를 끌어들여야 하는 걸까? 그렇게 단순한 것을 가르치고 배우는 데에도 교사의 교과지식에 따라 학습 차이가 발생할까? 그렇다. 이 모든 질문에 대한 답은 오직 이것 하나뿐이다. 그처럼 단순한 초등수학의 주제 하나에 대해서도 교사들은 광범위한 교과지식을 드러냈다. 그것은 곧 교사의 교과지식에 따라 학생들의 학습 기회의 폭이 달라진다는 것을 시사한다.

1. 미국 교사들의 방법 : 빌려오기와 리그루핑

🐛 주제 해석

이 주제를 가르치는 방법을 논할 때, 미국 교사들은 학생이 무엇을 배워야 할 것인가를 먼저 고려하는 경향이 있었다. 23명의 미국 교사 가운데 19명(83%)은 계산 절차에 초점을 맞추었다. 교직 경력이 이제 막 1년이 지난 젊은 교사 *Ms. A*는 계산 절차를 다음과 같이 간명하게 설명했다.

> 21 − 9와 같은 수가 있을 때, 1에서 9를 뺄 수는 없으니까 십의 자리에서 10 하나를 빌려와야 한다는 것을 알 필요가 있어요. 빌려온 1은 10과 같으니까, 2에는 빗금을 긋고, 그것을 10으로 바꿔놓으면, 이제 11 − 9가 되니까 그 뺄셈을 한 다음, 남아 있는 1은 아래로 내리면 된다는 것을 알 필요가 있다는 거죠.

이들 19명의 교사는 학생들이 두 단계의 절차를 배워야 한다고 생각했다. 10의 자리에서 1을 취하기, 그리고 그것을 10으로 바꾸기가 그것이다. 그들은 "취하기taking" 단계를 "빌려오기borrowing"라고 표현했다. "바꾸기changing" 단계를 설명할 때에는 "십의 자리 1은 10과 같다"는 사실에 주목했다. 여기서 우리는 이들 교사의 교수법적 사고를 엿볼 수 있다. 즉, 이들 교사는 학생들이 일단 이 두 가지 핵심 단계를 올바로 수행할 수 있게 되면, 전체 계산을 올바로 수행할 수 있을 거라고 생각한 것이다.

그러나 나머지 네 명의 교사—*Tr. R, Tr. W, Ms. J, Ms. K*—는 학생들이 계산 절차 이상을 배워야 한다고 생각했다. 그들은 또 학생들이 연산의 밑바탕에 놓인 수학적 원리를 배워야 한다고 생각했다. 그들은 두 가지를 강조했다. "취하기" 단계의 밑바탕에 놓인 리그루핑, "바꾸기" 단계의 밑바탕에 놓인 교환exchange이 그것이다. 17년 경력의 *Tr. R*은 이렇게 말했다.

> 학생들은 64라는 수의 의미를 이해해야 합니다… 나는 5십과 14일[9]이 64와 같다는 것을 보여주겠어요. 학생들은 리그루핑을 하고 있으면서도 리그루핑을 하고 있다는 사실을 잘 모르기 때문에 리그루핑의 원리를 먼저 이해해야 합니다. 나는 그렇게 하는 것이 처음부터 곧바로 리그루핑을 하는 것과는 차이가 있다는 것을 이해시키겠어요.

교직 경력이 1년인 *Ms. J*는 학생들이 리그루핑을 할 때 자릿값들 안에서 교환이 일어난다는 것을 이해해야 한다고 지적했다.

> 학생들은 교환이 어떻게 이뤄지는지 이해해야 해요… 일의 자리가 일정한 수에 이르면, 즉 10에 이르면 단위가 바뀌어 1십이 되듯이… 자릿값들 안에서 교환이 이루어지지만 수치는 변하지 않는다는 것에 학생들은 익숙해져야 해요… 실제 값에는 아무런 변

---

9) 옮긴이 주 : "5 tens and 14 ones"을 어색하지만 "5십과 14일"로 옮겼다. 우리말(그리고 중국어)의 "단單, 십十, 백百, 천千"을 살려서 "5십과 14단"으로 옮길 수도 있으나 요즘음에는 "단"이라는 용어보다 "일"이라는 용어가 더 보편적이라고 생각한 것이다. 경우에 따라서 "일"은 생략하기도 했다.

화도 일어나지 않고 교환이 이루어질 수 있어요.

그러나 학생들이 알아야 한다고 교사가 생각한 것은 교사 자신의 지식과 관계가 있었다. 학생들이 단지 절차만 배우길 바란 교사들은 절차적 이해를 갖고 있는 경향이 있었다. 그런 교사들은 십의 자리에서 1을 "빌려오기"가 필요한 이유를 설명하기 위해 이렇게 말했다. "작은 수에서 큰 수를 뺄 수는 없다." 그들은 "취하기" 절차를 설명할 때, 하나의 수가 다른 수에서 더 큰 값을 얻어와야 한다는 식으로 설명할 뿐, 그것이 하나의 수 안에서 이루어지는 수의 재배열이라는 것을 언급하지 않았다.

> 작은 수에서 큰 수를 뺄 수는 없어요··· 그러니 옆자리에서 빌려와야 해요. 옆자리에는 더 큰 수가 있으니까. (*Ms. B*)

> 그러나 일의 자리 수가 모자라면, 그것을 많이 가진 친구를 찾아보자. (19년 경력의 *Tr. V*)

"작은 수에서 큰 수를 뺄 수 없다"는 것은 수학적으로 틀린 명제이다. 2학년 초등학생은 작은 수에서 큰 수를 빼는 방법을 배우지 않지만, 그렇다고 해서 수학적으로 그런 연산을 할 수가 없는 것은 아니다. 어린 학생들은 장차 작은 수에서 큰 수를 빼는 방법을 배우게 될 것이다. 그런 방법을 2학년 때 배우지는 않더라도, 잘못된 개념을 강조해서 장차의 학습을 혼란스럽게 해서는 안 될 것이다.

뺄 수(피감수) 두 자리 숫자를 두 친구, 혹은 두 이웃으로 다루는 것 역시 또 다른 면에서 수학적 오해를 낳는다. 뺄 수 두 자리 숫자가 한 숫자의 두 부분이 아니라 독립된 두 수라는 듯이 말하고 있기 때문이다.

"빌려오기" 설명도 잘못된 개념을 전달한다. 계산을 할 때 한 수의 값이 일정하게 유지되는 게 아니라 임의로 바뀔 수 있는 것처럼 설명하기 때문이다—어떤 이유에서든 한 수가 "너무 작아"서 더 커질 필요가 있으면, 그 수는 다른 수에서 일정한 값을 "빌려"올 수 있다는 식으로.

이와는 다르게, 학생들이 절차의 밑바탕에 놓인 원리를 이해하길 바라는 교사들은 개념을 제대로 이해하고 있다는 것을 보여주었다. 예를 들어 *Tr. R*은 앞에서 말한 잘못된 개념을 전혀 드러내지 않았다.

> "64라는 수에서 46이라는 수를 덜어낼 수 있을까? 그걸 생각해보자. 그건 가능하겠지? 육십 몇에서 사십 몇을 뺄 수는 있잖아? 좋아, 그게 가능하다면, 이제 4 빼기 6, 그 빼기를 할 수 있을까? 자, 여기 4가 있어", 하면서 나는 손가락 넷을 펴서 학생들에게 보여주겠습니다. "이제 6을 빼보자. (손가락을 접으며) 1, 2, 3, 4. 이런, 모자라네. 좋아, 그럼 어떡하지? 우린 이 수의 다른 부분으로 가서 덜어올 수 있어. 다른 편에서 끌어오는 건데, 우리편을 도와달라고 끌어오는 거야. 4가 14가 되게끔 도와달라고 말이야."

빌려오기 설명을 하는 교사들과 달리, *Tr. R*은 64−46이라는 문제를 4−6과 60−40이라는 분리된 두 과정으로 보지 않았다. "육십 몇이라는 수에서 사십 몇이라는 수를 빼기"라는 하나의 과정으로 보았다. 게다가 *Tr. R*은 "작은 수에서 큰 수를 뺄 수 없다"고는 생각하지 않았다. 다만 2학년 학생으로서는 "그 빼기를 할 수" 없을 거라고 보았다. 그래서 해결책으로 제시한 것은 "이 수의 다른 부분으로 가서", "우리편을 도와달라고 끌어오는" 것이다. "다른 수"와 "이 수의 다른 부분"이라는 말의 차이는 미묘하지만, 전달되는 수학적 의미의 차이는 매우 크다.

🍀 교수 테크닉 : 교구 사용

교사의 지식은 학생들이 무엇을 학습해야 하는가를 결정할 뿐만 아니라, 학생들을 어떻게 가르칠 것인가를 결정한다. 이 뺄셈을 가르치는 방법을 논할 때, 한 명을 제외한 모든 교사가 교구(敎具) 사용을 언급했다. 가장 인기 있는 교구는 막대다발이었다. 다른 것으로는 콩, 돈, 블록, 물건 그림 등이 있었다. 단지 "말"로만 하는 수업 방식(교사들이 배워온 방식)보다는 교구를 사용해서 직접 손으로 만지며 "실재" 경험을 하면 훨씬 더 쉽게 배울 수 있다고 교사들은 말했다.

그러나 좋은 차를 타고 간다고 해서 올바른 목적지에 이를 수 있는 것은 아니다. 학생들이 교구를 사용해서 어디로 나아갈 것인가는 교사가 어떻게 운전하느냐에 달려 있다. 23명의 교사들은 교구를 사용해서 나아가고자 한 목적지가 서로 달랐다. 몇 명의 교사는 학생들이 다만 뺄셈에 대한 "구체적" 개념을 갖기만 원했다. 예를 들어 53-25라는 문제에 대해, *Tr. P*는 "53명의 아이들이 줄을 서 있는데 25명을 빼면 어떻게 되는지 알아보기"를 제시했다. *Ms. C*는 콩을 사용해서, 아이들에게 흥미를 끌 수 있는 "공룡 알"에 비유하겠다고 말했다.

나는 뺄셈 문제를 가르칠 때, 먼저 23개의 물건이 그려진 그림을 사용해서 17개를 지우면 몇 개가 남는지 세어보라고 하겠어요… 학생들에게 좀더 의미가 있는 공룡 알 같은 것을 끌어들일 수도 있겠지요. 예를 들어 콩을 공룡 알이라고 하는 거예요.

53−25나 23−17과 같은 문제는 리그루핑이 필요한 뺄셈 문제이다. 그러나 53명의 아이들 가운데 25명을 빼거나, 23개의 공룡 알에서 17개를 빼는 것처럼 교구가 동원된 활동에서 학생들이 배우게 되는 것은 리그루핑과 하등 관계가 없다. 그런 활동은 오히려 리그루핑의 필요성을 제거한다. 절차 지향적 집단에 속한 23년 경력의 교사 *Tr. O*는 "뭔가를 빌릴 필요가 있다"는 생각을 이해시키기 위해 교구를 사용하겠다고 말했다. 그는 동전을 사용해서, 1쿼터(25센트)를 다임(10센트) 둘과 니켈(5센트) 하나로 바꾸게 하겠다고 말했다.

아이들은 돈을 좋아하니까 동전을 사용하는 것도 좋은 아이디어입니다… 똑같이 1쿼터를 갖게 하고, 1다임을 빌릴 수 있도록 이것을 2다임과 1니켈로 바꾸게 하는 겁니다. 그래서 뭔가를 빌릴 필요가 있다는 생각을 이해시키는 거지요.

이 아이디어에는 두 가지 문제가 있다. 무엇보다도, *Tr. O*가 제시하고 있는 문제는 25−10일 뿐이다. 둘째, *Tr. O*는 일상생활에서 뭔가를 빌리기—1쿼터를 가진 사람에게 1다임을 빌리기—와 리그루핑이 필요한 뺄셈에서의 "빌려오기"—자릿값들 내부의 재배열을 통해 빼일 수를 리그루핑하기—를 혼동했다. 사실상 *Tr. O*의 교구 활동은 당초에 가르치기로 한 수학 주제와는 전혀 관계가 없는 것이었다.

대부분의 미국 교사들은 십의 자리 1이 10과 같다는 사실을 이해시키기 위해 교구를 사용하겠다고 말했다. 그들은 취하기와 바꾸기라는 두 핵심 단계 가운데 바꾸기가 훨씬 더 어려운 단계라고 보았다. 그래서 다수의 교사들은 바꾸기 단계를 시각화해서 보여주고 싶어했다. 즉, 교구 활동을 통해 십의 자리 1이 실제로 10과 같다는 사실을 경험시키려고 한 것이다.

> 나는 고무밴드로 10개씩 묶은 아이스캔디 막대를 나눠주겠어요. 그런 다음 칠판에 문제 하나를 적어요. 나도 막대 묶음을 갖고서 **문제를 풀기 위해 먼저 묶음을 어떻게 푸는지** 보여주겠어요. 그런 다음 학생들이 묶음을 푸는 것을 지켜보고, 연습을 여러 번 한 후, 학생들을 둘씩 짝지어 여러 뺄셈 문제를 풀게 하면, 학생들은 답을 낼 수 있을 거예요. 혹은, 학생들이 막대 묶음을 풀어서 계산해야 하는 뺄셈 문제를 직접 만들게 할 수도 있어요. (*Ms. D*)

*Ms. D*가 말한 것은 다수의 교사들이 언급한 전형적인 방법이었다. 분명 이 방법은 *Ms. C*나 *Tr. O*가 말한 방법에 비하면 좀더 리그루핑과 관계가 있다. 그러나 그들과 마찬가지로 절차에 초점을 맞추고 있다. 교사가 시범을 보인 대로 학생들은 묶음을 푸는 연습을 하고, 그것으로 뺄셈을 하는 방법을 알게 될 것이다. 그러나 *Ms. D*가 계산 절차는 잘 설명했다 하더라고, 그녀는 밑바탕에 놓은 수학 개념을 전혀 다루지 않았다.

수학 이해를 증진시키기 위해서는 교사들이 교구와 수학 개념 사이의 관계를 학생들에게 명확하게 이해시킬 필요가 있다는 것을 연구자들은 주목했다(Ball, 1992 ; Driscoll, 1981 ; Hiebert, 1984 ; Resnick, 1982 ;

Scharm, Nemser & Ball, 1989). 사실 모든 교사가 그렇게 할 수 있는 것은 아니다. 주어진 주제에 내재한 수학 개념을 명확히 이해하고 있는 교사만이 그런 역할을 할 수 있을 것이다. 그런 교사에 해당하는 신참 교사인 *Ms. J*는 "교구에 크게 의존"함으로써 "묶음 하나가 10이고, 1십은 곧 10일"이라는 것을 이해시키고, "5십과 3일은 곧 40과 13일"이라는 것을 알게 하고, "등가equivalent 교환 개념"을 익히게 하고, "수들 사이의 관계"에 대해 설명해주겠다고 말했다.

> 그런 관점에서 나는 묶음 하나가 어떻게 10인지, 어떻게 1십이 곧 10인지를 보여주겠어요. 그것을 확실히 이해시키는 거죠. 고무밴드 묶음 하나를 풀어서 열 개를 늘어놓으면, 이제 낱개는 모두 몇 개가 되는가? 그리고 다음 단계로 넘어가기 위해, 이제 네 묶음 곧 4십과 13일이 있다는 것을 보여줍니다… 나는 학생들에게 이렇게 말하겠어요. "53에 보태거나 뺀 것이 아무것도 없지? 그래… 53에서 묶음 하나를 푸니까 4십과 13일로 바뀌었어. 그러니 5십과 3일은 곧 4십과 13일이야. 그럼 이제 여기서 25를 빼면 어떻게 될까?"

계산 절차를 보여주기 위해 교구를 사용한 교사들과 달리, *Ms. J*는 교구를 사용해서 절차의 밑바탕에 놓인 수학 개념을 보여주었다. *Ms. J*의 경우가 다른 교사들의 경우보다 "더 멀리" 학생들을 이끌 수 있었던 유일한 이유는, 그녀가 주어진 수학 주제를 다른 교사보다 더 깊이 이해했기 때문이다. 비슷한 방법을 사용하더라도, 교사의 이해 수준이 다르면 학생의 이해 수준도 달라지게 될 것이다.

2. 중국 교사들의 방법 : 떨기

주어진 주제에 대해 미국 교사와 똑같이 생각한 중국 교사도 일부 있었다. "빌려오기" 개념을 사용한 일부 중국 교사들은 그 개념을 사용한 미국 교사와 마찬가지로 절차에 초점을 맞추었다.

> 나는 53 – 25와 같은 문제를 풀 때, 먼저 세로로 정렬해 놓고, 일의 자리부터 뺄셈을 시작하라고 학생들에게 말하겠어요. 3은 5보다 작아서 직접 뺄 수가 없으니까, 십의 자리에서 십 하나를 빌려와서, 그것을 10으로 바꿔야 해요. 10에 3을 더하면 13이 되죠. 13에서 5를 빼면 8이 되니까, 일의 자리에 8을 적고, 십의 자리로 넘어가요. 십의 자리의 5는 일의 자리에 10을 빌려줬으니까, 4십만 남아 있어요. 그러니 40에서 20을 빼면 20이 남아요. 이것을 십의 자리에 써넣으면 되는 거죠. (Ms. Y)

Ms. Y의 교직 경력은 1년 반이었다. 그녀의 설명은 미국 교사인 *Ms. A*의 설명과 유사했다. 연산의 단계에 초점을 맞출 뿐, 원리에는 전혀 관심을 보이지 않았다. 그러나 이처럼 절차 지향적인 교사의 비율은 미국보다 훨씬 낮았다(14% 대 83%). 그림 1.1은 이 주제를 서로 다르게 이해하고 있는 교사들의 구성비를 나타낸 것이다.

대부분의 중국 교사들은 리그루핑에 초점을 맞추었다. 그러나 미국 교사와 달리, 중국 교사 가운데 약 35%는 리그루핑 방식을 두 가지 이상 제시했다. 이 교사들은 표준 계산법의 원리를 설명했을 뿐만 아니라, 미국 교사들이 언급하지 않은 다른 여러 가지 풀이법을 제시했다.

먼저 중국 교사들이 언급한 주목할 만한 용어부터 짚어보겠다. 그것은 "떨기(더 높은 값의 단위 하나를 해체하기)"라는 것이다.

〈그림 1.1〉 리그루핑이 필요한 뺄셈에 대한 교사들의 이해 차이

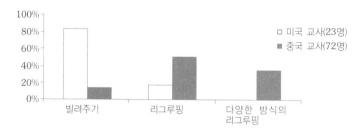

"떨기[退一][10]"는 중국에서 주판으로 셈을 할 때 전통적으로 사용해온 용어이다. 주판의 세로줄은 일정한 자릿값을 나타낸다. 주판알 하나의 값은 그 알이 어느 세로줄에 놓여 있는가에 달려 있다. 세로줄 왼쪽으로 갈수록 자릿값이 더 커진다. 그래서 왼쪽 세로줄의 주판알 값은 오른쪽 세로줄보다 항상 더 크다. 리그루핑이 필요한 뺄셈을 주판으로 계산할 때, 한 줄 왼쪽에 있는 주판알 하나를 "취해서take" 그것을 바로 오른쪽의 10개 혹은 10의 n제곱개의 주판알로 바꿀 필요가 있다. 이것

---

10) 옮긴이 주 : "Decomposing a unit of higher value(tui yi)" : 저자는 중국어 퉤이이退一를 영어로 "더 높은 값의 단위 하나를 해체하기"라고 풀었다. 다음 본문에 나오듯이 퉤이이退一는 주산(珠算)에서 뺄셈을 할 때 윗자리 주판알 하나를 떠는 것이다. 이러한 "떨기"의 반대인 "올리기"는 중국어로 진이 jinyi(進一)이며, 이것을 저자는 "더 높은 값의 단위 하나를 구성하기Composing a unit of higher value"라고 풀었다. 주판알의 "진퉤이進退"를 "구성과 해체"로 의역한 것은 매우 탁월한 발상이다. 그런데 스티글러와 페리가 1988년 저서에서 중국 교사들이 "수를 10씩 구성하고 해체하기"를 강조한 사실을 보고했다고 저자가 각주에서 밝힌 것으로 보면, 그런 의역이 저자만의 독창적인 발상은 아닌 것 같다. 어쨌든 "진퇴"라는 용어 자체에는 "구성과 해체"라는 뜻이 담겨 있지 않으므로 우리말로는 "올리기"와 "떨기"로 번역했다. 참고로, "말씀을 올리다"가 중국어로 "진옌進言"이다. 중국어에 대한 한글 표기법은 최영애-김용옥표기법을 따랐다.

을 "떨기[退一]"라고 한다.

중국 교사 가운데 86퍼센트는 뺄셈 연산의 "취하기" 단계를 "떨기" 과정으로 설명했다. 그들은 "십의 자리에서 1십을 빌린다"고 하지 않고, "1십을 떤다"고 말했다.

21−9를 곧바로 계산할 수 없는 이유는 21이라는 수의 형태 때문이다. 십진법에서 각 자릿수는 10의 비율로 구성된다(중국어로는 이 비율을 "진뤼進率"라고 한다). 한 수가 어떤 자릿값(예를 들어 일의 자리나 십의 자리)에서 10단위에 이르면, 그 10단위는 하나 위의 자릿값(예를 들어 십의 자리나 백의 자리)의 1단위로 바꿔야 한다. 이론적으로, 십진법 체계에서는 9개보다 많은 "흩어져 있는"(구성되지 않은) 단위는 존재하지 않는다. 지금 우리는 일의 자리에 흩어져 있는 9를 21에서 빼려고 한다. 21은 일의 자리에 1만 있다. 그러므로 해결책은, 더 높은 값의 단위 하나를 10으로 해체해서, 재구성된 21에서 9를 빼는 것이다.

면담 도중, 이 교사들은 "떨기"라는 개념을 받아올림carrying이 필요한 덧셈—"올리기[進一]"가 필요한 덧셈—과 관련지어 설명하려는 경향을 보였다. 3학년을 처음 가르친다는 고참교사 Tr. L은 이 뺄셈을 가르치는 방법을 다음과 같이 설명했다.

나는 곧바로 뺄 수 있는 문제부터 가르치겠습니다. 예를 들어, 43−22는=? 학생들이 이 문제를 풀면, 43−27=?로 문제를 바꾸겠어요. 첫 문제와 두 번째 문제는 어떻게 다른가? 두 번째 문제를 계산할 때 어떤 일이 일어나는가? 학생들은 7이 3보다 더 크다는 것을 금방 알아낼 겁니다. 그때 나는 이렇게 말하겠어요. "좋아, 지금은 일의 자리가 모자라지? 하지만 때로는 일의 자리가 넘칠 때도 있어. 지난주에 받아올림이 필요한 덧셈을 할 때, 일의 자리가 넘친 적이 있었다는 것을 잊지 않았지? 그때 우린 어떻게 했지?" 그러면 학생들은 그것을 십의 자리로 올렸다고 대답하겠지요. 일의 자리가 넘쳐서 십의 자리로 올린다면, 일의 자리가 모자랄 때는 어떻게 해야 할까요? 물론 10 하나를 다시 일의 자리로 떨 수 있지요. "40에서 10을 떨면 어떻게 될까? 그러면 일의 자리가 넘치겠지." 이런 식으로 나는 "더 높은 값의 1단위를 낮은 값의 10단위로 떨기"라는 개념을 가르치겠습니다.

일부 교사들은 "떨기"라는 용어가 "올리기"라는 개념을 암시한다고 지적했다.

"53에서 5를 빼려면 일의 자릿값이 모자라는데 그건 왜 그럴까? 쉰 셋은 분명 다섯보다 더 커요. 그런데 쉰 셋 속에 있는 1들(ones)은 다 어디로 갔을까?" 그러면 학생들은 열씩 묶었다고 대답하겠지요. 그러면 5를 뺄 수 있을 만큼 많은 1들을 얻으려면 어떻게 해야 하는지 물어보겠어요. 그리고 학생들이 십 하나를 떤다는 생각을 떠올리기를 기다리는 거예요. 그런 생각을 떠올리지 못하면 내가 제시하겠어요. (Tr. P)

미국과 마찬가지로 중국에서도 뺄셈을 할 때 "빌려오기"라는 용어를 사용한 적이 있었다.[11] 교직 2년차인 3학년 교사 Ms. S는 "떨기"가 "빌

---

11) 근대 중국 산수책의 초기 판본에서는 서구의 책을 번역해서 "빌려오기가 필요한 뺄셈"이라는 용어를 사용했다. 그러나 수십 년 전부터 "떨기[退一]가 필요한 뺄셈"으로 바뀌었다.

려오기"라는 은유보다 더 타당하다고 생각하는 이유를 다음과 같이 설
명했다.

> 우리 학생들 가운데 일부는 "십의 자리에서 1단위를 빌려
> 와서 그것을 10으로 간주한다[지에이땅스借一當十 : 빌려온 1은
> 10에 해당한다]"는 것을 부모에게 배웠을 수도 있어요. 나는 학생
> 들에게 십을 빌려오는 게 아니라 10을 떼는 것이라고 설명할 거예
> 요. "빌려오기"로는 10을 어떻게 일의 자리로 가져올 수 있는지
> 설명할 수가 없어요. 그러나 "떼기"로는 설명이 가능해요. 떤다고
> 말할 때, 이 말은 높은 자리의 숫자가 사실상 낮은 자리의 숫자로
> 구성되어 있다는 것을 뜻해요. 그것들은 상호 교환이 가능해요.
> "빌려오기"라는 용어에는 구성과 해체의 의미가 전혀 담겨 있지
> 않아요. "1단위를 빌려서 그것을 10으로 바꾼다"는 것은 자의적인
> 소리로 들려요. 우리 학생들은 물을 거예요. 어떻게 10의 자리에
> 서 빌려올 수 있냐고. 뭔가를 빌리면 우리는 나중에 그것을 돌려
> 주어야 해요. 그런데 나중에 무엇을 어떻게 돌려주죠? 게다가 뭔
> 가를 빌릴 수 있으려면 빌려주겠다는 사람이 있어야 해요. 십의
> 자리가 일의 자리에게 빌려주고 싶지 않다면 어떡하죠? 학생들이
> 이런 질문을 하면 대답을 할 수가 없을 거예요.

"취하기" 단계를 "떼기"로 설명하면, "리그루핑"을 끌어들인 설명보
다 훨씬 더 이해하기가 쉽고, 이해의 폭도 넓힐 수 있다. 두 설명 모두
그 연산 원리는 뺄일 수를 리그루핑(묶음나누기) 한다는 것이다. 그러나
"리그루핑이 필요한 뺄셈"이라고 말할 때의 문제점은, 리그루핑이 뺄셈

에만 국한된 수학적 방법이 아니라는 것이다. 리그루핑은 다양한 수학 계산에서 기초가 되는 것이다. 리그루핑에는 여러 방법이 있다. 예를 들어 받아올림이 필요한 덧셈을 할 때, 어떤 자릿수의 합계가 10단위를 넘을 수 있다. 그러면 그것을 리그루핑해서 더 높은 자릿수의 단위로 바꿔야 한다. 또 여러 자릿수의 곱셈을 할 때에도 우리는 곱하는 수를 같은 자릿값끼리 리그루핑한다(예를 들어 57×39를 계산할 때, 곱하는 수인 39를 30+9로 리그루핑해서, 57×30+57×9로 계산한다). 사실상 리그루핑은 사칙연산 모두에 적용된다. 따라서, "취하기" 절차는 "떨기"로 설명하는 것이 옳다. 뺄셈 주제에 대해서는 "리그루핑"보다 "떨기"가 더 적절하기 때문이다. "떨기"는 뺄셈에서 일어나는 특정 형태의 리그루핑을 명확히 나타낼 수 있다.

게다가 떨기 개념을 사용해서 설명하면 뺄셈 절차가 덧셈 연산과도 관계가 있다는 것을 보여줄 수 있다. 따라서 떨기 개념을 사용함으로써 좀더 개념에 기초한 뺄셈 학습을 유도할 수 있을 뿐만 아니라, 학생들의 이전 학습을 강화할 수도 있다.

"진율進率(진뤼)[12]"(더 높은 값의 단위 구성 비율). 개념 지향적인 중국 교사들은 "떨기"라는 개념으로 "취하기"와 "바꾸기" 단계를 사실상 한꺼번에 설명했다. 그러나 대부분의 교사는 그 절차의 "바꾸기" 측면에 더 주목했다. 그들 가운데 반은 "리그루핑"을 언급한 미국 교사들처럼, 1십은 10일(10 ones)로 구성되며, 10일로 해체될 수 있다는 것을 강조했다. 그러나 나머지 반은 좀더 기본적인 수학 개념, 즉 "진율"을 언급

---

12) 옮긴이 주: 진법의 비율로 이해하면 된다. 예를 들어, 10진법에서는 진율이 10이고, 2진법에서는 진율이 2이다.

했다. 학생들은 리그루핑을 배우기 전에 "진율"을 먼저 알아야 할 필요
가 있으며, 수시로 "진율" 학습을 계속 강화시켜야 한다고 본 것이다.

그런 교사들은 학생들이 진율에 대한 명확한 개념을 가져야 한다고
단언했다. 그런 개념을 가지면 높은 자릿값이 낮은 자리의 10 혹은 10
의 거듭제곱 값으로 이뤄지는 이유를 더 잘 이해할 수 있기 때문이다.
그들의 주장에 따르면, 그러한 이해는 학생들의 미래 학습을 수월하게
한다. 30년 동안 초등수학을 가르쳐온 5학년 교사 Tr. 마오는 이렇게
말했다.

> 진율이란 무엇인가? 답은 간단합니다. 진율이란 10입니다.
> 10 안에 1이 몇 개 있는가를 묻든, 진율이 무엇인가를 묻든, 학생
> 들이 10이라고 대답하는 것은 똑같아요. 그러나 두 질문의 학습
> 효과는 똑같지 않습니다. 십의 자리 1이 곧 10이라는 것을 학생들
> 에게 말한다는 것은 절차상의 사실을 말하는 겁니다. 그리고 그런
> 말은 사실에 한정되어 있어요. 그러나 학생들에게 진율을 생각해
> 보도록 하면, 사실만이 아니라 절차까지 설명하는 하나의 이론을
> 깨닫게 할 수 있습니다. 그러한 깨달음은 특정 사실 하나를 아는
> 것보다 훨씬 더 위력적이에요. 다른 여러 상황에 적용할 수 있으니
> 까요. 진율이 곧 10이며, 1십을 10일로 해체하는 것도 진율 때문
> 이라는 것을 일단 깨달으면, 학생들은 그것을 다른 상황에 적용할
> 수 있게 될 것입니다. 그래서 장차 세 자릿수 뺄셈을 배울 때 1백
> (1 hundred)은 곧 10십(10 tens)이라는 것을 새롭게 가르칠 필요
> 가 없게 됩니다. 학생들은 스스로 그것을 알아낼 수 있으니까요.

시골 초등학교에서 3년 동안 저학년을 가르친 Ms. N은 이렇게 말했다.

> 이때 진율을 배워두면 여러 자릿수의 뺄셈을 다루는 데 도움이 될 뿐만 아니라, 더 복잡한 다른 문제를 푸는 데에도 도움이 돼요. 1십을 10일로 해체하거나, 1백을 10십으로 해체하는 것은 1단위를 하나 낮은 자릿값의 10단위로 해체하는 거예요. 그러나 때로는 1단위를 낮은 자릿값의 100단위, 혹은 1,000단위 이상으로 해체해야 할 때도 있어요. 예를 들어, 302 – 17를 계산하기 위해서는, 1백을 100일로 해체해야 할 필요가 있어요. 또 10,005 – 206 이라는 뺄셈을 하려면, 1단위를 낮은 자릿값의 1만 단위로 해체해야 해요. 1십이 곧 10일라는 사실만 알고 있는 학생이라면 그런 문제를 어떻게 풀어야 할지 모를 거예요. 그러나 학습 초기에 미리 진율을 배우면, 그런 새로운 문제의 해법을 스스로 찾아낼 수 있을 거예요. 아니면 적어도 그 문제를 푸는 열쇠만큼은 갖고 있는 셈이죠.

Tr. 마오와 Ms. N과 같은 교사들은 학생들의 학습 과정을 예리하게 멀리 내다보고 있었다. 그들은 두 자릿수의 뺄셈을 가르치면서도 더 많은 자릿수의 뺄셈에 필요한 테크닉을 예상하며 접근했다. 여러 자릿수의 뺄셈은 1백을 여러 십으로, 1천을 여러 백으로 해체하는 문제를 포함하고 있다. 또한 1단위를 10으로 해체하는 것이 아니라, 10의 거듭제곱 단위로 해체하는 문제도 포함하고 있다. 예를 들어 1천을 100십으로 해체할 필요도 있다. 이러한 "선견지명"은 물론 이 주제에 대한 교사들의 철저한 이해에서 비롯하는 것이다.

받아올림이 필요한 덧셈을 배울 때, 이 교사들이 가르치는 학생들은 진율 개념을 익힌다. 이 교사들은 뺄셈을 가르칠 때 학생들이 진율 개념을 다른 관점에서—구성이 아닌 해체 관점에서—새롭게 바라보도록 한다. 이런 방식은 기본 개념에 대한 초기 학습을 확실하게 증진시킨다.

1십은 곧 10일이라는 교환 개념에 비해, 진율 개념은 수학 이해의 깊이를 더할 수 있다. 브루너Bruner는 《교육의 과정》(1960/1977)이라는 저서에 이렇게 기술했다. "학습한 개념이 더욱 근본적 혹은 기본적일수록, 새로운 문제에 대한 적용 가능성의 폭도 더욱 커진다." 정말이지 진율은 수 체계의 기본이 되는 개념이다. 이 교사들이 뺄셈의 "바꾸기" 단계를 덧셈의 "구성" 개념과 연계시키는 것은 사실의 밑바탕에 놓인 기본 개념에 대한 통찰을 반영하는 것이며, 단일한 사실 속에서 근본 개념을 드러내는 능력을 반영하는 것이다.

리그루핑의 여러 방법. 앞서의 논의는 뺄셈 문제를 푸는 표준 계산법에 국한된 것이었다. 이 계산법에는 빼일 수를 하나의 방법으로 리그루핑하는 절차가 담겨 있다. 예를 들어 53을 40과 13으로 리그루핑한다. 이러한 표준 방법을 벗어나는 설명을 한 미국 교사는 없었다. 그러나 일부 중국 교사들은 달랐다. 그들은 그 뺄셈을 하는 올바른 방법은 하나만이 아니라고 지적했다. 유효한 다른 여러 방법이 있다는 것이다. 대부분의 경우 표준 방법이 가장 유효하지만, 모든 경우에 그런 것은 아니다. "떨기" 원리와 관련해서 중국 교사들은 리그루핑하는 여러 방법을 제시했다.

사실 리그루핑을 하는 방법에는 여러 가지가 있습니다. 예를 들어 53—26과 같은 문제를 풀 때 할 수 있는 리그루핑은 여러 가지가 있어요. 먼저 53을 다음과 같이 리그루핑할 수 있습니다.

이런 식으로 우리는 13에서 6을 빼고, 40에서 20을 빼서 27을 얻을 수 있어요. 이런 방법은 일리가 있지요. 그러나 53을 다른 방식으로 리그루핑하고 싶을 수도 있습니다.

이런 식으로 먼저 10에서 6을 빼서 얻은 4를 3과 더해서 7을 얻고, 40에서 20을 빼서 얻은 20을 7과 더해서 27을 얻을 수 있습니다. 이런 리그루핑의 장점은 10에서 6을 빼는 것이 13에서 빼는 것보다 더 쉽다는 것입니다. 이 절차에서 필요로 하는 덧셈 역시 쉽습니다. 받아올림이 없으니까요. 그런데 리그루핑을 하는 또다른 방법이 있습니다. 빼는 수인 26을 리그루핑하는 겁니다.

이때에는 53에서 먼저 3을 빼서 50을 얻습니다. 50에서 남은 3을 빼서 47을 얻습니다. 마지막으로 47에서 20을 빼서 27을 얻습니다. (Tr. C)

교사들은 주로 세 가지 리그루핑 방법을 언급했다. 하나는 표준 방법이었다. 즉, 하나 높은 자릿값의 1단위를 낮은 자릿값의 10단위로 해체해서, 그것을 낮은 자릿값의 원래의 단위와 결합한 다음 뺀다.

이와 다른 방법은 뺄셈을 하기 전에 빼일 수를 둘이 아닌 세 부분으로 리그루핑하는 방법이다. 다시 말하면, 10의 자리에서 리그루핑한 것을 일의 자리 단위와 합하지 않고, 거기서 빼는 수의 일의 자리 수를 뺀다. 그래서 얻은 값을 일의 자리의 빼일 수 단위와 합한다. 덧셈이 추가되어 계산이 좀더 복잡해지는 것처럼 보이지만, 표준 방법보다 이 계산이 훨씬 쉽다. 빼는 수를 10보다 더 큰 수에서 빼는 게 아니라 10에서 빼면 되기 때문이다.

세 번째 리그루핑 방법의 뺄셈은 더욱 쉽다. 먼저 빼는 수의 일의 자리에서 빼일 수의 일의 자리와 같은 수를 분리해낸다. 그 수를 빼일 수에서 빼면 빼일 수의 일의 자리는 0이 된다. 이제 10의 자릿값으로만 이루어진 빼일 수에서 나머지 빼는 수를 뺀다.

두 번째와 세 번째 방법은 사실 일상생활에서 빈번하게 쓰이는 방법이다. 그런 접근법이 어린이들에게는 대체로 더 쉽게 여겨질 수 있다. 어린이들의 수학적 능력에는 한계가 있기 때문이다. 중국 교사들은 리그루핑을 하는 그런 대안을 제시하는 동시에, 그 방법들을 서로 비교하기까지 했다―그런 대안을 사용할 때 계산이 더 쉬워지는 문제의 예를 제시하기도 했다. 일부 교사들은 빼는 수의 일의 자리 수가 빼일 수의 일의 자리 수보다 훨씬 더 클 때 두 번째 리그루핑 방법이 더 흔히 사용된다고 지적했다. 예를 들어 52-7이나 63-9의 경우가 그렇다. 50에서 7을 먼저 빼서 얻은 43을 2와 더하기, 그리고 60에서 9를 먼저 빼서 얻은 51을 3과 더하기를 하면 쉽게 답이 나온다. 이런 종류의 문제는 빼는 수가 항상 10에 가깝다.

세 번째 방법은 일의 자리의 빼일 수와 빼는 수의 값이 서로 비슷할 때 특히 쉽다. 예를 들어 47−8의 경우, 47에서 먼저 7을 뺀 다음, 그때 얻은 값 40에서 1을 빼기는 쉽다. 또 예를 들어 95−7의 경우, 95에서 먼저 5를 뺀 다음, 그때 얻은 값 90에서 2를 빼기는 쉽다.

빼는 방법은 많지만, 그래도 대부분의 경우에는 표준 방법이 가장 쉽다. 특히 문제가 복잡할 때 그렇다. 뛰어난 교사로 인정받은 Tr. 리는 다음과 같이 뺄셈을 가르친다고 말했다.

우리는 두 자리 수에서 한 자리 수를 빼는 문제부터 시작합니다. 예를 들어 34−6과 같은 문제를 칠판에 적어요. 그리고 학생들에게 스스로 그 문제를 풀어보라고 하는 겁니다. 막대 다발과 같은 교구를 써도 좋고, 아무것도 사용하지 않고 머리로만 풀어도 좋아요. 몇 분후 학생들은 답을 내지요. 나는 어떻게 풀었는지 발표하게 해요. 학생들은 온갖 방법을 얘기하지요. 예를 들어 이렇게 말하는 학생이 있을 거예요. "6을 빼기에는 4가 작아요. 하지만 먼저 4를 빼면 30이 남아요. 이제 2만 더 빼면 돼요. 왜냐하면 6은 4+2니까요. 30에서 2를 빼면 28이 돼요. 내 방법은 이래요. 34−6=34−4−2=30−2=28." 한편, 막대를 사용해서 문제를 푼 학생은 이렇게 말할 거예요. "막대 낱개가 모자라서 묶음 하나를 풀었어요. 그래서 생긴 낱개 열 개에서 6을 빼니까 4가 남았어요. 4를 처음에 있던 막대 4개와 더하면 8이 돼요. 묶음이 아직 두 개가 남았으니까, 남아 있는 걸 모두 합하면 28이 돼요." 앞서의 두 부류보다는 소수인 일부 학생은 이렇게 말할 거예요. "저

애들의 방법도 괜찮지만, 또 다른 방법으로 풀 수도 있어요. 14 -
8이나 14 - 9와 같은 뺄셈 계산법을 전에 배운 적이 있는데, 그때
배운 것을 쓰면 돼요. 그러면 속셈으로 간단히 계산할 수 있어요.
그러니까 34를 20과 14로 쪼개는 거예요. 14 빼기 6은 8이잖아
요? 물론 20이 남아 있으니까, 답은 28이죠." 나는 학생들이 얘기
한 모든 방법을 칠판에 적고, 번호를 붙입니다. 첫 번째 방법, 두
번째 방법, 이런 식으로. 그런 다음 학생들에게 비교해보라고 합니
다. 어느 방법이 가장 쉬울까? 어느 방법이 가장 그럴 듯할까? 때
로는 학생들의 의견이 서로 엇갈립니다. 내가 가르치려고 한 표준
방법이 가장 쉬운 방법이라는 데 동의하지 않는 경우도 있어요.
13 - 7이나 15 - 8처럼 20 이내의 뺄셈[13] 문제에 숙달되지 않은 학
생들은 특히, 표준 방법이 더 어렵다고 생각하는 경향이 있어요.

학생들은 스스로 문제를 풀려고 할 때 실제로 여러 가지 리그루핑 방
법을 떠올릴 수 있다. 다른 교사들도 그런 사실을 보고했다. 일단 학생
들이 여러 가지 생각을 발표한 후 바람직한 토론을 이끌기 위해서는 교
사가 그 주제를 철저히 이해하고 있어야 한다. 교사 자신이 여러 가지
풀이 방법을 알고 있어야 하며, 학생들이 어떻게 왜 그런 방법을 생각
해냈는지를 알아야 하고, 표준 방법과 비표준 방법 사이의 관계를 알고
있어야 하며, 방법은 여러 가지가 있어도 그 밑바탕에 놓인 개념은 하
나라는 것을 알고 있어야 한다. 30대 초반의 2학년 교사인 Tr. G는 학

---

13) 중국 교사들은 리그루핑이 필요한 뺄셈 가운데, 빼일 수가 10과 20 사이에 있는 것을 "20 이내의
뺄셈"이라고 말한다. 예를 들어 12 - 6 혹은 15 - 7 같은 문제가 그것이다. 한편, 받아올림이 필요한 덧셈
가운데, 7 + 8이나 9 + 9처럼 합계가 10과 20 사이에 있는 덧셈은 "20 이내의 덧셈"이라고 말한다.

생들이 교구를 이용해서 문제를 풀 수 있는 여러 방법을 기술한 후 이렇게 결론지었다.

나는 뺄셈의 여러 방법이 하나의 절차를 기초로 하고 있다는 것을 학생들이 발견하도록 유도하겠습니다. 묶음 하나를 푼다는 것이 바로 그겁니다. 그것을 알면 학생들은 1십을 해체한다는 개념을 이해하게 될 테고, 그것이 뺄셈에서 핵심 역할을 한다는 것을 이해하게 될 겁니다.

교사는 표준 방법 뿐만 아니라 대안 방법도 알고 있을 필요가 있다. 그것은 중요한 일이다. 또 어떤 방법이 왜 표준 방법으로 받아들여졌는지를 아는 한편, 대안 방법이 계산의 밑바탕에 놓인 지식에 접근하는 데 큰 역할을 할 수 있다는 것을 아는 것도 중요하다. 뺄셈의 여러 리그루핑 방법을 비교하고 대조하는 폭넓은 관점을 지닐 때 비로소, 그 절차의 밑바탕에 놓인 개념이 온전히 드러나게 된다. 그 개념을 온전히 이해하고 있는 교사들은 교재에 포함되지 않은 비표준 방법을 융통성 있게 다룰 줄 알았다.

🌼 지식 꾸러미와 핵심 지식

면담을 할 때 중국 교사들은 또 다른 흥미로운 특성을 드러냈다. 즉, 수학 주제들 사이의 관계에 주목하는 경향을 보였다. 예를 들어 대다수 중국 교사들은 리그루핑이 필요한 뺄셈의 "토대" — 절차적일 뿐만 아니라 개념적인 토대 — 가 되는 문제로서 "20이내의 뺄셈"을 언급했다.

그들은 뺄셈의 리그루핑, 즉 높은 자릿값을 낮은 자릿값으로 해체하기 개념이 세 가지 수준의 문제를 학습하며 발전한다고 말했다.

첫째 수준의 문제는 15−7이나 16−8과 같은 20 이내의 뺄셈 문제이다. 이 수준에서 학생들은 1십을 해체한다는 개념과 테크닉을 배운다. 그럼으로써 학생들은 20 이내의 뺄셈을 할 수 있게 된다. 이 단계는 아주 중요하다. 이전 단계의 뺄셈은 아주 쉬웠기 때문이다. 즉, 빼일 수의 일의 자릿수가 빼는 수의 일의 자릿수보다 커서 직접 뺄 수 있었다. 첫째 수준의 문제에서 배우게 되는 개념과 테크닉은 다음 수준의 리그루핑 절차를 뒷받침하게 된다.

두 번째 수준의 문제는 53−25나 72−48처럼 빼일 수가 19와 100 사이에 있는 뺄셈 문제이다. 해체해야 할 십의 자리 수가 2이상이다. 이 수준에서는 2십 이상에서 1십만 떼어낸다는 새로운 개념을 익히게 된다.

세 번째 수준의 문제는 빼일 수가 세 자릿수 이상인 문제이다. 이 수준에서 익히게 될 새로운 개념은 연속 해체를 한다는 것이다. 빼일 수에서 하나 더 높은 자리의 수가 0일 때, 그 다음 높은 자리에서 1단위를 해체해야 한다. 그런 문제를 풀려면 두 번 혹은 그 이상 해체를 해야 한다. 예를 들어 203−15와 같은 문제에서 일의 자리를 계산할 때, 1백을 10십으로 해체한 다음, 그 가운데 1십을 다시 10일로 해체해야 한다.

중국 교사들의 말에 따르면, 리그루핑이 필요한 뺄셈의 기본 개념은 이러한 세 가지 수준을 통해 발전한다. 그러나 세 수준을 모두 포괄하는 개념의 "씨알"과 기본 테크닉은 첫 번째 수준 곧 20 이내의 뺄셈에 이미 담겨 있다.

바로 이점에서 두 나라 교사들은 아주 흥미로운 이해의 차이를 드러낸다. 미국 교사들은 "5+7=12" 혹은 "12−7=5"와 같은 문제를 단순히 암기해야 할 "기본 산술적 사실"로 간주한다.[14] 그러나 중국 교사들은 다르다. 즉, 그런 문제를 "20 이내의 올리기가 필요한 덧셈과 떨기가 필요한 뺄셈"으로 간주한다.[15] 중국에서 이 수준의 학습을 할 때 학생들은 이전에 배운 1십의 구성과 해체 테크닉을 뚜렷이 이해하게 된다.[16]

30대 후반의 교사인 Tr. 쑨은 내가 선택한 설문이 적절치 않다며 이의를 제기하기까지 했다.

> 선생님이 제시한 문제는 리그루핑이 필요한 뺄셈 문제예요. 그런데 빼일 수가 20보다 크고 100보다는 작은 그런 문제는 지엽적인 문제인 거예요. 그 주제를 배우는 데 핵심이 되는 문제는 따로 있어요. 핵심 문제를 먼저 가르치지 않고 지엽적인 문제를 곧바로 가르칠 수 있는 방법을 말하라면 나로서는 어찌해야 좋을지 모르겠어요.

이어서 Tr. 쑨은 리그루핑이 필요한 뺄셈을 학습하는 세 가지 수준을 모두 얘기한 후, 내 설문에 왜 문제 소지가 있는지를 이렇게 설명했다.

---

14) 옮긴이 주 : 영어의 수 언어 체계에서는 10이 넘는 수를 "eleven, twelve, 혹은 twenty"와 같이 하나의 수로 인식하기 때문에 이런 현상이 쉽게 나타날 수 있을 것이다. 중국의 수언어 체계는 (한국이나 일본과 마찬가지로) 11이 "ten-one", 12가 "ten-two", 20은 "twenty"가 아닌 "two tens" 식으로 이루어져 있다는 것을 저자는 각주에 설명해 놓았다.

15) 중국에서는 받아올림이 필요한 덧셈을 "올리기composing가 필요한 덧셈"이라고 부르며, 리그루핑이 필요한 뺄셈을 "떨기decomposing가 필요한 뺄셈"이라고 부른다. "20 이내의 올리기가 필요한 덧셈과 떨기가 필요한 뺄셈"은 1학년 2학기에 배운다.

16) 중국 초등학교 교재에서는, "20 이내의 올리기가 필요한 덧셈과 떨기가 필요한 뺄셈" 단원 앞에 먼저 1십의 구성을 배우는 단원이 있다. 그러나 학생들은 20 이내의 덧셈과 뺄셈을 배우는 단원에 와서야 비로소 1십의 구성과 해체의 수학적 의미를 제대로 이해하게 된다.

세 수준의 학습에는 각각 새로운 개념이 담겨 있어요. 하지만 이들 수준은 모두 20 이내의 뺄셈을 배울 때 도입되는 기본 개념을 발전시킨 것에 지나지 않아요. 첫 번째 수준에서 배우는 테크닉은 더 높은 수준의 뺄셈에 모두 적용이 돼요. 학생들이 일단 20 이내의 뺄셈 문제를 푸는 데 필요한 개념과 테크닉을 확실히 파악하게 되면, 그것을 굳건한 토대로 삼아서 다음 수준의 뺄셈을 쉽게 배울 수 있어요. 예를 들어 선생님이 제시한 문제 같은 것은 대부분의 학생들이 스스로 해법을 찾아낼 수도 있어요. 스스로 풀지 못한다면 교사나 선배가 조금만 힌트를 주면 되지요. 그러니까 떨기가 필요한 뺄셈을 배우는 데에는 20 이내의 뺄셈이 가장 중요해요. 그건 세 수준의 지식 가운데 가장 비중이 큰 지식인 거예요. 20 이내의 덧셈과 뺄셈은 우리가 실제로 가장 중시하는 문제랍니다. 그러니 리그루핑이 필요한 뺄셈을 가르칠 때 선생님이 제시한 문제부터 가르치기 시작한다면 나로서는 어떻게 가르쳐야 할지 모르겠어요.

Tr. E의 다음과 같은 말은 중국 교사들의 전형적인 사고방식을 보여준다.

우리 학생들이 20 이내의 문제를 확실히 알고 있지 않으면, 37－18이나 53－25와 같은 문제를 어떻게 풀 수 있겠습니까? 학생들이 그런 연산을 하려면, 17－8이나 13－5와 같은 문제부터 풀 수 있어야 할 것입니다. 번번이 막대를 사용해서 계산을 할 수는 없지 않겠어요? 큰 수에서 작은 수를 빼는 모든 뺄셈 절차는

10 이내의 뺄셈과 20 이내의 뺄셈으로 바꿀 수 있어요. 첫 번째 수준이 중요한 이유가 바로 그것입니다.

중국 교사들은 20 이내의 뺄셈 학습이 가장 중요하다고 얘기하면서도, 내가 제시한 문제를 배우기 전에 먼저 배워할 것이 하나뿐이라고 가정하지는 않았다. 그들은 학생들이 그 주제를 배우는 데 필요한 항목을 여러 가지 언급했다. 그 항목은 미국 교사들이 언급한 것보다 더 많았다. 평균적으로 중국 교사들은 4.7항목을 언급한 반면, 미국 교사들은 2.1항목을 언급했다.

Tr. 츠언은 지방 도시의 한 학교에서 30년 이상 초등학생을 가르쳐온 50대 후반의 교사였다. 그는 뺄셈의 세 가지 수준을 언급했다. 수학 학습이 차례로 단계를 밟아 가는 일련의 과정이라고 생각하느냐고 내가 묻자, 그는 이렇게 답했다.

하나의 수학 주제를 배운다는 것은 다른 주제 학습과 고립된 것이 아니라고 봅니다. 하나의 학습은 다른 학습을 뒷받침합니다. 세 수준이 서로 이어져 있다는 것은 중요한 사실이지만, 뺄셈에는 또 다른 중요 개념이 포함되어 있습니다. 예를 들어 뺄셈의 의미 같은 것 말입니다. 떨기가 필요한 뺄셈 연산에는 하나가 아닌 여러 개념이 담겨 있습니다. 그건 일련의 지식이라기보다는 한 꾸러미의 지식입니다. 선생이 제시한 문제를 내가 가르친다면, 앞서 말한 세 가지 수준보다 더 큰 지식 꾸러미가 필요하다고 봅니다. 그 지식 꾸러미에는 20 이내의 덧셈, 떨기가 필요 없는 두 자릿수 뺄셈, 받아올림이 필요한 두 자릿수 덧셈, 진율 개념, 소수小

數 뺄셈 등등이 포함될 수 있습니다. 이들 가운데 일부는 지금 당장 가르쳐야 할 지식을 뒷받침해주기도 하고, 그 역이기도 합니다.

Tr. 츠언에게 "지식 꾸러미knowledge package"와 그 크기 및 내용물에 대해 좀더 물어보자, 그는 이렇게 답했다.

> 지식을 "꾸리는" 방법에는 확고하고 엄격한 한 가지 방법만 있는 것이 아닙니다. 그건 교사의 관점에 달려 있지요. 교사가 다르거나, 같은 교사라도 학생이 다르면, 다른 문맥에서 다른 방법으로 지식 꾸러미를 만들 수 있어요. 그러나 중요한 것은, 한 조각의 지식을 가르칠 때에도 지식 "꾸러미"를 알고 있어야 한다는 겁니다. 그리고 지금 당장 가르쳐야 할 지식이 그 꾸러미 안에서 어떤 역할을 하는지 알아야 해요. 그리고 그 지식이 어떤 개념 혹은 어떤 절차의 뒷받침을 받는지도 알아야 해요. 그래서 그 지식이 무엇에 의존하고, 무엇을 강화하며, 무엇에 중점을 두어야 하는가를 배려해서 가르쳐야 합니다. 다른 절차를 뒷받침하게 될 중요 개념 하나를 가르칠 때에는, 그 개념을 아주 잘 이해해서 다른 절차를 능숙하게 수행할 수 있도록 각별히 신경을 써야 합니다.

Tr. 츠언과 마찬가지로 대다수 중국 교사들은 한 조각의 지식이 아닌 한 묶음의 지식에 대해 언급했다. 그림 1.2는 리그루핑이 필요한 뺄셈에 대해 중국 교사들이 언급한 것을 기초로 해서 그린 것이다. Tr. 츠언이 말한 지식 "꾸리기"—수학적 주제들을 일련의 조각이 아닌 일련의 묶음으로 보기—는 훌륭한 사고방식이다. 어떻게, 그리고 얼마나 많은 지식 조각들을 그 "꾸러미" 안에 담아야 할 것인가에 대해서는 교사들마다 견해가 다소 엇갈렸다. 그러나 지식 조각들을 "꾸리는" 원칙, 그리고 어떤 조각이 "핵심" 지식인가에 대해서는 견해가 일치했다. 그림 1.2는 리그루핑이 필요한 뺄셈과 관련된 지식 조각들을 꾸릴 때 중국 교사들이 포함시킨 주요 개념들을 보여준다. 직사각형 안의 내용은 내가 제시한 주제이다. 음영을 넣은 타원형 둘은 핵심 지식을 나타낸다. 화살표는 뒷받침한다는 것을 나타낸다. 그래서 교사들의 말에 따르면, 화살표 이전의 주제를 먼저 가르쳐야 한다.[17]

〈그림 1.2〉 리그루핑이 필요한 뺄셈의 지식 꾸러미

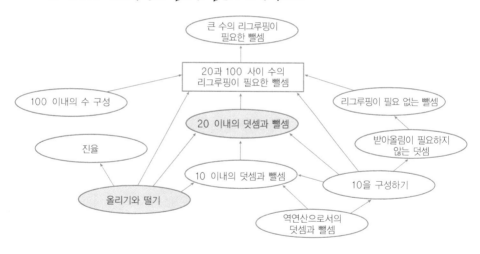

---

17) 면담을 하는 동안 중국 교사들은 이 관계가 일방적인 게 아니라 쌍방적이라고 강조했다. 즉 처음의 기본 주제 학습은 다음의 고급 주제 학습을 뒷받침하지만, 기본 주제 하나의 학습은 다음 학습에 의해 강화된다. 이 연구는 가르치는 데 초점을 두었기 때문에, 지식 꾸러미 그림에서 양방향의 화살표를 사용하지 않았다.

　그림 중앙에는 일련의 네 주제가 순서대로 자리잡고 있다. "10 이내의 덧셈과 뺄셈", "20 이내의 덧셈과 뺄셈", "20과 100 사이 수의 리그루핑이 필요한 뺄셈", 그리고 "큰 수의 리그루핑이 필요한 뺄셈"이 그것이다. 중국 교사들의 말에 따르면, 리그루핑이 필요한 뺄셈의 개념과 절차는 중앙의 주제가 순서대로, 초보적이고 간단한 형태에서 복잡하고 고급한 형태로 발전해간다. "20 이내의 덧셈과 뺄셈" 주제는 중앙 주제 중에서 핵심이 되는 것이다. 중국 교사들은 리그루핑이 필요한 뺄셈을 가르치는 전체 과정에서 특히 이 주제 교육에 가장 공을 들인다. "20 이내의 덧셈과 뺄셈" 주제에서 도입되는 계산 테크닉과 개념은 나중에 리그루핑이 필요한 뺄셈의 좀더 고급한 형태를 학습할 때 기초가 된다. 이 기초는, 개념적으로든 절차적으로든, 훗날 학생들의 뺄셈 학습을 든든히 뒷받침하게 된다.

　이 지식 꾸러미에는 중앙의 네 주제 외에도 다른 몇 가지 주제가 포함되어 있다. 이들 주제는 중앙의 네 주제와 직접 혹은 우회적으로 연결됨으로써 중앙 주제를 둥글게 에워싼다. 면담을 하는 동안 일부 교사들은 "10을 구성하기"부터 "받아올림이 필요한 덧셈"에 이어, "리그루핑이 필요 없는 뺄셈"으로 이어지는 이 "원"에 포함된 "종속주제"에 대해서도 언급했다. 예를 들어, 리그루핑이 필요 없는 뺄셈을 가르쳐야 할 때에는, 종속주제였던 그 주제가 지식 꾸러미의 중앙 주제가 되도록 관점만 바꾸면 된다는 것이다. "원"에 포함된 주제인 "올리기와 떨기"는 이 꾸러미의 또 다른 핵심 지식으로 간주된다. 뺄셈 계산법의 밑바탕에 놓인 핵심 개념이기 때문이다.

　교사가 지식을 이러한 꾸러미로 조직하는 목적은 특정 주제를 견실하게 학습시키기 위해서이다. 이 뺄셈 지식 꾸러미 안의 모든 항목이 서로 뒷받침 해주고 뒷받침 받음으로써 내가 제시한 설문 주제 학습과 관련되어 있다는 것은 분명하다. 일부 항목은 주로 절차를 뒷받침하기 위한 것이다. 예를 들어 리그루핑이 필요 없는 뺄셈과 같은 항목이 바로 그것이다. 다른 항목들은 주로 개념을 뒷받침하기 위해 포함된 것인데, 예컨대 올리기와 떨기가 그것이다. 그런데 일부 항목, 예컨대 역연산 inverse operations 개념은 절차뿐만 아니라 개념까지 뒷받침하는 것으로 간주되었다.[18] 교사에 따라 지식 꾸러미의 크기와 항목이 달랐지만, 항목 사이의 관계와 핵심 항목에 대해서는 의견이 일치했다.

🦋 교구 사용과 기타 교수법

미국 교사들만큼 자주 언급하지는 않았지만, 중국 교사들도 교구를 사용한다고 말했다. 다른 점이 있다면, 대다수 중국 교사들은 교구를 사용한 후 학급 토론을 한다는 점이다. 토론을 할 때 학생들은 스스로 찾아낸 해법을 발표하거나, 보여주고 설명하거나, 증명한다. 이러한 토론을 통해, 히버트Hiebert(1984)가 주장한 "이해된 교구 활동과 관련된 기호 절차 사이의 명확한 연결 고리 구축"이 이루어질 것이다.

그러나 교구를 사용한 후 토론을 이끌기 위해서는 교사의 교과지식이 좀더 폭넓고 깊어야 한다. 학생들은 교구 활동을 하며 갖가지 발상을 할 수 있다. 교사가 주어진 문제를 푸는 다양한 방법을 아주 잘 알고 있지 않으면, 학생들이 발표한 갖가지 방법에 대한 토론을 어떻게 이끌 수 있겠는가?

---

18) 몇몇 중국 교사들은 학습을 수월하게 하기 위해 "뺄셈을 할 때 덧셈을 생각해 보라"고 학생들을 일깨우곤 한다고 말했다.

때로는 학급 토론을 할 때 한 차례 수업만으로는 해결할 수 없는 복잡한 문제를 다루게 될 때도 있다. Ms. S는 학기초에 시작해서 학기말에 비로소 끝낸 토론이 하나 있었다고 얘기했다.

지난 가을에 교구를 사용해서 문제를 풀다가, 우리는 문제점 하나를 발견했어요. 교구를 사용할 때에는 종이에 세로로 써놓고 풀 때와는 절차가 달랐던 거예요. 예를 들어 35 - 18이라는 문제를 푼다고 해봐요. 교구를 사용할 때에는 높은 자릿값부터 시작하기 쉬워요. 18 중에서 먼저 10을 빼고, 다음에 8을 빼려는 거죠. 하지만 종이에 써놓고 풀 때에는 먼저 일의 자리의 8부터 빼지요. 사실 일상생활에서 뺄셈을 할 때에는 대개 교구 방법을 사용해요. 예를 들어 1위안(元) 63훤(分)짜리 어떤 물건을 사기 위해 2위안을 내고 얼마나 거슬러 받아야 하는지 계산할 때, 우리는 먼저 1위안을 뺀 다음 60훤을 빼고, 마지막으로 3훤을 빼지요. 그러나 종이에 세로로 써놓고 푸는 표준 방법은 정반대예요. 먼저 3훤을 뺀 다음 60훤을 빼고, 마지막으로 1위안을 빼요. 학생들의 생활 경험 관점에서는 학교에서 배우는 방법이 더 복잡하고 엉뚱해 보이죠. 우리는 이 문제를 칠판에 적어놓고 높은 자리에서 빼기 시작할 경우 어떻게 되는지 알아보았어요. 십의 자리에서 빼기 시작하면 먼저 십의 자리의 답은 2가 되지요.

$$\begin{array}{r} 35 \\ -18 \\ \hline 2 \end{array}$$

그런 다음 일의 자리를 계산하게 되면, 방금 십의 자리에 써놓은 답을 바꿔야 했어요.

$$\begin{array}{r} 35 \\ -18 \\ \hline 2 \\ 17 \end{array}$$

그러나 일의 자리부터 계산해보자 그런 문제를 피할 수 있었지요. 곧바로 최종 답을 적을 수 있으니까요. 하지만 그런 설명은 어설 픈 것이었어요. 낮은 자리에서 뺄셈을 시작해야 하는 이유가 석연 치 않았던 거죠. 학생들은 표준 방법을 배워야 하는 이유를 여전 히 확신하지 못했어요. 표준 방법을 사용한다고 해서 뚜렷하게 뭐 가 좋은지 알 수 없었으니까요. 나중에 언젠가는 이 문제를 다시 풀게 될 거라고 말하고, 나는 이 수수께끼를 그냥 남겨놓자고 제 안했어요. 학기말에 우리는 더 큰 수의 해체가 필요한 뺄셈을 공 부했지요. 나는 학기초에 토론했던 문제를 다시 꺼냈어요. 학생들 은 더 큰 수의 경우 대부분 표준 방법이 더 쉽다는 것을 이내 알 게 되었지요. 그래서 학생들은 표준 방법이 배울 만한 가치가 있 다는 데 동의하게 되었습니다…

Ms. S의 지식이 계산 절차를 수행하는 데에만 한정되어 있었다면, 그녀는 학생들이 그러한 것을 수학적으로 이해하도록 이끌 수 없었을 것이다.

3. 논의

🐛 주제들 간의 관계짓기 : 의식적인가 무의식적인가?

분명 교사의 수학 교과지식은 교사가 아닌 사람의 해당 지식과는 다르다. 교사의 교과지식이 남다를 수 있는 것은 학생들의 학습을 증진시켜야 한다는 과제를 안고 있기 때문이다. 학습을 수월하게 하기 위해, 교사들은 수학 주제들 간의 관계를 명확히 드러내려는 경향이 있다―교사가 아닌 사람들은 이 관계에 특별한 관심을 보이지 않는 경향이 있다. 리그루핑이 필요한 뺄셈을 어떻게 가르칠 것인가를 논할 때, 교사들은 두 종류의 관계에 관심을 보였다. 첫째로, 교사들은 그 주제를 하나 또는 서너 가지의 절차적 주제와 관련시키려는 경향을 보였다. 대개는 리그루핑이 필요 없는 뺄셈 절차, 그리고 1십은 곧 10이라는 사실 등과 같은 낮은 수준의 주제와 관련시켰다. 이런 주제들은 분명 리그루핑이 필요한 뺄셈의 기초가 되는 것이다. 둘째로, 교사들은 그 절차를 설명과 관련시키려는 경향을 보였다. 이것은 학생들의 학습을 강화한다. 즉, "취하기"와 "바꾸기"의 이유를 제시함으로써, 계산법 학습을 뒷받침하는 정보를 더 많이 제공하게 된다.

리그루핑이 필요한 뺄셈을 배우기 전에 학생들이 먼저 이해할 필요가 있거나 이해할 수 있는 것은 무엇이라고 보느냐는 질문에 대해, 모든 교사들은 앞의 두 가지 관계를 포함하는 "지식 꾸러미"를 제시했다. 다만 한 가지 다른 점은, 일부 교사는 그 관계를 명확히 의식하고 있었던 반면, 다른 교사들은 관계를 의식하고 있지 않았다는 것이다. 이러한 차이는 교사들이 지닌 교과지식의 현격한 차이를 반영하는 것이었다.

의식적으로 지식을 "꾸리는" 경향을 보인 교사들은 꾸러미 안에 포함된 요소들을 잘 설명할 수 있었다. 게다가 그들은 연결 구조와 각 요소들의 위상을 명확히 알고 있었다.

반면에 무의식적인 지식 꾸러미를 지닌 교사들은 구조와 요소를 막연하고 불확실하게 알고 있을 뿐이었다. 그들의 지식 꾸러미는 아직 미숙했던 것이다. 정말이지 교사라면 누구나 가르쳐야 할 하나의 주제를 다른 주제들과 관련시키려고 하겠지만, 누구나 잘 해낼 수는 없다. 어떤 주제에 대해 충분히 발전되고 잘 조직된 지식 꾸러미는 공들인 연구의 산물이다.

🐛 교사들의 뺄셈 지식 모델 : 절차적 이해인가 개념적 이해인가?

면담을 하는 동안 교사들이 언급한 지식 꾸러미 대부분은 동일 유형의 요소 — 절차를 뒷받침해주는 요소와 설명을 뒷받침해주는 요소 — 를 포함하고 있었다. 그러나 개념적 이해를 지닌 교사들과 절차적 이해만을 지닌 교사들은 지식 꾸러미를 전혀 다르게 조직했다.

리그루핑이 필요한 뺄셈에 대한 절차적 이해 모델. 뺄셈을 절차적으로만 이해하는 교사들의 지식 꾸러미에는 두어 가지 요소만 포함되어 있었다. 게다가 그 요소가 대부분 리그루핑이 필요한 뺄셈의 계산법과 직결되어 있었다. 항상 간단한 설명이 하나쯤 포함되어 있었지만, 그것은 참된 수학적 설명이 아니었다. 예를 들어 한 교사가 학생들에게 계산법 원리를 설명할 때, 어머니가 이웃집에 설탕을 빌리러 가는 것과 같다고 설명하면, 이런 자의적인 설명에는 참된 수학적 의미가 전혀 담겨 있지 않다. 빼일 수의 일의 자리 숫자가 빼는 수의 일의 자리 숫자보다 작기 때문에, 전자는 십의 자리에서 1십을 "빌려와서" 그것을 10으로 바꾸어야 한다고 설명한 교사들이 있었다. 이런 것 역시 참된 수학적 설명이 아니다. 이번 장의 앞부분에서 언급했듯이, 일부 설명에는 수학적으로 문제가 있었다. 그렇게 설명한 교사들의 이해가 겉보기에는 개념적인 것 같지만, 사실은 오류가 있거나 그저 단편적으로 학생들의 학습 증진을 노린 것이었을 뿐이다.

그림 1.3은 절차적 이해를 지닌 교사의 지식 꾸러미를 예시한 것이다. 꼭대기의 사각형은 절차적인 계산법 지식을 나타낸다. 두 타원형은 관련된 절차적 주제를 나타낸다. 사각형 아래의 사다리꼴은 의사개념적 pseudo-conceptual 이해를 나타낸다.

〈그림 1.3〉 한 주제에 대한 절차적 이해

리그루핑이 필요한 뺄셈에 대해, 83퍼센트의 미국 교사와 14퍼센트의 중국 교사의 지식은 이런 양상을 나타내고 있었다. 이 주제에 대한 그들의 지식 꾸러미에는 두어 가지의 절차적 주제와 한 가지의 의사개념적 이해만이 포함되었다. 그들은 다른 수학 주제들을 거의 관련시키지 않았고, 그들의 설명에는 수학적 논법이 전혀 포함되어 있지 않았다.

리그루핑이 필요한 뺄셈에 대한 개념적 이해 모델. 뺄셈에 대한 개념적 이해를 지닌 교사들의 지식 꾸러미는 전혀 달랐다. 충분히 발전하고 잘 조직된 개념적 이해의 지식 꾸러미 안에는 수학적 지식의 세 종류─절차적 주제, 개념적 주제, 해당 주제의 기본 원리─가 포함되어 있다. 이때의 절차적 주제는 그 주제에 대한 절차적 학습을 뒷받침할 뿐만 아니라 개념 학습까지 뒷받침하기 위해 포함된 것이다. 예를 들어 1십을 구성하고 해체하기가 바로 거기에 해당하는 절차적 주제이다. 다수의 중국 교사들은 그런 절차적 주제가 20 이내의 덧셈과 뺄셈을 학습할 때 절차만이 아닌, 개념적으로도 크게 뒷받침한다고 언급했다. 개념적 주제는 주로 계산법의 밑바탕에 놓인 원리를 철저히 이해시키기 위해 포함된 것이다. 그러나 교사들은 개념적 주제가 절차를 숙달시키는 데에도 중요한 역할을 한다고 믿고 있었다. 예를 들어, 일부 교사들은 학생들이 리그루핑 개념을 폭넓게 이해한다면 뺄셈을 하는 쉬운 방법을 찾는 데 도움이 된다고 생각했다.

일부 교과들의 지식 꾸러미에는 기본 원리도 포함되어 있었다. 예를 들어 진율 개념과 역연산 개념이 그것이다. 진율은 수 체계를 이해하는 데 기본이 되는 원리이다. 이 개념은 큰 수의 리그루핑이 필요한 뺄셈─연속 해체가 필요한 뺄셈─학습과 관련될 뿐만 아니라, 훗날 접하게 될 2진법 체계─전혀 다른 수 체계─학습과도 관련되어 있다. 진율 개념을 익혀두면 다른 모든 진법 체계를 이해하는 데에도 도움이 될 것이다.

역연산 개념은 수학 연산들 간의 관계 밑에 놓인 중요 원리 가운데 하나이다. 이 개념은 뺄셈 학습을 그 역연산인 덧셈 학습과 관련시키고 있을 뿐이지만, 수학의 다른 역연산 학습을 뒷받침한다. 즉 곱셈과 나눗셈, 제곱하기와 제곱근 구하기, 세제곱하기와 세제곱근 구하기, n제

곱하기와 n제곱근 구하기 등을 뒷받침한다.

이러한 두 가지 일반 원리는 브루너가 "교과의 구조the structure of the subject"라고 부른 것에 해당한다. 브루너는 이렇게 말했다. "교과의 구조를 파악하고 있다는 것은 다른 많은 것들을 의미 있게 관련시켜 이해하고 있다는 것이다. 요컨대 구조를 배운다는 것은 관련 방식을 배우는 것이다."

정말이지 교육 현장에서 "단순하지만 강력한" 기본 개념을 포함시키는 경향이 있는 교사들은 현재의 개념 학습을 증진시킬 뿐만 아니라, 학생들의 현재 학습을 미래 학습과 이어준다.

한 주제에 대한 개념을 제대로 이해하고 있다는 것은 교과 구조의 또 다른 차원—수학적 태도—을 제대로 이해하고 있다는 것을 뜻하기도 한다. 브루너는 또 이렇게 말했다. "한 분야의 기초 개념을 마스터했다는 것은 일반 원리를 파악하고 있을 뿐만 아니라, 학습하고 질문하며, 추측하고 예측하며, 스스로 문제를 해결할 수 있는 태도가 발달해 있다는 것을 뜻하기도 한다."

교사들은 지식 꾸러미 안에 수학적 태도를 포함시키지 않았다. 그러나 소수의 교사들은 일반 태도에 대한 지식을 보여주었다. 리그루핑을 하는 전통적 방법과 대안적 방법에 대해 논할 때 그들은 그러한 태도—하나의 수학 쟁점을 다양한 관점에서 접근하는 태도—를 보여주었다. 학생들로 하여금 리그루핑이 필요한 뺄셈을 하는 자기만의 방법을 발표해보라고 격려하는 식으로 토론을 이끈 교사들은 질문을 한다는 수학적 태도를 보여준 것이다. 그뿐만 아니라, 쟁점을 제기한 후 수학적 증명을 제공하려고 하는 태도, 그 주제를 수학적으로 논해보라고 했을 때 보여준 능력과 자신감, 학생들로 하여금 그러한 토론을 하도록 격려하는 태도 등은 모두 일반 태도의 좋은 예이다. 사실 지식 꾸러미 안에 수학적 태도를 특별 항목으로 명백히 포함시킨 교사는 한 명도 없었지만, 수학적 기본 태도는 수학 개념을 이해하는 데 커다란 영향을 미친다. 이후 여러 자릿수의 곱셈, 분수 나눗셈, 둘레와 넓이의 관계를 논할 때에는 이번 장에서 언급한 특별 주제들 대부분이 다시 언급되지 않는다. 그러나 이번 장에서 교사들이 제시한 태도는 이후의 장에서도 계속 관심의 대상이 될 것이다.

그림 1.2는 리그루핑이 필요한 뺄셈의 지식 꾸러미가 잘 조직되어 있는 모습을 나타낸 것이다. 그림 1.4는 한 주제에 대한 개념적 이해의 모델을 예시한 것이다. 맨 위의 사각형은 주제에 대한 절차적 이해를 나타낸다. 중앙의 사다리꼴은 주제에 대한 개념적 이해를 나타낸다. 몇 가지 절차적 주제(흰 타원형), 통상의 개념적 주제(흐린 음영의 타원형), 수학의 기본 개념(짙은 음영의 타원형은 기본 원리, 점선으로 이어진 타원형은 수학적 기본 태도) 등이 이 개념적 이해를 뒷받침한다. 바닥의 사각형은 수학의 구조를 나타낸다.

〈그림 1.4〉 한 주제에 대한 개념적 이해의 모델

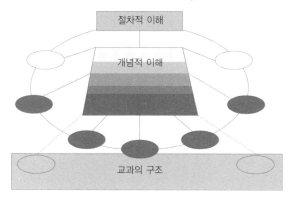

참된 개념적 이해는 수학적 논법으로 뒷받침된다. 예컨대 개념을 이해하고 있는 미국 교사들은 연산의 "리그루핑" 측면을 상세히 설명했다. 다수의 중국 교사들은 계산법의 주된 개념이 "떨기"라고 설명했다. 두 설명은 수학적 논법에 토대를 두고 있으며, 교사들의 절차적 주제에 대한 개념적 이해를 반영한 것이었다.

그러나 리그루핑이 필요한 뺄셈 개념을 이해한다는 것은 "오직 하나의 정답"만을 갖는 것이 아니다. 개념적 설명은 여러 가지가 가능하다. 예를 들어, A 교사가 "떨기" 개념을 언급한다면, B 교사는 "구성" 개념과 관련된 해체 개념을 언급할 수 있으며, C 교사는 "진율" 개념을 끌어들일 수 있다. D 교사가 계산법을 보여주기 위한 "리그루핑" 개념을 제시한다면, E 교사는 개념을 설명하기 위한 "여러 리그루핑 방법"을 제시할 수 있다. 이런 모든 교사들은 참된 개념적 이해를 지니고 있다. 그러나 이들의 이해의 폭과 깊이는 동일하지 않다. 그림 1.4에서 사다리꼴에 여러 농도의 음영을 넣은 것은 이러한 개념적 이해의 특성을 나타내기 위한 것이다.

교사들의 개념적 이해의 질과 특성을 섬세하게 판별할 수는 없다. 그러나 수학적 개념의 위력은 다른 개념들과의 관계에 달려 있다는 것만큼은 분명한 것 같다. 교과의 구조에 가까운 개념일수록 더 많은 다른 주제들과 관련될 것이다. 한 교사가 리그루핑이 필요한 뺄셈 절차의 원리를 설명하기 위해 교과의 기본 원리를 도입한다면, 그 교사는 자신의 설명에 강한 수학적 힘을 불어넣게 된다.

미국 교사 17퍼센트와 중국 교사 86퍼센트는 개념적 이해를 보여주었다. 이 교사들 가운데, 중국 교사들은 미국 교사들보다 더 세련된 지식을 제시했다.

🐛 교과지식과 교수법의 관계: 교과지식의 부족을 교구 사용으로 보완할 수 있는가?

대체로 교과지식보다는 교수법이 더 주목을 받는다. 그것은 아마도 교수법이 학생들에게 좀더 직접적인 영향을 미치는 것처럼 보이기 때문일 것이다. 하나의 주제를 어떻게 가르칠 것인가를 생각할 때, 어떤 방법을 사용할 것인가에 주로 관심을 쏟게 된다. 면담을 하는 동안 대부분의 교사들은 교구를 사용하겠다고 말했다. 그러나 그것을 사용하는 방법은 교사가 수학을 어떻게 이해하느냐에 따라 달랐다. 미국 교사 23명은 학습 목표가 저마다 달랐다. 더러는 학생들이 "구체적인" 뺄셈 개념을 갖기를 원했고, 더러는 학생들이 1십은 곧 10이라는 것을 이해하길 원했고, 한 교사는 학생들이 등가 교환 개념을 배우기를 원했다. 학생들이 구체적인 뺄셈 개념을 갖기 바란 교사들은 교구 사용을 언급하며 리그루핑의 필요성을 제거해버렸다. 학생들이 1십은 곧 10이라는 것을 이해하기 바란 교사들은 교구를 사용한 계산 절차만을 언급했다. 등가 교환의 개념을 배우기 바란 교사는 절차의 밑바탕에 놓인 개념을 보여주기 위한 교구 사용법을 제시했다. 미국 교사들과 달리, 중국 교사들은 교구를 사용한 후 학급 토론을 하겠다고 말했다—학급 토론에서 학생들로 하여금 자신의 해법을 발표하고, 보여주고, 설명하고, 증명하게 하려고 했다.

교구 활동을 하며, 특히 중국 교사들이 언급한 토론을 하며, 학생들이 수학을 더 깊이 이해하도록 이끌어주는 질문을 제기할 수 있다. 그런 질문에 내재한 학습 잠재력의 실현은 주로 교사의 교과지식의 질에 달려 있을 것이다.

4. 요약

리그루핑이 필요한 뺄셈은 너무 초보적이어서, 그것에 대한 충분한 지식을 지니고 있지 않은 교사가 있을 수 있다고는 상상하기 어렵다. 정말 그런 교사가 있을까? 이번 장에서 살펴본 면담 결과, 그런 교사가 실제로 일부 있었다. 미국 교사 77퍼센트와 중국 교사 14퍼센트는 그 주제에 대한 절차적 지식만을 보여주었다. 그들의 이해는 계산법의 피상적인 측면—취하기와 바꾸기 단계—에 국한되어 있었다. 이러한 지식의 한계 때문에 그들은 학생들의 학습에 대한 기대치도 낮았고, 개념 학습을 시키는 능력도 떨어졌다.

이번 장에서는 또 리그루핑이 필요한 뺄셈 개념을 이해하는 데에도 여러 층이 있다는 것을 알 수 있었다. 일부 미국 교사들은 빼일 수의 리그루핑으로 절차를 설명하며, 직접 학생들을 가르칠 때 "바꾸기" 단계의 밑바탕에 놓인 "교환" 측면을 지적하겠다고 말했다. 대부분의 중국 교사는 뺄셈 계산에서 사용되는 리그루핑을 "떨기"로 설명했다. 중국 교사 가운데 3분의 1 이상은 리그루핑의 비표준적 방법을 언급하는 한편, 그 방법과 표준 방법 사이의 관계를 언급했다.

교사들이 리그루핑이 필요한 뺄셈을 다르게 이해할 경우 교육 목표도 달랐다. 많은 교사들이 교구를 사용하겠다고 언급했지만, 학생들이 무엇을 배워야 한다고 보느냐에 따라 교구 사용법이 달라졌고, 그에 따라 학습의 질도 달라졌다. 미국 교사와 달리, 대다수 중국 교사들은 학생들이 교구를 사용한 후 학급 토론을 하도록 하겠다고 말했는데, 이러한 교육 전략을 구사하는 교사는 폭넓고 깊은 교과지식을 지니고 있어야만 한다.

part 2

여러 자릿수의 곱셈 :

학생들의 잘못을 바로잡아주는 여러 방법

❀ *시나리오* ❀

일부 6학년 교사들은 상당수 학생이 여러 자릿수의 곱셈을 할 때 똑같은 잘못을 범하고 있다는 것을 알게 되었다. 예를 들어,

$$123$$
$$\times 645$$

이런 계산을 할 때, 학생들은 부분곱의 "수 이동"을 잊어버리는 것 같았다. 즉,

$$
\begin{array}{r}
123 \\
\times 645 \\
\hline
615 \\
492 \\
738 \\
\hline
79335
\end{array}
$$

이렇게 계산하지 않고 아래와 같이 계산했다.

$$
\begin{array}{r}
123 \\
\times 645 \\
\hline
615 \\
492 \\
738 \\
\hline
1845
\end{array}
$$

6학년 교사들은 이것이 문제라는 데에는 동의했지만, 이것을 어떻게 바로잡아줄 것인지에 대해서는 의견이 달랐다. 당신이 6학년을 가르치고 있는데 이런 잘못을 발견한다면 어떻게 바로잡아 주겠는가?

면담을 한 모든 교사들은 여러 자릿수의 곱셈에서 나타나는 잘못—부분곱을 틀리게 정렬시키는 것—이 부주의한 실수가 아니라 수학을 잘못 배웠기 때문이라는 데 의견이 일치했다. 그러나 문제점을 파악하고 잘못을 바로잡아주는 방법에 있어서는 생각이 엇갈렸다.

1. 미국 교사들의 방법 : 정렬, 세 문제로 쪼개기

🐛 잘못의 이유

학생들의 잘못을 규명하는 데 있어서, 미국 교사 16명(70%)은 그것이 정렬 절차 수행의 문제라고 생각한 반면, 다른 7명(30%)은 학생들이 계산법의 원리를 이해하지 못한 것으로 결론지었다. 이 30퍼센트 집단에 속한 교사인 *Tr. W*와 *Ms. K*는 리그루핑이 필요한 뺄셈에서 개념에 초점을 맞추었던 교사였다. 면담을 하는 동안 가장 빈번하게 들은 말은 다음과 같다—"학생이 자릿값을 제대로 이해하지 못했다." 그러나 두 집단은 "자릿값"이라는 용어를 서로 다른 의미로 사용했다. 절차 지향적인 교사들에게 "자릿값place value"은 다만 이 용어의 반쪽인 "자리place"—수의 위치—만을 의미했다. 예를 들어 경험 많은 교사인 *Tr. S*는 다음과 같이 설명했다.

> 5를 곱할 때에는 문제가 나타나지 않습니다. 다음에 두 번째 수를 곱할 때에는 십의 자리 열column로 건너가서 답을 적기 시작해야 합니다. 그런 다음 백의 자리를 곱할 때에는 세 번째 지점으로 건너가야 합니다.

*Tr. S*와 같은 교사들은 "십의 자리 열" 혹은 "백의 자리 열"에 대해 말할 때, 이 열column에 있는 숫자의 값에는 아랑곳하지 않았다. 그들은 "십의 자리"나 "백의 자리"라는 말을 다만 여러 열에 대한 명칭으로 사용했다. 그들의 관점에서 이런 명칭은 올바르게 계산할 수 있도록 계산법을 설명하는 데 도움이 된다. 학생들이 이 열을 구분하고 그 안에 답을 적어야 한다는 것을 잊지만 않으면, "학생들은 틀릴 수가 없다"(*Tr. M*). 다른 교사들은 열을 구분하기 위해 곱하는 수의 숫자들을 사용했다. 그들이 곱하는 수의 한 부분인 40 혹은 600을 언급할 때, 그것은 어떤 자릿값을 뜻하지 않았다. 다만 어떤 열의 명칭이었을 뿐이다. 학

생들이 연산을 잘못할 때 어떤 일이 일어나고 있는지에 대해, 신참교사인 *Ms. B*는 이렇게 말했다.

> 나는 그들이 자릿값을 좀 혼동하고 있을 뿐이라고 생각해요… 먼저 우리는 일의 자리 수를 곱하게 돼요. 다음에는 한 자리 건너가서 4를 곱하는 게 아니라, 40을 곱하게 돼요. 따라서 나는 학생들에게 이렇게 말하겠어요. "자릿값을 이동시켜야 해. 어느 열에서 시작해야 할지, 어느 자리에 답을 써넣어야 할지, 그것만 잊지 않으면 돼."

처음에 우리는 *Ms. B*가 개념에 초점을 맞추고 있다고 생각하기 쉽다. 그녀는 "자릿값"이라는 용어를 사용했고, 십의 자리의 4는 4가 아니라 40이라고 말했다. 그러나 앞부분의 이런 설명에서 기대해봄직한 개념 지향적인 설명은 계속 이어지지 못했다. 수의 이동을 언급하며 그녀가 주목한 것은 **왜**가 아니라 **어떻게**였다. "자릿값"이나 "40"이라는 말은 부분곱의 값에 초점을 맞춘 말이 아니었다. 그 말들은 계산법의 밑바탕에 놓인 개념을 설명하기 위해 사용한 것도 아니었다. 40과 600을 인식하는 것은 다만 부분곱을 정렬시키는 방법에 지나지 않았다. 40을 곱할 때 40과 줄을 맞춰야 한다는 것을 잊지 말라, 600을 곱할 때에는 600과 줄을 맞추는 것을 잊지 말라, 이것은 다만 절차를 암기하라는 말일 뿐이다.

그러나 개념 지향적인 집단의 교사들은 학생들의 잘못을 다르게 해석했다. 또 다른 신참교사인 *Ms. L*은 *Ms. B*와 똑같은 용어를 사용해서 이렇게 설명했다.

나는 아이들에게, 자릿값을 모른다고, 자릿값을 제대로 이
해하지 못했다고 말하겠어요. 자릿값 개념을 이해하지 못한 탓에,
눈에 보이는 대로 4를 곱하려고 하는 거죠. 사실은 40을 곱해야
한다는 것을 아이들은 이해하지 못하고 있어요. 곱한 값을 제자리
에 써넣지 못하는 것도 그래서예요… 각 수가 어떻게 이루어져 있
는지를 모른다는 것이 문제인 거죠.

　개념 지향적인 다른 교사와 마찬가지로 *Ms. L*은 "어느 자리에 답을
써넣어야 할지"에 관심을 두지 않았다. 그 대신 부분곱을 왜 계산법대
로 정렬시켜야 하는지, 그리고 그 이유를 학생들이 이해하지 못했다는
것에 관심을 두었다. 경험 많은 교사인 *Tr. Q*는 절차의 밑바탕에 놓인
개념을 이해하지 못한 것이 잘못의 이유라고 지적했다.

나는 아이들이 무엇을 곱하고 있는지 모르고 있다고 봐요.
아이들이 개념을 제대로 이해하고 있다면, 어느 자리에 답을 써넣
어야 할지 잊어버리는 일은 없을 겁니다. 흔히 아이들은 단계를
배우지요. 이 단계를 해라, 저 단계를 해라, 한 자리 이동한 다음
에는 두 자리 이동해라. 시킨 대로 하면서도 아이들은 왜 그렇게
해야 하는지 몰라요. 아이들이 무엇을 하고 있는지를 제대로 이해
하고 있다면 정렬을 잘못하는 일도 없을 거라고 봐요.

　잘못의 이유가 무엇이라고 보느냐에 따라 교사들이 의도하는 학습 방
향도 달라졌다. 그러나 문제점을 정의하는 데 있어서 한 교사가 절차적
관점을 갖는지 개념적 관점을 갖는지는, 여러 자릿수 곱셈에 대한 교사

의 교과지식에 주로 좌우되는 것으로 보였다.

개념 지향적인 집단에서는 모든 교사가, 절차 지향적인 집단에서는 두 명의 교사만이 계산법의 밑바탕에 놓인 원리를 제대로 이해하고 있었다. 다른 14명의 절차 지향적 교사(전체의 61%)는 그 주제에 대한 지식에 한계가 있었다. 그들은 "정렬" 규칙을 명확히 말로 표현할 수는 있었지만, 아무도 그 원리를 설명하지 못했다.

면담을 하는 동안, 일부 교사들은 원리를 모르겠다고 스스로 시인했다. 스스로 수학을 잘 가르친다고 생각하는 고참교사 *Tr. T*는 이 주제가 자신이 잘 모르는 분야라고 답한 후, "정렬 이유"를 설명하지 못하겠다고 시인했다—"그러니까 말이죠, 나는 이런 주제에는 좀 약해요. 그러니까 뭐랄까, 이런 건 내가 잘 모르는 분야라서요." 다른 교사들은 답을 말하긴 했지만, 참된 수학적 설명을 제시하지는 못했다. "그건 어렵네요… 나는 늘 그런 식으로 해왔거든요… 그건 그래요… 그러니까 내 말은, 우리가 배운 것도 그런 식이었다는 거예요"(*Ms. B*). "그야 그렇게 하는 게 올바른 방법이기 때문이에요. 내가 배운 게 바로 그거예요. 그게 올바른 방법이라고요"(*Ms. D*). "원리는 생각이 안 나요. 왜 그렇게 하는지 잊어버렸어요. 내가 배울 때에도 그냥 그렇게 하면 된다는 식이었어요"(*Ms. E*). 수학 지식은 관습과 논리를 토대로 한다. 그러나 이 경우에, 수학적 풀이 절차에 대한 개념적 이해를 갖지 못한 교사에게는 관습이 피난처 구실을 한다.

계산에 포함된 "감춰진" 0을 어떻게 볼 것인가에 대해서도 이 교사들은 교과지식의 문제점을 드러냈다. 학생들이 혼동한 계단식 정렬은 사실상 다음과 같은 과정을 축약한 것이다.

$$123$$
$$\times 645$$
$$615$$
$$4920$$
$$73800$$
$$79335$$

여기서, 0을 포함시키면 계산법의 원리가 분명해진다. 즉, 492는 사실상 4920이며, 738은 73800을 나타낸다. 그러나 절차 지향적 집단의 대다수 교사들은 이런 의미를 알지 못했다. 계산법의 절차만 이해한 교사 14명은 이러한 0의 구실에 대해 두 가지 의견을 나타냈다. 일부는 0이 혼란만 일으킨다고 생각한 반면, 나머지 교사는 0을 쓸모 있는 자리지킴이로 보았다. 어쨌거나 0을 외래적인 것으로 본 것은 마찬가지였다. 부정적인 입장을 지닌 교사들은 0의 삽입이 "작위적"이며, 0은 "그 안에 속하지 않는 것"이라고 주장했다.

어떤 교재나 일부 교사들은 곱셈을 할 때 0을 자리지킴이로 삽입합니다. 하지만 나는 그런 것을 좋아하지 않아요. 실제로 0이 있는 것처럼 보이니까요. 그건 작위적이에요. 그건 실제로 그 안에 속하지 않는 것을 덧붙인 겁니다. 나는 개인적으로 그런 게 달갑지 않아요. *(Mr. F)*

다른 교사들은 0을 사용하면 학생들이 더 혼동할 뿐이라고 생각했다. "내가 보기에는 0이 학생들을 더 혼동시키기만 할 것 같아요" *(Tr. S)*.

"나는 자리지킴이로 별표를 사용합니다. 그렇게 하면 학생들의 주의를 끌 수 있으면서도, 0을 사용할 때 생기는 혼동을 피할 수 있습니다." (Tr. P)

한편, 0을 쓸모 있는 자리지킴이로 간주한 교사들도 0의 수학적 의미를 이해하지 못했다. 492 다음에 0을 넣으면 수가 바뀌지 않느냐고 묻자, 그들은 어째야 좋을지 몰라서 쩔쩔맸다.

> 아, 네, 그건 그렇군요. 그러니까, 그 문제에 대해, 내가 0을 사용하는 이유가 뭐냐 하면, 음, 그건 그냥, 그냥 자리를 지키는 데 도움이 되기 때문이에요. 0은 어떤 값도 갖지 않아요. 음, 하지만 그건 자리를 지키는 데 도움이 되는데, 글쎄요, 어떻게 말해야 좋을지 모르겠네.(Ms. B)

> 그렇군요, 그럼 나는 학생들에게 0을 덧붙이겠다거나, 0을 자리지킴이로 쓰겠다는 말을 하지 않겠어요.(Tr. R)

설명하지 못하고 쩔쩔맨 Ms. B와 Tr. R은 그저 문제를 회피하려고만 했다. 그러나 Ms. G는 0을 넣어도 수가 바뀌지 않는다고 주장했다. 왜냐하면 "0을 더한다는 건 무(無)를 더하는 거니까." "내 대답은 이래요. 5 더하기 무(無)는 뭐죠? 그건 뭘 더하는 건가요? 그건 더하는 게 아니에요."

Ms. G의 주장은 그녀가 어떤 수에 "0을 더하는 것"(5+0=5 혹은 492+0=492)을, 어떤 수 안에서의 0의 역할(50 혹은 4920)과 혼동했다는 것을 보여준다. 절차 지향적 집단의 교사들은 자리를 건너뛰어서 정렬해야 한다는 것을 잊지 않도록 0을 사용했다. 그들은 0이 임의의 자리지킴이일 뿐이라고 보았다. 그래서 0을 넣는다는 것은 그저 무의미한 x를 넣는 것과 같다고 생각했다.

> 나는 학생들에게, 0을 넣는다고 해서 수가 바뀌는 건 아니라고 말하겠어요. 그건 그저 건너뛰어야 한다는 것을 잊지 않도록 여백을 넣어주는 것과 같아요. 0을 사용하지 않고 그냥 x를 넣어줄 수도 있어요. 건너뛰어야 한다는 것을 잊지 않게 해주는 거라면 뭐든지 말예요. (*Ms. E*)

개념을 묻는 순간, 이 교사들의 지식은 한계를 드러냈다. 그들은 계산법을 수행할 줄 알았고, 연산 규칙을 말로 설명할 줄 알았지만, 왜 그런 규칙이 생겼는지는 알지 못했다.

그러나 개념 지향적인 교사 7명은 계산법에 대한 수학적 설명을 제시했다. 645를 곱한다는 것은 사실상 5와 40과 600을 곱하는 것이므로, 부분곱의 값이 실제로는 615, 4920, 73800이라고 그들은 설명했다. 앞서와 같이 0에 대한 개념을 묻자, 그들은 전혀 어려워하지 않았다. 0을 덧붙이면 수가 변하지 않느냐고 묻자, 일부 교사들은 그렇다고 주장했고, 일부는 그렇지 않다고 주장했다. 그러나 두 대답은 모두 옳았다. *Ms. A*는 그 문제에서 492를 보통의 492로 간주할 경우, 뒤에 0 하나를 덧붙이면 수가 바뀌는 셈이며, 그렇게 수가 바뀔 필요가 있다고 주장했다.

> 나는 수가 바뀐다고 대답하겠어요. 그건 수가 바뀌는 거예

요. 123×40의 답은 492가 아니니까, 492는 올바른 수가 아니에요. 그러니 나는 그 수를 바꾸겠어요. 우리는 4를 곱한 게 아니라 40을 곱한 거니까요.

다른 견해를 가진 *Ms. I*는 이렇게 주장했다. 492는 보통의 492가 아니라, 십의 자리 열에서 시작한 수이기 때문에, 거기에 0 하나를 덧붙이는 것은 수가 바뀌는 게 아니다. 제 값을 나타낸 것일 뿐이다.

나는 그 수가 그 수라고 말하겠어요. 뭘 곱했는지 알고 있으니까… 거기에 0을 덧붙이게 되면 4920이 되는데, 당초에 10의 자리를 곱했으니까 그렇게 되는 거야 당연한 거죠.

그런데 *Ms. J*와 *Ms. K*는, 492 다음에 0 하나를 덧붙일 때 수가 변하는가의 문제는 문제랄 수도 없다고 지적했다. 두 교사는 "풀이 절차에서 실제로 어떤 일이 진행되는가?"를 이미 제시했기 때문에, 이미 문제가 해결된 셈이었다.

나는 거기에 0을 그냥 넣는 게 아니라는 것을 이미 설명했어요. 그 수는 492가 아니라 사실은 4920이니까, 나는 이미 이유를 가르쳐준 셈이에요. (*Ms. K*)

그래요, 앞에서 그 과정(곱셈을 세 문제로 쪼개서 부분곱의 값을 나열)을 제시했을 때, 나는 0을 이유 없이 덧붙이는 게 아니라는 것을 이미 보여주었다고 생각해요. (*Ms. J*)

🐛 여러 가지 교수 전략

― 절차적 교수 전략

학생들의 잘못을 두 가지로 다르게 정의한 두 집단의 교사들은 그것을 바로잡아주는 방법도 서로 달랐다. 절차 지향적 교사들은 부분곱을 올바르게 정렬시키는 방법을 가르쳐주겠다고 말했다. 그들은 세 가지 전략을 언급했다.

규칙 설명. 규칙을 설명해주겠다는 교사는 *Tr. S*와 *Tr. T*를 포함해서 모두 5명이었다.

> 아이들이 자릿값을 안다면, 곱하는 수의 자릿값에 맞추어 그 아래에 답을 적기 시작하라고 가르쳐주겠습니다. 예를 들어 5는 일의 자리에 있으니까, 답을 일의 자리에 적기 시작하고, 4는 십의 자리에 있으니까, 한 자리 건너뛰어서 십의 자리인 4 아래에 답을 적기 시작합니다. 그리고 백의 자리를 계산할 때에는 6 아래에 답을 적기 시작합니다. (*Tr. S*)

> 나는 자릿값으로 돌아가서, 일의 자리를 곱할 때에는 일의 자리와 줄을 맞추어 답을 정렬하라고 말하겠습니다. 그리고 십의 자리인 다음 수로 넘어가서는, 십의 자리에 맞추어 정렬합니다. 그리고 다음 수는 백의 자리에 맞추어 정렬합니다. (*Tr. T*)

*Tr. S*와 *Tr. T*의 설명은 개념적인 용어가 어떻게 절차적인 방식으로

사용될 수 있는지를 보여주는 예이다. "자릿값"이라는 용어가 학생들에게 수학 개념으로 제시된 것이 아니라, 숫자를 적어 넣어야 할 자리의 명칭으로만 제시되었다.

줄을 친 종이 사용. 규칙에 따라 계산을 할 수 있도록 돕는 또 다른 전략은 줄을 친 종이, 혹은 모눈종이를 사용하는 것이었다.

> 이건 내가 요즘 가르치고 있는 것과 같은 방법이에요. 즉, 줄을 친 종이로 시작하는 거예요. 종이를 돌려놓고, 한 줄에 한 숫자만 적게 한 다음, 방법을 가르쳐주는 거죠. 이건 40이라고 말예요. 각 줄, 각 칸에 숫자 하나씩만 적고 문제를 풀게 해요. 그리고 곱할 때, 5 곱하기 3은, 5 아래에 답을 써넣어야 한다는 걸 보여줘요… 그런 다음 4 곱하기 3을 할 때에는, 4와 같은 열에 답을 써넣게 하죠. 6 곱하기 3을 할 때에는 6과 같은 열에 답을 쓰게 하고요. *(Tr. W)*

대부분의 교사들이 제시한 전략은 공란에 자리지킴이를 넣는 것이었다. 8명의 교사는 0을 자리지킴이로 사용하겠다고 말했다. 물론 대부분의 교사가 0의 진정한 의미를 이해하지 못했기 때문에, 그들은 정렬 형태의 의미를 이해시키겠다는 생각도 하지 못했다. 그들은 숫자를 올바른 자리에 써넣도록 하기 위해 줄을 친 종이를 사용할 뿐이었다.

> 기억하는 데 도움이 될만한 것이 필요하다면, 첫 줄의 답을 쓰자마자 곧바로 다음 줄의 일의 자리에 0을 하나 써넣으라고 말

하겠어요. 그러면 그 자리를 사용할 수 없다는 걸 알게 될 테니까요. *(Ms. G)*

자리지킴이 사용. 이 주제를 가르친 경험이 많은 두 교사는 0이 아닌 자리지킴이, 예컨대 별표를 사용하게 한다고 말했다. *Tr. N*은 "눈에 확 띄는" 자리지킴이를 사용하는 것이 자신의 교수법이라고 말했다.

> 내가 제시하려는 방법은 사실 내가 계속 사용해왔던 방법인데, 처음 가르칠 때에는 펠트 판을 써서 공란에 항상 사과나 오렌지 따위의 그림을 붙여놓습니다… 그러니까 좀 이상해 보일지 모르지만, 코끼리 그림을 붙여놓을 수도 있어요. 그게 뭐든 상관이 없어요. 아무튼 아이들은 그걸 잊을 수가 없어요. 그곳은 사과나 오렌지가 있었던 자리니까, 그곳에는 아무것도 써넣으면 안 된다고 내가 말한 것도 잊지 않았어요… 그저 아이들의 눈에 확 띄는 것이면 뭐든 붙여놓아도 좋습니다.

*Tr. N*의 전략은 공란에 사과나 오렌지, 혹은 코끼리처럼 색다른 것을 붙여놓음으로써 학생들이 풀이 절차를 올바르게 수행하도록 가르치는 데 성공한 경험에서 비롯한 것 같았다. 그러나 안타깝게도 이런 전략은 의미 있는 수학 학습을 증진시키는 것으로 보이지 않는다. 오히려 반대로, 수학을 배울 때 절차의 밑바탕에 놓인 개념을 이해할 필요가 없다고 생각하는 것과 다를 게 없어 보인다—학생은 그저 교사가 시키는 대로만 하면 된다고 보는 것이다. 이 교사의 방법은 "흥미로운" 것일 수 있지만 작위적이다. 절차적 수준의 문제 해결을 목표로 한 이런 정렬

방법은 개념 학습과 하등 관계가 없었다.

— 개념적 교수 전략

원리 설명. 개념 지향적 집단의 교사들은 정렬 규칙의 원리를 밝히는
데 초점을 두었다. 두 교사는 학생들에게 원리를 설명해주겠다고 말했
다. *Tr. Q*는 이렇게 설명했다.

> 나는 그러한 예문 자체가 어떤 의미를 지니고 있는지, 123
> 곱하기 645의 의미가 무엇인지를 설명해주겠습니다… 우리는 123
> 에 대해 얘기하고, 123이 정작 무엇인지, 그것이 어떤 의미를 지
> 니고 있는지 얘기할 것입니다—그것은 100 더하기 20 더하기 3입
> 니다. 그리고 우리는 645에 대해 얘기하고, 그것의 의미를 얘기할
> 것입니다. 그런 다음, 곱한다는 것의 의미는 무엇인가를 얘기하고,
> 123 곱하기 5가 무슨 의미인지를 얘기하겠습니다—그것은 123을
> 다섯 배 하는 것입니다. 그런 다음 우리는 다음 부분의 수, 즉 40
> 과 600에 대해서도 마찬가지로 계산할 것입니다.

세 문제로 쪼개기. 다른 5명의 교사는 그 문제를 "작은 문제들"로 쪼
개는 전략을 사용하겠다고 말했다. 즉, 123×645라는 문제를 세 문제
로 쪼개서, 123에 5와 40과 600을 따로 곱하도록 하겠다는 것이다. 그
런 다음 세 부분곱인 615, 4920, 73800을 정렬해서 더하게 한다. 그
러나 5명 가운데 이런 전략의 원리를 설명한 교사는 아무도 없었다. 예
를 들어 리그루핑이나 분배법칙을 언급하지 않았다. 세 명의 신참교사,
*Ms. J, Ms. K, Ms. I*는 이런 전략을 어떻게 구사할 것인지 설명했는데, 예

를 들어 *Ms. J*는 이렇게 말했다.

> 이런 방법을 사용할 때, 나는 먼저 123 곱하기 5부터 시작해서 그 답을 옆에 써놓겠어요. 그런 다음 123에 40을 곱해서 그 답 역시 오른쪽에 써놓겠어요. 그러면 그것은 답의 한 부분이고, 거기에 0이 있다는 것을 학생들은 눈으로 볼 수 있어요… 그런 다음 123에 600을 곱한 후, 모든 답을 더하면서 우리가 하고자 하는 계산이 이런 식의 계산과 똑같다는 것을 설명해주겠어요.

*Ms. J*가 지적한 것처럼, 이런 시범과 설명을 통해 학생들은 여러 자릿수의 곱셈 절차를 수행할 때 실제로 어떤 곱셈이 이루어지는지 알게 될 것이다. 특히 학생들은 492와 738이 사실은 4920과 73800인데 0을 생략했다는 것을 알게 될 것이다. 그러면 부분곱이 계단식으로 정렬되는 이유와 자신들이 틀린 이유를 납득하고, 정렬 규칙의 의미도 알 수 있게 될 것이다. 또 다른 예를 들면 다음과 같다.

> 나는 자릿값을 설명해주고, 부분곱을 분리할 수 있다는 것을 보여주겠어요. 즉 123 곱하기 5, 123 곱하기 40, 123 곱하기 600으로 분리해서 곱한 후 모두 더하는 거죠… 그 문제를 풀 때 실제로 그런 곱셈을 하게 된다고 말해주는 거예요. 그런 다음 아이들에게 자리지킴이 0을 적어 넣으라고 하겠어요. (*Ms. K*)

*Ms. K*처럼 개념 지향적 교사들 일부는 절차적 전략을 언급하기도 했다. 특히 0을 자리지킴이로 사용하겠다고 말했다. 교사들이 계산 절차

에 주목해야 하는 것은 당연한 일이다. 그런데 개념 지향적 집단은 보충 설명으로 절차적 전략을 언급한 반면, 절차 지향적 집단은 오로지 절차적 전략만을 언급했다.

🐛 교과 지식과 교수 전략의 관계

교과지식에 한계가 있을 때, 학생들에게 개념 학습을 시키는 교사의 능력에도 한계가 있게 된다. "수학을 이해하도록 가르친다"는 강한 신념을 지니고 있다 해도, 교과지식의 부족을 신념으로 벌충할 수는 없다. 절차 지향적 집단의 신참교사 몇 명은 "이해하도록 가르치기"를 원했다. 그들은 학생들을 학습 과정에 참여시켜서, 절차의 밑바탕에 놓인 원리를 깨닫게 하는 개념 학습을 증진시키고자 했다. 그러나 교과지식의 부족 때문에 원리를 깨닫게 할 수 없었다. *Ms. D, Ms. G, Mr. F*는 개념 학습을 증진시키고자 했지만, 아이러니하게도 그들이 학생들의 잘못을 규정하는 관점이나 문제 해결을 위한 접근법은 모두 절차에만 초점을 맞춘 것이었다. 그들의 교과지식에 한계가 있었기 때문이다. *Mr. F*는 이렇게 말했다.

> 나는 학생들이 제대로 생각하길 바라며, 제대로 교구를 사용하기 바랍니다. 그래서 그들이 지금 무엇을 하고 있는지, 왜 한 칸을 건너뛰어야 하는지 그 이유를 이해할 수 있기를 바랍니다. 우리는 왜 그렇게 하는가? 나는 학생들이 행동이나 활동 등을 통해, 우리가 실제로 생각하는 것보다 더 많은 원리를 이해할 수 있다고 봅니다. 누구든 왜 그런 식으로 문제를 푸는지 이유를 일단

이해하기만 하면, 더 쉽게 그것을 기억하고 더 쉽게 문제를 해결
할 수 있다고 봅니다.

*Mr. F*는 학생들에게 "제대로 생각하기"를 가르치고 싶다는 뜻을 분명
히 밝혔다. 그러나 "왜 한 칸을 건너뛰어야 하는가"에 대해 그는, "곱하
는 숫자와 나란히 줄을 맞춰야 하기 때문"이라고 이해했다. 부분곱의
값을 제대로 이해하지 못한 탓에, 감춰진 0은 "그 안에 속하지 않는 것"
이라고 생각한 것이다. 그는 개념 학습을 증진시키길 바랐지만, 교수
전략은 다만 "줄 친 종이를 사용해서, 종이의 줄이 수직이 되도록 돌려
놓고 문제를 풀어보자"는 것에 불과했다. 이 전략은 "건너뛰어야 할 칸
이 있다"는 것을 확실히 하기 위한 것인데, 이것은 전혀 개념 학습이라
고 할 수 없다.

*Ms. D*는 학생들이 "왜 한 칸 건너뛰어야 하는가?"의 질문에 답할 수
있어야 한다고 주장했다. 그러나 *Mr. F*와 마찬가지로, 그녀 자신도 그
이유를 제대로 이해하지 못했다. 그 이유를 묻자 그녀는 이해할 수 있
도록 설명을 하지 못했다. 결국 그녀는 "그게 올바른 방법이고, 내가 배
운 방법도 그것이다"라는 것을 학생들이 "이해"해주길 원한 셈이다.

*Ms. G*는 학습을 할 때 학생들이 기억하기 전에 먼저 이해해야 한다고
믿었다. "그래야 평생 기억된다"는 이유에서였다. 그러나 그녀는 학생
들이 올바르게 수를 정렬시킬 수 있도록 0을 넣도록 하겠다고 말했을
뿐, 0을 넣는 것이 왜 이치에 맞는지에 대해서는 수학적으로 타당한 설
명을 하지 못했다. *Ms. G*는 학생들이 절차를 기억하기 전에 먼저 이해
해야 한다고 믿었지만, 결국에는 교과지식의 한계 때문에 학생들을 이
해시킬 수가 없었다.

*Ms. E*는 또래학습peer teaching 방법을 사용하겠다고 말했다. 그녀는 이질적인 또래집단 속에서 공부하면 수학을 더 잘 배울 수 있다고 믿었다. 그러나 그녀 역시 교과지식의 한계가 걸림돌이 되었다.

Ms. E : 나는 올바르게 문제를 풀 줄 아는 아이들과 모르는 아이들을 짝지어주겠어요… 그리고 또래학습이 진행되도록 할 거예요. 그런 다음, 풀이 방법을 아는 아이들과 함께 칠판 앞으로 나가게 해서, 서로 나란히 자리 잡게 하겠어요. 나도 칠판 앞으로 가서 아이들이 문제를 풀 때 같이 문제를 풀겠어요. 아이들이 나를 따라하거나 또래를 따라할 수 있도록 하는 거예요. 그런 후 어떻게 문제를 푸는지 토론을 해보고, 그래도 아이들이 이해하지 못했다면, 직접 곁에 앉아서 1 대 1로 설명을 해주겠어요.

면담자 : 123 곱하기 645라는 이 문제 풀이법을 특히 어떻게 설명하면 좋을 거라고 보시나요?

Ms. E : 왜 그렇게 [계단식으로] 풀어야 하는지 이유를 설명해주겠어요. 그러니까 뭐랄까, 그 단계를 말로 설명해주는 거예요. 그런 다음 함께 문제를 풀면서 "바로 이렇게 하는 거야" 하고 말하며 방법을 설명해주고 함께 끝까지 문제를 풀겠어요.

면담자 : 그 방법을 좀 말씀해주시겠어요?

Ms. E : 나는 항상, 그러니까 어렸을 때, 나는 항상 가상의 0을 거기에 써넣었어요. 혹은 색칠을 해놓기도 했어요. 문제를 푼 다음에는 그걸 지웠지요. 아무튼 잊지 않도록 항상 뭔가를 거기에 써넣곤 했어요.

*Ms. E*는 "왜 그렇게 풀어야 하는지 이유를 설명"해주겠다고 말했지만, 면담이 끝날 때까지 그 이유를 설명하지 못했다. 대신 그 절차를 수행하는 방법—또래학생을 따라하기, 단계를 말로 설명해주기, 가상의 0을 써넣기 등—만을 강조했다. 그녀는 학생들과 함께 토론을 해보고, 1 대 1로 설명을 해주겠다고 말했다. 그렇게 말하긴 했지만, 학생들과 어떻게 토론할 것인지 묻자, 그녀는 그 문제를 개념적으로 다루지 못했다.

교사가 교과지식을 지녔다고 해서 자동적으로 바람직한 교수법이나 새로운 교수 개념이 창출되는 것은 아닐 것이다. 그러나 교과지식의 확고한 뒷받침이 없으면, 바람직한 교수법 혹은 새로운 교수 개념은 결코 창출될 수 없다.

2. 중국 교사들의 방법 : 자릿값 개념을 설명하기

크게 볼 때, 이 문제에 대한 중국과 미국 교사의 접근법은 몇 가지 측면에서 공통점이 있다. 중국 교사들의 경우에도 교과지식과 교수 전략이 맞물려 있음을 보여주었다. 개념을 이해한 교사들은 그 잘못이 개념에 대한 이해 부족 탓이라고 규정하고, 학생들에게 개념을 이해시킴으로써 문제를 해결하려는 경향을 보였다. 계산법만을 설명할 수 있었던 교사들은 대체로 정렬 규칙을 암기하라고 말하기만 했다.

중국 교사와 미국 교사는 앞서와 마찬가지로 "집단" 구성비의 차이를 보였고, "개념에 초점을 둔 집단"의 다양성에서도 차이를 보였다. 중국 교사 72명 가운데 개념을 이해하지 못한 교사는 6명(8%)뿐이었다. 이 6명과 원리를 이해한 3명을 포함해서 모두 9명의 중국 교사는 그 잘못을 규정하고 해결하는 데 있어서 절차에 초점을 맞추었다. 나머지 63명은 개념 지향적이었다. 그림 2.1과 2.2에는 미국과 중국 교사들의 "집단 구성비"가 나타나 있다. 그림 2.1은 교사들의 교과지식을 비교한 것이고, 그림 2.2는 학생들의 잘못을 바로잡아주기 위한 교수법적 전략을 비교한 것이다.

 이 두 그림은 앞에서 논의한 바 있는 흥미로운 측면을 시각적으로 보여준다: **개념 지향적인 교수 전략을 언급한 교사의 수는 개념과 절차를 이해한 교사의 수보다 약간 적다.**

〈그림 2.1〉 계산 절차에 대한 교사들의 교과지식

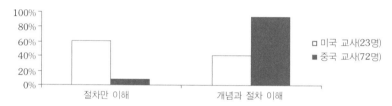

〈그림 2.2〉 교수 전략

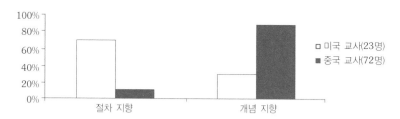

🍎 잘못에 대한 해석

개념 지향적인 중국 교사들은 다시 세 집단으로 나눌 수 있었다. 첫 번째 집단은 분배법칙[19]을 끌어들였고, 두 번째 집단은 자릿값 개념을 자릿값 체계로 확대해서 설명했다. 세 번째 집단은 두 관점을 동시에 설명했다.

― 분 배 법 칙

첫 번째 집단은 개념 지향적인 교사 가운데 약 3분의 1에 이르렀다. 이들의 설명은 개념 지향적인 미국 교사와 동일하다. 그러나 중국 교사들의 주장은 미국 교사보다 좀더 수학적 "형식"을 갖춘 것이었다. 이 교사들 가운데 절반 이상은 설명을 정당화하기 위해 분배법칙이라는 용어를 언급했지만, 미국 교사들은 아무도 그 용어를 언급하지 않았다. 중국 교사들은 문제를 단순히 좀더 작은 세 문제로 쪼개기만 하는 것이 아니라, 그러한 변형 과정까지 제시했다.

　　겉보기에 덧셈과는 다른 방식으로 수가 정렬되어야 하는 이유를 학생들이 명확히 알지 못했다는 데 문제가 있습니다. 정렬은 사실상 여러 단계를 거칩니다. 먼저, 나는 칠판에 다음과 같은 등식을 써놓고 학생들과 함께 풀겠어요.

---

19) 중국 학생들은 교환법칙, 결합법칙, 분배법칙을 배운다. 교사들은 이 세 가지 법칙을 알면 수학 계산이 더 쉬워진다고 가르친다. 예를 들어 교환법칙과 결합법칙을 알면, "12+29+88+11"과 같은 문제를 "(12+88)+(29+11)"이라는 문제로 인식해서 더 쉽게 계산할 수 있다. 분배법칙을 알면, "35×102"를 "(35×100)+(35×2)"로 인식해서 더 쉽게 계산할 수 있다.

$$123 \times 645 = 123 \times (600 + 40 + 5)$$
$$= 123 \times 600 + 123 \times 40 + 123 \times 5$$
$$= 73800 + 4920 + 615$$
$$= 78720 + 615$$
$$= 79335$$

문제를 이렇게 변형시킬 수 있는 원리는 무엇인가? 분배법칙이 바로 그것입니다. 다음에 나는 학생들에게 등식을 세로로 다시 써보도록 하겠어요.

$$
\begin{array}{r}
123 \\
\times 645 \\
\hline
615 \\
4920 \\
73800 \\
\hline
79335
\end{array}
$$

나는 학생들에게 처음 등식 속의 0과 종렬 속의 0을 주목하도록 하겠어요. 합계가 달라졌는가? 달라지지 않았다면 그것은 왜인가? 등식 속의 0을 제거해도 되는가? 종렬의 0은 어떨까? 종렬의 0을 지우면 어떻게 될까? 그렇게 말한 다음 나는 칠판에 써놓은 종렬의 0을 지우고, 계단식으로 만들겠어요.

이러한 토론을 거치면, 곱셈의 정렬 방식이 학생들에게 의미를 갖게 될 테고, 마음 속 깊이 아로새겨질 거라고 봐요. (Tr. A)

$$
\begin{array}{r}
123 \\
\times 645 \\
\hline
615 \\
492 \\
738 \\
\hline
79335
\end{array}
$$

Tr. A의 논리는 아주 명백했다. 첫째, 그녀는 변형을 정당화하기 위해 분배법칙을 끌어들였다. 그래서 그 문제가 어떻게 세 가지의 더 작은 문제로 제시될 수 있는가의 과정을 보여주었다. 둘째, 그녀는 세 개의 부분곱이 종렬 형태로 제시될 수 있도록 그 연산을 종렬로 다시 썼다. 그녀는 학생들에게 두 연산 형태를 비교해보도록 하면서, 특히 0을 주목하도록 했다. 그런 다음 0의 역할에 대해 토론한 후, 종렬 속의 0을 지웠다. 그런 식의 계산에서는 0의 유무가 중요하지 않기 때문이다. 마지막으로, 그녀는 처음의 종렬을 표준 방식의 계단식 종렬로 바꾸었다. 미국 교사들의 설명에 비할 때, Tr. A의 설명은 전통적인 수학 논법에 더 가까웠다. 그녀의 설명에는 수학 논법의 특징―정당화, 엄밀한 근거 제시, 정확한 표현―이 잘 드러나 있었다.

그러나 Tr. A처럼 설명해서는 충분히 엄밀하지 못하다고 말한 교사가 몇 명 있었다. 다른 중요 수학적 속성, 즉 10과 10의 거듭제곱 곱하기가 포함되어야 한다는 것이다.

     분배법칙 외에도, 또 다른 논법이 설명에 포함되어야 합니다. 10 혹은 10의 거듭제곱 곱하기가 바로 그것입니다. 10 혹은

10의 거듭제곱 곱하기는 일상의 곱셈과는 다른 특별한 과정입니다—곱한 값을 얻기 위해 우리는 곱하는 수의 끝에 있는 0을 그저 곱해지는 수 끝에 붙입니다. 10을 곱할 경우에는 곱해지는 수 끝에 0 하나를 붙이면 되고, 100을 곱할 때에는 0 둘을 붙이면 됩니다. 이런 측면을 언급함으로써 123×40이 4920인 이유를 설명할 수도 있습니다. 이와 달리, 123×40을 보통의 곱셈 문제로 다룬다면, 다음과 같은 종렬을 얻게 될 것입니다.

$$
\begin{array}{r}
123 \\
\times 40 \\
\hline
000 \\
492 \\
\hline
4920
\end{array}
$$

이런 설명을 한 후에도 492가 왜 "한 칸 건너뛰어서" 씌어져야 하는가를 추가로 설명해야 할 것입니다. 교과서에서 10과 10의 거듭제곱 곱하기가 보통의 여러 자릿수 곱셈 직전에 나오는 이유도 바로 그래서라고 봅니다. 10과 10의 거듭제곱 곱하기 절차는 아주 간단하기 때문에, 우리는 그것을 무시해버리는 경향이 있습니다. 그러나 수학의 엄밀성이라는 견지에서, 제대로 설명을 하려면 그러한 곱하기도 논의되어야 하며, 적어도 언급은 되어야 합니다. (Tr. 츠언)

Tr. 츠언이 필요 이상의 관심을 가진 것은 아니었다. 절차의 원리를 설명한 미국 교사 7명 가운데, 2명은 츠언이 논의한 것에 대해 무지했다. 그들은 문제를 올바르게 세 문제로 쪼갰지만, ×40과 ×600이라는 작은 문제 속에 ×10과 ×100이라는 특별한 절차가 포함되어 있다는 것을 이해하지 못했다. 다만 그들은 그런 특별 절차를 보통의 계산으로 취급해버렸다.

> 그 수에 10을 곱하면 어떻게 될까? 나는 모든 개념을 따져 보겠어요. 0을 곱한 값은 0이에요. 지금 우리는 40을 곱하려고 해요. 0을 곱한 값은 0이기 때문에 나는 거기에 0을 넣을 필요가 있다는 것을 보여주겠어요. 이제 우리는 4를 곱하는 문제로 넘어가게 돼요. 나는 0이 어디에 있는지, 그것이 어떻게 자릿값을 지니고 있는지를 보여주겠어요. (미국 *Ms. A*)

> 나는 123을 40배 하면 얼마인지 말하겠어요… 먼저 그것에 0배를 해요. 3의 0배는 0이고, 2의 0배는 0이며, 1의 0배는 0이에요. (미국 *Ms. I*)

이런 면에서, 미국의 *Ms. A*와 *Ms. I*가 비록 여러 자릿수 곱셈의 계산법 원리를 제대로 이해하고 있기는 했지만, 이 주제에 대한 철저한 지식을 보여주지는 못했다. 그들의 설명이 명확히 정당화되지는 않은 것이다. 중국 교사 Tr. A나 Tr. 츠언의 설명은 특별한 지식의 단편뿐만 아니라 수학의 관습도 전달하고 있다.

123×645를 분배법칙에 따라 $123 \times 600 + 123 \times 40 + 123 \times 5$로 변형시키는 것은 정렬 절차의 원리를 설명하는 한 방법이었다. 이 설명의

핵심은 먼저 그 절차 속의 "보이지 않는" 0을 드러내고, 다음에는 0을 어떻게 생략할 수 있는지를 보여주는 것이었다.

— 자릿값 체계

그러나 다른 교사들은 0을 드러낸 다음 그것을 다시 지우는 것을 불필요한 과정이라고 보았다. 개념 지향적인 중국 교사 가운데 다른 3분의 2는 0을 도입하지 않고 그 절차를 설명할 수 있는 직접적인 방법을 언급했다. 그들의 논법은 자릿값 개념에 토대를 둔 것이었다. 645 속의 4는 40이고, 123×40은 4920이라고 말하는 대신, 이 교사들은 645 속의 4가 4십이고, 123 곱하기 4십은 492십이라고 설명했다. 492를 십의 자리에 정렬해야 하는 이유도 그래서이다.

> 645 속의 5는 일의 자리에 있기 때문에, 이것은 5일(5 ones)을 나타내요. 123×5는 615이고, 이것은 615일(615 ones)이에요. 그래서 5는 일의 자리에 써요. 645 속의 4는 십의 자리에 있기 때문에, 그것은 4십을 나타내고, 123×4는 492인데, 이것은 492십이에요. 그래서 2는 십의 자리에 써요. 645 속의 6은 백의 자리에 있으니까, 그것은 6백을 나타내고, 123×6은 738인데, 이것은 738백이에요. 그래서 8은 백의 자리에 써요. (Ms. S)

4920을 492십으로, 73800을 738백으로 바꿔 말함으로써, 교사들은 0을 도입하는 "불필요한 과정"을 피했다. 계산법의 일반원리를 제공하는 분배법칙 외에, 이 교사들은 자릿값 체계를 끌어들였다. 즉, 기본 단위와 자릿값 개념, 그리고 자릿값들의 상호의존 개념을 끌어들인 것이다.

수의 기본단위 개념은 명수법numeration에서 중요한 구실을 한다. 우리는 보통 "일one"을 수의 기본단위로 사용한다. 123이라고 말할 때, 이것은 123일(123 ones)이다. 일상생활에서는 "일"이 수의 기본단위라는 것을 당연시한다. 그러나 필요할 경우, 혹은 그저 원하기만 할 경우에도, 얼마든지 다른 명수법 단위를 사용할 수도 있다. 예를 들어, 십, 백, 할(a tenth), 심지어는 이(two)를 기본단위로 사용할 수 있다. 그래서 123은 12.3십, 1.23백, 1230할(1230 tenths), 혹은 심지어 61.5이(61.5 twos)라고 말할 수 있다. 단순히 기본단위의 자릿값을 바꿈으로써 수 값을 바꿀 수도 있다. 세 자리 숫자인 것은 마찬가지이지만, 123할, 123십, 123백은 전혀 다른 값을 지닌다. 이러한 사실을 토대로 해서, 교사들은 이 연산에서 645 속의 40일이 4십으로—하나의 숫자로—취급되어야 한다고 주장했다. 마찬가지로 645속의 600일은 6백으로 취급되어야 한다.

정말이지 자릿값 체계에서 각 자리는 상관 관계를 지니고 있다. 하나의 자릿값은 독자적인 의미를 갖지 못한다. 각 자릿값은 체계 안의 다른 숫자들과의 관계에 따라 규정된다. 그러므로 모든 자릿값은 상호의존적이다. 1십의 1할, 1백의 1푼, 10할 등이 존재하지 않는다면 "일"도 존재하지 않을 것이다. 기본단위의 자릿값은 수가 어떻게 제시되느냐에 달려 있다.

4920일과 492십 사이의 관계를 토론하게 되면 자릿값에 대한 학생들의 이해가 과거보다 더 증진될 수 있을 것이다.

우리는 자릿값에 대한 학생들의 이해를 심화시킬 필요가

있습니다. 그들의 자릿값 개념은 아주 소박하기 마련입니다. 일의 자리의 일을 항상 수의 기본단위로 여기는 거지요. 학생들이 492라는 수를 볼 때, 그것은 항상 492일을 뜻합니다. 그들이 738이라는 수를 볼 때, 그것은 항상 738일을 뜻합니다. 그러나 이제 기본단위의 자릿값은 더 이상 유일무이한 게 아닙니다. 문맥에 따라 달라지지요. 예를 들어, 제시된 문제 속의 4는 자릿값이 십입니다. 123에 그 4를 곱할 때, 우리는 그것을 4십으로 간주합니다. 이때 십은 곱 값인 492의 기본단위 자릿값이 됩니다. 학생들이 잘못 안 것처럼 그것은 492일이 아니라, 492십이지요. 십의 자리에 2를 써 넣는 것도 그래서입니다. 123에 6을 곱할 때에도 마찬가지로, 우리는 그것을 6백으로 간주합니다. 곱 값의 기본단위 자릿값은 백이므로, 그것은 738백이지요. 그래서 백의 자리에 8을 써넣어야 합니다. 이제 우리는 몇 일인가가 아니라, 몇 십, 몇 백, 혹은 몇 천인가를 생각해야 합니다… 학생들의 잘못을 바로잡아주기 위해서는 자릿값에 대한 이해를 넓혀 주어야 합니다. 자릿값 개념을 유연하게 사고할 수 있도록 도와줘야 하는 겁니다. 그래요, 그건 492이지만, 492일이 아니라 492십입니다. (Tr. 왕)

Tr. 마오는 학생들이 여러 자릿수 곱셈을 배울 때 자릿값 개념을 증진시킬 수 있는 기회를 갖게 된다고 보았다.

우리는 항상 숫자를 자릿값에 맞추어 정렬시켜야 한다는 기본 규칙을 가르쳐왔습니다. 이제 학생들은 그 규칙이 깨진 것처럼 보여서 혼동을 할 수도 있습니다. 그러나 이렇게 혼동하는 순간이야말로 자릿값과 정렬 규칙을 제대로 이해해야 할 순간입니다. 여러 자릿수 곱셈을 할 때에는 왜 다른 방식으로 정렬하는 것처럼 보일까? 그것은 이전에 배운 정렬 규칙을 어기는 것일까? 이러한 질문의 답을 찾는 동안 우리 학생들은 수의 값이 숫자에 따라 다를 뿐만 아니라, 숫자가 놓인 자리에 따라 달라진다는 것을 알게 될 것입니다. 예를 들어, 제시된 문제와 같은 세 자리 숫자가 있을 때, 각 숫자의 값은 놓인 자리에 따라 다릅니다. 123×4는 492이고, 여기엔 아무런 문제도 없습니다. 그러나 여기서 4는 4일이 아니라 4십이기 때문에 이 492 역시 492일이 아니라 492십입니다. 혹은 이때의 십 자리를 십의 일 자리라고 말할 수도 있을 겁니다. 이때 백 자리는 십의 십 자리가 됩니다. 마찬가지로 738이라는 수는 738백입니다. 따라서 정렬 규칙은 결코 바뀌거나 깨진 것이 아니지요. 다만 그 규칙 설명이 복잡해질 따름입니다.

이 교사들은 자릿값의 여러 측면을 명확히 설명할 수 있었다. 그들은 단순하고 기본적인 자릿값 개념에서 복잡한 개념을 유도해 낼 수 있다는 것도 알고 있었다. 더욱 중요한 것은, 그들이 자릿값 개념의 핵심 아이디어—"자리에 따른 각 숫자의 의미"—를 제대로 이해하고 있었다는 것이다. 이 핵심 아이디어는 교수·학습의 모든 단계에 스며들어, 자릿값 개념의 여러 복잡한 측면을 뒷받침하게 된다. 나아가서 이 교사들은 자릿값 개념이 여러 수학적 연산과 어떻게 맞물려 있으며, 여러 연산에서 얼마나 중요한 구실을 하는지도 잘 알고 있었다. 이러한 앎을 지님으로써, 교사들은 현재 수준에서는 아직 명확하게 가르칠 필요가 없는 개념에 대해서도 미리 대비해서 학생들의 기초를 다져놓을 수 있다. Tr. 리는 학생들의 자릿값 개념이 단계별로 어떻게 발전하는가를 다음과 같이 설명했다.

학생들이 하루아침에 자릿값 개념을 철저하게 이해할 수는 없습니다. 단계별로 이해하게 되는데, 처음에는 수를 세는 법부터 배우기 시작해서 두 자릿수를 인식한 다음, 여러 자릿수를 인식하게 되지요. 이때에는 수학에서 자리의 의미와 명칭에 대한 초보적인 지식을 얻게 됩니다. 또 1십은 10과 같다는 식으로 여러 자리 사이의 관계에 대해서도 얼마간 알게 됩니다. 이 단계에서 배우는 가장 중요한 개념은, 같은 숫자라도 놓인 자리가 다르면 값이 다르다는 것입니다. 우리는 학생들에게 이렇게 묻기 시작하지요. "이 숫자는 몇을 나타낼까?" 학생들은 일의 자리의 2가 2일이고, 십의 자리의 2는 2십을 나타내고, 백의 자리의 2는 2백을 나타낸다는 것 등을 배웁니다. 그런 다음 보통의 덧셈과 뺄셈을 배울 때, 자릿값은 더욱 큰 의미를 갖게 됩니다. 숫자를 자릿값에 맞추어 정렬해야 하기 때문이지요. 그 후 올리기composing가 필요한 덧셈과 떨기decomposing가 필요한 뺄셈을 배울 때, 학생들은 더 높은 값의 단위 하나를 구성하기와 해체하기를 배웁니다. 단위 하나의 구성과 해체 역시 자릿값 개념의 중요 측면입니다. 이제 곱셈을 배우며 학생들은 자릿값의 새 측면을 접하게 됩니다. 몇 십을 다루는 데 익숙해지면, 20십이나 35십과 같은 십의 몇 십, 혹은 이 문제의 492십과 같은 십의 몇 백을 다루게 되지요. 이어서 백의 몇 십을 다루게 되고, 이 문제의 738백처럼 백의 몇 백도 다루게 됩니다. 이러한 측면을 이해하기 위해 학생들은 자릿값을 체계적으로 다루는 방법을 알아야 합니다.

― 자릿값과 분배법칙

Tr. 리는 두 가지 설명—0을 도입하는 것과 도입하지 않는 것—을 모두 학생들에게 제시해야 한다고 주장한 11명의 교사 가운데 한 명이었다. 이 교사들은 두 방식을 비교할 때 학생들의 수학적 관점이 확대될 뿐만 아니라, 스스로 수학적 판단을 할 수 있는 능력도 커질 거라고 말했다.

🐾 지식 꾸러미

리그루핑이 필요한 뺄셈의 경우처럼, 여러 자릿수의 곱셈에 대해서도 중국 교사들은 관련 주제에 대한 학습에 관심을 보였다. 지식 꾸러미 속에 포함된 것으로는 자릿값, 곱셈의 의미, 곱셈의 원리, 두 자릿수 곱셈, 한 자릿수 곱셈, 10과 10의 거듭제곱 곱하기, 분배법칙, 교환법칙 등이 있었다. 또 교사들이 좀더 비중을 두어야 할 핵심 지식도 있었다. 이 지식 꾸러미에서는 두 자릿수 곱셈이 가장 핵심이 되는 것이었다. 그것은 세 자릿수 곱셈 학습을 뒷받침하는 초석으로 간주되었다. "두 자릿수 곱셈"이라는 핵심 주제는, 교사들이 내 설문을 보자마자 제기한 것이었다. 중국 교사들 가운데 약 20퍼센트는 자기 학생들이 세 자릿수 곱셈을 배울 때 "부분 곱을 틀리게 정렬시키는 것"을 드러낸 적이 없다고 말했다. 그것은 두 자릿수 곱셈을 배우는 단계에서 이미 해결되었어야 할 문제이기 때문이다.

그러한 잘못은 두 자릿수 곱셈을 배울 때나 나타날 수 있어요. 여러 자릿수 곱셈의 수학적 개념과 계산 테크닉은 모두 두 자릿수 연산을 배울 때 도입되거든요. 바로 이때에 그런 문제가 생길 수 있는데 이는 즉시 해결되어야 해요. (Ms. F)

일부 교사들은 내가 제시한 주제인 세 자릿수 곱셈이 지식 꾸러미의 핵심 조각이 아니라고 지적했다. 그것은 나무의 "뿌리" 혹은 "큰 줄기"가 아니라 "잔가지"일 뿐이다. 중국 교사들의 관점에서는 두 자릿수 곱셈이 세 자릿수 곱셈보다 더 중요하다. 학생들이 잘못을 범하는 이유를 분석할 때, 일부 교사들은 "학생들이 두 자릿수 곱셈을 배울 때 개념을 이해하지 못했다"고 말했다. Tr. 왕은 무엇보다도 두 자릿수 곱셈을 진지하게 집중적으로 다룬다고 말했다.

사실을 말하자면, 나는 학생들에게 세 자릿수 곱셈을 가르치지 않아요. 그런 건 그냥 스스로 터득하게 하는 거죠. 하지만 두 자릿수 곱셈은 집중적으로 가르칩니다. 두 자릿수 곱셈에는 어려운 데가 있어요. 학생들은 새로운 계산 기술뿐만 아니라 새로운 수학 개념을 배워야 하거든요. 학생들이 두 가지 모두 확실히 배우도록 가르쳐야만 해요. 나는 항상 학생들이 철저하게, 거듭해서 토론을 하도록 합니다. 그 문제를 어떻게 풀 것인가? 왜 한 칸 건너뛰어야 하는가? 학생들은 나름대로 자기 생각을 제시할 수 있고, 교과서를 펼쳐놓고 읽을 수도 있어요. 요점은 학생들이 그 이유를 곰곰이 생각하고 설명할 수 있어야 한다는 겁니다. 나는 대개 집단토론이나 전체 학급토론을 하게 해요. 집단토론의 경우, 나는 그저 한 책상에 앉은 두 학생이나, 앞뒤 두 책상에 앉은 네 학생을 한 팀으로 만들지요. 앞 책상에 앉은 두 학생을 뒤돌아 앉게 하는 거죠. 집단토론의 문제점은 진도가 느린 학생이 다른 학생에게 의지한 채 아무런 생각도 하지 않을 수 있다는 겁니다. 전체 학급토론을 할 때 나는 특히 그런 학생들을 주목합니다. 그 아이들에게 발표를 하게 해서 제대로 이해할 수 있도록 유도하는 거지요. 그런 다음, 전체 학급이 실제로 계산 연습을 하게 됩니다. 때로는 원리를 이해하긴 했어도 한 칸 건너뛰어야 한다는 것을 잊어버리는 경우가 있어요. 그건 덧셈을 할 때 일직선으로 정렬시키는 것에 익숙해졌기 때문이지요. 그래서 학생들은 연습이 필요합니다. 일단 개념을 제대로 이해하고 충분히 연습을 하면, 두 자릿수 곱셈을 능숙하게 다룰 수 있게 되지요. 그러면 나는 학생들이 여러 자릿수 곱셈 정도는 스스로 터득할 거라고 장담할 수 있어요. 두 자릿수 곱셈을 배울 때 개념을 이해하는 것이 중요한 이유도 바로 그래서입니다.

교과지식의 관점에서 볼 때, 중국 교사들은 미국 교사들보다 수학 개념의 가장 단순한 형태에 대해 더욱 명료한 생각을 지닌 것으로 보인다. 학생 학습의 관점에서 볼 때, 중국 교사들은 하나의 개념이 가장 단순한 형태로 도입되는 첫 번째 시간에 특히 중점을 둔다. 일단 학생들이 단순한 형태의 개념을 철저히 이해하게 되면, 그것을 굳건한 토대로 삼아서 훗날 더 어렵고 더 복잡한 형태의 개념을 더 쉽게 배울 수 있을 것이다. 또한 훗날의 학습은 단순한 형태로 배운 개념을 강화하게 될 것이다. 두 자릿수 곱셈 외에, 교사들이 빈번하게 언급한 다른 핵심 조각은 자릿값 체계라는 개념이었다. 그림 2.3은 이 교사들이 언급한 여러 자릿수 곱셈의 지식 꾸러미를 나타낸 것이다.

〈그림 2.3〉 세 자릿수 곱셈의 지식 꾸러미

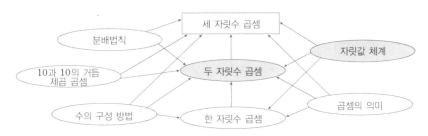

💌 교수 전략

미국 교사들이 보여준 경향은 중국 교사들에게서도 발견되었다. 즉, 교사가 학생들을 얼마나 도울 수 있느냐는 주로 교사 자신의 지식에 달려 있었다. 절차만을 이해한 중국 교사 몇 명은 학생들에게 그저 한 칸 건너뛰기를 잊지 말라고 말하겠다고 답했다. 그러나 대다수 중국 교사들은 학생들이 그 문제를 이해하는 데 도움이 되는 개념을 기초로 한 전략을 제시했다.

— 설명과 시범

72명 가운데 22명의 교사는 학생들에게 그 문제를 푸는 올바른 방법을 설명해주겠다고 말했다. 20명은 설명뿐만 아니라 시범을 보여주겠다고 답했다. 이러한 접근법은 미국 교사들의 경우에도 쉽게 볼 수 있는 것이었다. 다만 대다수 중국 교사들의 설명과 시범은 미국 교사들의 경우와는 내용이 달랐다. 다수 미국 교사들의 설명이란 계산법 절차를 말해주는 것이었고, 시범이란 계산 단계를 보여주는 것이었다. 그러나

다수의 중국 교사들은 설명과 시범을 통해 계산법의 원리를 가르쳐주고
자 했다. 대부분 그 설명은 굳건한 개념적 토대 위에 세워져 있었다. 다
음은 중국 교사들이 한 설명의 전형적인 예이다.

> 나는 학생들에게 이렇게 말하겠어요. 645 속의 4는 4십을
> 나타내니까, 123 곱하기 4는 492십이에요. 492십이라면, 2는 어느
> 자리에 정렬시켜야 할까? 물론 십의 자리에 정렬시켜야 하지요.
> 마찬가지로, 6은 6백을 나타내니까, 123 곱하기 6은 738백이에요.
> 그렇다면 7은 어느 자리에 정렬시켜야 할까? 백의 자리죠. 이 세
> 수(615, 492, 738)의 각 일의 자리 숫자는 사실상 값이 달라요.
> 하나는 일, 하나는 십, 나머지 하나는 백을 나타내지요. 문제는 학
> 생들이 이러한 차이를 알지 못하고, 모두가 일을 나타내는 것으로
> 보았다는 거예요. (Ms. G)

이러한 설명을 통해, Ms. G는 수학적 논법뿐만 아니라 절차의 밑바탕
에 놓인 원리를 전달했다. 분배법칙에 따라 그 문제를 변형시킴으로써
계산법을 설명해야 한다고 주장한 다수의 교사들은 어떻게 변형시키는
지 예를 들어 보여주겠다고 답했다. 면담을 하는 동안, 이 교사들은 학
생들이 전체 계산의 논리적 흐름을 볼 수 있도록 절차의 각 단계를 보여
주려는 경향을 보였다.

― 학생 스스로 문제점 발견

72명 가운데 다른 29명의 교사는 학생들이 스스로 문제점을 발견하
도록 하려는 경향을 보였다. 미국의 *Ms. E*도 또래학습을 통해 학생들이

스스로 문제점을 발견하길 바라며, 그런 방법을 사용하겠다고 답했다. 그러나 *Ms. E*의 교과지식은 절차에 한정되어 있어서, 그녀가 유도해내고자 한 발견도 절차 수준에 머물고 말았다. 이와 달리 대다수의 중국 교사들은 학생들이 그 절차의 원리뿐만 아니라 관련 수학 개념까지 이해할 수 있도록 이끌었다. 면담을 하는 동안 그들은 학생들이 참여해서 스스로 문제점을 발견할 수 있도록 하기 위해 사용하겠다는 전략을 여러 가지 제시했다.

관찰, 검토, 분석, 토론. 일부 중국 교사들은 학생들로 하여금 관찰을 통해 문제점을 발견하게 하겠다고 답했다. 그들은 잘못 계산한 것을 칠판에 적어놓고 학생들을 불러내서 검토하게 한 다음, 무엇을 발견했는지 토론하도록 하겠다고 말했다.

> 우리는 "작은 수학 병원"을 열겠습니다. 학생들은 "의사"가 되고, 그 문제는 "환자"가 되는 겁니다. "의사"는 "환자"의 병을 진단합니다. 학생들에게 판단을 하게 하는 거지요. 환자가 병에 걸렸다면, 어떤 병에 걸렸는가? 병의 원인은 무엇인가? 교사로서의 내 책임은 학생들이 잘못의 이유를 발견하도록 이끄는 것입니다… 그것은 자릿값의 문제인데, 말하자면, 다른 자리의 숫자는 다른 값을 나타냅니다. (Tr. 쑨)

> 나는 잘못된 계산을 칠판에 적고, 그것이 옳은지 그른지 잘 살펴보게 하겠어요. 그런 다음 어디에 문제가 있는지, 그 이유는 무엇인지를 발표하게 하겠어요. 492와 738은 왜 다르게 정렬시켜

야 하는 걸까? 이 수가 겉보기에는 몇을 나타내는데, 실제로는 몇
을 나타내는 걸까? 그렇게 물은 다음, 한 학생, 이를테면 잘못을
범한 학생을 칠판 앞으로 불러서, 올바르게 고쳐보도록 하겠어요.
그렇게 원리를 살펴본 후, 우리는 규칙을 요약할 거예요. 마지막으
로, 몇 가지 문제를 더 내서, 풀이 절차를 말하고 그것을 설명하도
록 하겠어요. (Ms. L)

미국의 *Ms. E*와 달리, 중국 교사들은 학생들이 당면 문제점을 발견하
게 하는 단계에서 멈추지 않았다. 토론을 해서 밑바탕에 놓인 원리까지
알아내도록 했다. 학생들은 토론을 통해 문제가 된 절차를 바로잡는 방
법을 배울 뿐만 아니라, 그 밑바탕에 놓인 잘못된 개념도 바로잡을 수
있었다.

질문을 통한 방향 제시. 일부 교사들은 문제를 곧바로 제시하지 않고,
학생들이 관찰을 하기 전에 먼저 방향을 설정해주고자 했다. 그들은 질문
을 함으로써 학생들이 문제를 해결할 수 있게끔 유도했다. 이 질문은 절
차에 내재된 개념을 일깨워주기 위한 것이었다. 예컨대, 수는 어떻게 이
루어지는가? 곱하는 수의 여러 숫자는 어떤 자릿값을 갖는가? 등이 그것
인데, 교사들은 주로 잘못을 범한 학생에게 이런 질문을 던지고자 했다.

무엇보다 먼저, 나는 학생들에게 645라는 수가 어떻게 이
루어졌는지 묻겠습니다. 그들은 6백과 4십과 5일로 이뤄졌다고 답
할 것입니다. 아니면, 육영영, 사영, 오라고 말할 수도 있겠지요.
그런 다음 나는 다시 묻겠습니다. 123×5는 무슨 뜻인가? 123×4

는 무슨 뜻인가? 123×6은 무슨 뜻인가? 그렇다면, 지난번에 이 문제를 올바르게 풀었던 것인가? 잘못의 이유는 무엇인가? 올바르게 고쳐보자. (Tr. A)

나는 학생들에게 645 속의 4가 몇을 나타내느냐고 묻겠어요. 학생들은 4십이라고 말하겠지요. 그러면 나는 학생들에게 123 곱하기 4십은 몇이냐고 묻겠어요. 그것은 492인가? 나머지에 대해서도 생각해보도록 계속 질문을 던지겠어요. 그리고 올바르게 계산을 해서 내게 가져오게 한 후, 지난번의 문제점이 무엇이었는지 설명해보라고 하겠어요. (Ms. F)

나는 20년이 넘도록 초등수학을 가르쳐왔지만, 그런 잘못을 본 적이 없습니다. 5학년 학생에게 그런 일이 일어난다면, 나는 이렇게 말하고 싶어요. "우리는 전에 분배법칙을 배운 적이 있지? 그 법칙에 따라 123×645라는 문제를 풀어서 쓸 수도 있겠지? 자릿값에 따라 곱하는 수를 분리하기 말이야." 일단 학생들이 그 문제를 풀어서 써보게 되면, 어디에 문제가 있는지 금세 알아차리게 될 겁니다. (Tr. 마오)

이렇게 질문을 던짐으로써, 교사들은 어디에 문제가 있는지 암시해서 학생 스스로 문제점을 발견하게 하려고 했다. 이런 질문을 길잡이 삼으면, 학생들은 표면적인 문제점을 주목하기보다는 곧바로 핵심을 주목하게 될 것이다.

진단 연습문제. 학생들이 그 문제를 "진단"하는 데 도움이 될만한 적절한 연습문제를 만드는 것도 하나의 전략으로 제시되었다. 교사들은 연습문제를 이용해서 학생들이 문제점을 발견하게끔 이끌고자 했다. 이러한 연습문제 역시 절차의 밑바탕에 놓인 개념을 일깨워주기 위한 것이었다.

학생들이 그런 잘못을 범하는 이유는, 각 숫자가 놓인 자리에 따라 의미가 달라진다는 것을 이해하지 못했기 때문이라고 봅니다. 나는 먼저 학생들에게 다음과 같은 문제를 풀어보라고 하겠습니다.

$$123 = (\quad) \times 100 + (\quad) \times 10 + (\quad) \times 1$$
$$645 = (\quad) \times 100 + (\quad) \times 10 + (\quad) \times 1$$

그런 다음, 지난번의 풀이가 옳은지 그른지, 그 이유는 무엇인지를 생각해보라고 하겠습니다. (Tr. H)

먼저 학생들에게 다음 두 문제를 풀어보라고 하겠어요.

$$42 \times 40 = (\quad) 십$$
$$42 \times 400 = (\quad) 백$$

이런 문제를 풀어보면 곱셈의 원리를 깨닫게 될 거예요. 다음으로, 같은 책상에 앉은 학생들끼리 서로 다음 질문에 답하게 하겠어요. 123×645를 계산할 때, 645 속의 각 숫자는 몇을 나타내는가? 곱값을 어느 자리에 써넣어야 하는가? 그런 다음 지난번의 풀이에서 뭐가 잘못됐는지 토론해보고, 계산 원리를 토대로 해서 잘못을 분석해보고, 올바른 방법은 무엇인지를 설명해보라고 하겠어요. (Ms. A)

우리 학생들이 그런 식으로 잘못 계산했다면, 우선 나는 세 학생을 칠판 앞으로 불러내서, 각자 다음 세 문제를 계산해보라고 하겠습니다. $123 \times 5 = ?$, $123 \times 40 = ?$, $123 \times 600 = ?$ 그런 다음 칠판에 적힌 답과, 당초에 잘못 계산한 것을 비교해보도록 하고, 어떤 차이를 발견했는지 물어보겠습니다. 그런 식으로 하면 그들은 문제점과 원인을 곧 알게 될 것입니다. (Tr. C)

"진단 연습문제"를 사용하겠다고 말한 교사들은, 질문하겠다고 말한 교사들과 마찬가지로, 학생들에게 방향을 제시해주고 학생들 스스로 문제점을 발견하도록 했다.

규칙 검토. 일부 교사들은 학생들이 원리를 검토하기 전에 절차를 복습하도록 하겠다고 말했다. 학생들이 규칙을 먼저 검토하게 한 다음, 지난번의 잘못을 규칙과 비교해서 문제점을 발견하도록 하겠다는 것이다.

우리 학생들이 그런 잘못을 범한다면, 교과서를 펴놓고 스스로 풀이 절차를 검토해보라고 하겠습니다. 그리고 그런 규칙이 생긴 이유, 즉, 부분곱을 그런 식으로 정렬해야 하는 규칙이 생긴 이유에 대해 생각해보도록 하겠습니다. 그런 후 잘못 계산한 것을 칠판에 적어놓고, 그것을 어떻게 생각하는지 물어보겠습니다. 학생들은 그게 잘못되었다는 것을 금방 알아낼 것입니다. 나는 그것이 왜

잘못되었는지, 어떻게 바로잡으면 되는지 물어보겠습니다. (Mr. B)

이 교사들은 규칙의 절차적 측면에서 시작하긴 했지만, 개념적 측면을 무시하지 않았다. 그들은 자신의 개념적 이해를 토대로 해서, 학생들이 "그것을 이해하는 데 기초가 되는 규칙을 기억"하도록 하겠다는 목표를 달성할 수 있었다.

이와 같이 학생들을 참여시켜서 문제점을 발견하게 하려는 여러 전략을 제시한 교사들에게는 몇 가지 공통점이 있었다. 즉, 대부분의 교사들이 학생들 스스로 문제점을 발견하길 기대했고, 개념적 수준에서 그 문제점을 설명할 수 있기를 기대했다. 일부 교사들은 질문을 하거나 진단 연습문제를 만들어내서 개념적 방향을 잡아주려고 했다. 다른 교사들은 학생들로 하여금 먼저 절차적 문제점을 발견하도록 한 다음, 그 밑바탕에 놓인 개념에 접근할 수 있도록 했다. 어느 경우든 간에, 그 절차 밑바탕의 원리에 초점을 두었다.

탐구, 도전, 그리고 명제 방어로 구성되는 수학적 담론에는 자체 내적인 담론도 포함한다. 이러한 수학적 관습은 이 교사들의 전략에 잘 반영되어 있다. 즉, 학생들이 참여해서 스스로 문제점을 발견하고 설명하게 하는 것이 그것이다.

— Tr. 츠언의 접근법

학생들의 잘못을 다루는 앞서의 방법들 외에도, Tr. 츠언은 아주 인상적인 방법을 제시했다. "비관습적인" 방법을 사용해서, 학생들이 절차를 이해할 수 있도록 하겠다고 답한 것이다. 그는 정렬을 하는 올바른 방법이 사실상 하나만 있는 것은 아니라는 것을 학생들에게 깨우쳐주겠다고 말했다. 관습적인 정렬 방법 외에도 다섯 가지가 더 있을 수 있다.

123	123	123	123	123
×645	×645	×645	×645	×645
615	492	492	738	738
738	615	738	492	615
492	738	615	615	492
79335	79335	79335	79335	79335

Tr. 츠언은 학생들로 하여금 이와 같은 비관습적인 방법을 발견하도록 하면 계산법의 이해를 증진시켜서 좀더 유연하게 계산법을 사용하게할 수 있다고 생각했다.

3. 논의

🐛 "개념 이해" : 만만한 일이 아니다

여러 자릿수의 곱셈이라는 주제에 대한 교사들의 반응은 제1장의 반응과 비슷한 양상을 보였다. 즉, 모든 교사들이 절차적 수준에는 도달해 있었다—모두가 올바르게 곱셈을 하는 방법을 알고 있었다. 그러나 미국 교사 61퍼센트와 중국 교사 8퍼센트는 그 절차의 밑바탕에 놓인 개념을 제대로 설명하지 못했다. 아이러니하게도, 그들은 "자릿값"이라는 개념적인 용어를 절차적인 용어로 사용하는 경향이 있었다—수를 정렬시켜야 할 자리로 인지하거나 가리키는 명칭으로만 사용했다.

나머지 미국 교사 39퍼센트와 중국 교사 92퍼센트는 여러 자릿수 곱
셈의 계산법에 대한 개념적 설명을 제시할 수 있었다. 그러나 그들의
설명은 여러 형태로 나타났다. 미국 교사 7명은 123×645라는 문제가
사실상 123×600, 123×40, 123×5로 이루어져 있고, 따라서 부분곱
이 615, 492, 738이 아니라, 사실은 615, 4920, 73800이라고 말했지
만, 그러한 진술을 명확히 정당화하지 못했다. 그러나 중국 교사들은
그 계산법의 밑바탕에 놓인 개념이 분배법칙이라는 것을 지적하는 경향
이 있었다. 그들은 분배법칙이라는 용어를 빈번하게 언급했을 뿐만 아
니라, 그것을 적용해서 다음과 같이 변형시킨 것을 보여줌으로써 그것
을 정당화했다.

$$
\begin{aligned}
123 \times 645 &= 123 \times (600+40+5) \\
&= 123 \times 600 + 123 \times 40 + 123 \times 5 \\
&= 73800 + 4920 + 615 \\
&= 78720 + 615 \\
&= 79335
\end{aligned}
$$

계산법에서 부분곱 끝자리의 0을 생략하는 이유를 설명하기 위해, 중
국 교사들은 자릿값 체계 개념을 중점적으로 설명했다. 자릿값 체계의
관점에서 볼 때, 세 부분곱은 615일, 492십, 738백으로 생각할 수도
있다고 그들은 말했다. 나아가서, 몇몇 중국 교사들은 더욱 엄밀한 설
명을 하기 위해 10과 10의 거듭제곱 곱하기도 토론에 포함시켰다.

앞에서 언급한 모든 설명이 여러 자릿수 곱셈의 계산 절차로서 의미

가 있기는 하지만, 내포된 개념에는 차이가 있다는 것을 쉽게 알 수 있을 것이다. 하나의 수학 주제에 대한 교사들의 개념적 이해 차이를 우리는 어떻게 이해해야 할까? 이 차이 때문에 학생들의 학습에도 차이가 생길까? 1998년에는, 수학 교육에 있어서 절차적 이해와 대비되는 개념적 이해에 대한 논의가 많았다. 그러나 적절한 개념적 이해의 구체적 특징, 예컨대 이해의 엄밀성 등에 대해서는 거의 주목하지 않았다.

🌶️ 지식 꾸러미와 핵심 지식

제1장에서 다룬 주제, 즉 리그루핑이 필요한 뺄셈에 대해 면담을 할 때에는 관련 주제들에 대해서도 질문을 던졌다. 이번 장에서 논의한 면담에서는 관련 주제에 대한 질문이 포함되지 않았다. 그래서 미국 교사들은 여러 자릿수 곱셈이라는 주제에 대해서만 답을 했다. 그러나 대다수 중국 교사들은 자발적으로 몇 가지 관련 주제를 언급하는 경향을 보였다. 리그루핑이 필요한 뺄셈 주제의 경우와 마찬가지로, 중국 교사들이 언급한 지식 꾸러미에는 일련의 수학 주제들이 포함되었다. 한 자릿수 곱셈, 두 자릿수 곱셈, 여러 자릿수 곱셈이 그것이다. 이러한 일련의 곱셈은 몇 가지 다른 주제들로 뒷받침되었는데, 자릿값 체계 개념, 분배법칙, 10과 10의 거듭제곱 곱하기 등이 그것이다.

흥미롭게도, 리그루핑이 필요한 뺄셈의 경우와 마찬가지로, 중국 교사들은 제시된 설문이 지식 꾸러미의 핵심이 아니라고 생각했다. 그 주제의 원리가 처음 도입되는 두 자릿수 곱셈을 핵심으로 여겼고, 그것이야말로 학생들뿐만 아니라 교사들이 가장 큰 노력을 기울여야 하는 것으로 여겼다. 리그루핑이 필요한 뺄셈의 경우 핵심이 되는 것은 20 이내의 뺄셈이었다. 중국 교사들은 어떤 개념이 처음 도입될 때 가장 큰 노력을 기울이는 경향을 보인다. 훗날의 학습을 위해 굳건한 기초를 다져주려는 경향을 지니고 있는 것이다. 중국 교사들의 말에 따르면, 처음의 기초 학습이 굳건할수록 이 학습은 훗날의 복잡한 개념 학습을 더욱 든든히 뒷받침할 수 있다. 그처럼 뒷받침을 하면서 역으로 기초 학습이 강화된다.

일련의 지식 가운데 핵심 지식이 무엇인가에 대한 중국 교사들의 관점은 미국의 교육 접근법을 상기시킨다. 나선형 교육과정에서 수학 개념들은 학년이 올라가면서 거듭 나타난다. 교육과정에서 그처럼 하나의 개념이 거듭 나타난다는 것이 수학 학습에 어떤 기여를 할까? 일관된 학습을 가능케 하려면 거듭해서 나타나는 한 개념을 어떻게 관련시켜야 할까? 이 연구에 협조한 미국 교사들이나, 내가 미국의 다른 학교에서 만난 교사들 가운데, 거듭 나타나는 하나의 개념을 매번 어떻게 연계시켜 가르쳐야 할 것인가에 대해 관심을 보인 교사는 단 한 명도 없었다. 각 경우들 간에 관계가 있다는 것을 교사가 모른다면, 그리고 그 관계가 어떠해야 하는가를 모른다면, 그 주제에 대한 수학 교육은 단편적이게 되고 일관성도 없을 것이다.

🦋 교과지식과 신념의 관계 : 이해하도록 가르치겠다는 신념만으로 충분한가?

이번 장의 자료는 교사의 교과지식과 교사가 의도한 학습 사이의 관계에 대해 흥미로운 점 하나를 보여준다. 즉, 개념적 이해를 보여준 교사의 비율은, 학생들의 잘못을 바로잡아주는 데 있어서 개념 지향적 방향을 취한 교사의 비율보다 조금 더 높았다. 한편, 절차적 지식만을 지닌 교사들 가운데 개념 지향적인 교수 전략을 제시한 사람은 아무도 없었다. 다른 한편으로, 소수의 교사는 개념을 이해하고 있으면서도 가르칠 때에는 절차 지향적이었다—그들은 학생들의 학습 수준이 교사 자신의 수준에 이를 수 있다고 기대하지 않았다. 교사 자신의 수학 지식을 뛰어넘을 만큼 학습을 증진시키려고 한 교사는 한 명도 없었다.

4. 요약

대다수 교사들은 학생들이 여러 자릿수 곱셈을 잘못 하는 것—부분곱을 잘못 정렬시키는 것—을 부주의한 실수로 보지 않고 수학 이해에 문제가 있는 것으로 간주했다. 그러나 교사들은 그 문제를 서로 다른 관점에서 파악했다. 즉, 일부 교사는 그것이 절차를 몰라서 생긴 문제라고 생각했고, 다른 교사들은 개념을 몰라서 생긴 문제라고 생각했다. 그 문제에 대한 교사들의 관점은 각자의 교과지식을 반영한 것이었다. 대다수 미국 교사들의 교과지식은 절차적이었다. 반대로 대다수 중국 교사들은 개념적 이해를 보여주었다.

교사들은 잘못을 바로잡아주기 위한 교수 전략을 제시했다. 이들 전략의 초점은 교사들의 지식을 전적으로 반영하고 있지는 않았다. 즉, 개념을 알고 있으면서도 개념 지향적인 전략을 택하지 않은 교사가 소수 있었다. 중국 교사들의 계산법 설명과 잘못을 바로잡아주는 전략은, 기본 개념에 대한 지식과 관련 주제들에 대한 지식으로 잘 뒷받침되어 있었다.

part 3

분수 나눗셈 :

수식을 문장제로 제시하는 여러 방법

분수로 나누는 문제는 사람에 따라 다른 방법으로 푸는 것 같다. 당신은 다음과 같은 문제를 어떻게 푸는가?

$$1\frac{3}{4} \div \frac{1}{2} =$$

분수 나눗셈을 가르친다고 하자. 아이들에게 이런 연산의 의미를 깨우쳐주기 위해, 수학을 다른 것과 결부시키려는 교사가 많다. 그래서 때로는 실 사회 상황 즉 문장제 문제를 만들어내서 그 연산이 실 사회에서 어떻게 적용되는지를 보여주려고 한다. 그런 의미에서 다음 분수 나눗셈을 문장제로 바꿔보라. $1\frac{3}{4} \div \frac{1}{2} = ?$

이번에는 교사들에게 두 가지 과제를 주었다. $1\frac{3}{4} \div \frac{1}{2}$ 을 계산하기와 이 수학적 진술의 의미를 말로 나타내기가 그것이다. 앞서의 장에서 논의한 초보적인 두 주제에 비하면, 분수 나눗셈은 비교적 고등산술 주제이다. 나눗셈은 네 가지 연산 가운데 가장 복잡하다. 분수는 흔히 초등수학에서 가장 복잡한 수로 여겨진다. 가장 복잡한 수로 이루어진 가장 복잡한 연산인 분수 나눗셈은 최정상의 산술 주제라고 할 수 있다.

1. 미국 교사들의 계산 능력

미국 교사들의 교과지식이 취약하다는 것은 앞서의 두 주제보다 이번의 고등산술 주제에서 더욱 눈에 띄었다. 정수 뺄셈과 곱셈에 대해서는 미국 교사들이 모두 올바른 절차적 지식을 보여주었지만, 분수 나눗셈에 대해서는 풀이 절차조차 모르는 교사가 많았다. 미국 교사 23명 가운데 21명이 계산을 시도했는데, 그 가운데 9명(43%)만이 올바른 답을 냈다. 예를 들어, 신참교사인 *Mr. F*는 풀이 과정을 이렇게 설명했다.

나는 $1\frac{3}{4}$ 을 $\frac{7}{4}$ 로 바꾸겠습니다. 그런 다음 $\frac{1}{2}$ 로 나누기 위해, $\frac{1}{2}$ 을 뒤집어서 곱하겠습니다. 그래서 $\frac{7}{4}$ 에 2를 곱해서 $\frac{14}{4}$ 를 얻은 후, 14를 4로 나누어서 대분수로 바꾸면 $3\frac{2}{4}$ 가 되고, 이것을 약분하면 $3\frac{1}{2}$ 이 됩니다.

*Mr. F*와 같은 교사의 경우 계산 절차가 명료했다. 그는 대분수를 가분수로 바꾸고, 나누는 수의 역수를 취해서, 그것을 나누어지는 수에 곱해 $\frac{14}{4}$ 라는 답을 얻었다. 분모와 분자를 약분하여 구한 $\frac{7}{2}$ 을 대분수 $3\frac{1}{2}$ 로 바꾸었다.

미국 교사 21명 가운데 2명(9%)은 계산절차를 올바르게 수행했지만,

답을 약분하지 않았거나, 대분수로 바꾸지 않았다. 그래서 $\frac{14}{4}$라는 불완전한 답을 제시했다.

21명 가운데 4명(19%)은 절차가 명료하지 않았거나, 계산에 전혀 자신이 없었다.

> 먼저 해야할 일은 두 수를 같은 모양으로 만드는 거예요. 그러니까, 1을 4에 곱해서 3에 더해야 해요. 그렇게 하면 $\frac{7}{4}$이 돼요. 그런 다음 나누는 수도 똑같이 만들어야 해요. $\frac{2}{4}$로 말이에요. 맞죠? 그리고 대각선으로 곱하기만 하면 돼요. 그러면 $\frac{28}{8}$이 되죠? (*Ms. E*)

나누어지는 수(피제수)와 나누는 수(제수)를 똑같은 분수로 바꾼 다음 나눗셈을 하는 것은 분수 나눗셈 표준 계산법의 대안 방법이다. 예를 들어 $1\frac{3}{4}$피자를 $\frac{1}{2}$피자로 나누는 문제를 바꾸어, $\frac{7}{4}$피자를 $\frac{2}{4}$피자로 나누면, 쿼터($\frac{1}{4}$)피자 7개를 2개로 나누는 셈이 된다. 이러한 "공통분모" 방법을 사용하면 분수 나눗셈을 정수 나눗셈(7조각 나누기 2조각)으로 바꿀 수 있다. 그러나 *Ms. E*의 난점은, 그녀가 두 수를 같은 모양으로 바꿔야 한다고 생각은 했지만, 그 다음에 어떻게 해야 하는지 표준 계산절차에 대한 지식을 갖지 못했다는 것이다. 그녀는 과거에 공통분모 방법을 접해본 적이 있을 테지만, 그 원리를 이해하지 못했고, 대안 방법과 표준 계산절차 사이의 관계도 이해하지 못한 것으로 보였다. 그녀는 또한 공통분모를 필요로 하는 분수 덧셈과 분수 나눗셈의 표준 계산절차를 혼동했는지도 모른다. 어느 경우든 간에 그녀는 계산을 하는 동안 자신이 없었다. 게다가 그녀는 몫을 약분하지 않았고, 진분수로 바꾸지도 않았다.

경험 많은 교사인 *Tr. U*는 계산절차에 대해 너무나 자신이 없었다.

> 내가 보기에는 글쎄요, 분수와 대분수로는 계산을 할 수가 없으니까, 먼저 해야 할 일은 그러니까, 이걸 4분의 몇으로 바꾸는 거예요. 그래서 얻은 $\frac{7}{4}$을 $\frac{1}{2}$로 나누면 돼요. 그렇다면 이건, 내가 알기로는 2를 곱하는 문제와 같지 않나 싶어요. 그래서 다음에 어떡하느냐 하면… 그런데 지금 내가 제대로 하고 있는지 모르겠네. 이걸 $\frac{7}{4}$로 바꾸어서 그것을 $\frac{1}{2}$로 나눈다는 건 $\frac{7}{4}$ 곱하기 2와 같은 거죠? 2를 곱하면 $\frac{14}{4}$가 되는군요. 그렇다면 이건… 아니, 잠깐만요, 이 과정을 다시 생각 좀 해봐야겠어요… 잘 기억이 나지 않아서 이게 맞는 건지 모르겠어요… 내 기억으로는 맞긴 맞는 것 같은데. 하지만 이게 논리적인지는 모르겠어요.

*Tr. U*는 처음 계산을 시작할 때부터 우물쭈물하다가 $\frac{14}{4}$라는 답을 내기는 했지만, 결국에는 "이게 논리적인지는 모르겠다"며 입을 다물고 말았다.

*Ms. E*와 *Tr. U* 등의 교사는 기억이 혼란스럽고 불확실한 반면, 다른 5명(24%)의 기억은 훨씬 더 단편적이었다. 그들은 막연히 "그것을 뒤집어서 곱해야 한다"(*Ms. A*)고 생각했는데, "그것"이 무슨 의미인지를 알지 못했다.

> 어쨌든 내 기억으로는 분수를 뒤집어야 할 것 같아요. 그러니까, $\frac{7}{4}$은 $\frac{4}{7}$가 되고, $\frac{1}{2}$은 $\frac{2}{1}$가 되는 식으로. 아, 난 모르겠

어요. (*Ms. I*)

이들 5명의 교사는 계산절차를 기억하지 못해서 계산을 할 수 없었다. 17년 경력의 교사인 *Tr. R*은 리그루핑이 필요한 뺄셈의 원리에 대해서는 아주 잘 설명했는데, 분수 나눗셈에 대해서는 전혀 종잡지 못했다.

그게 뭐더라? 아, 최소공분모. 그걸 일단 찾아내겠어요. 수식에서 두 수 모두를 그걸로 바꿔야 한다고 봐요. 최소공분모 lowest common denominator, 그게 맞는 말일 거예요. 그런데 어떻게 답을 구해야 할지 모르겠어요. 이거야 원, 미안합니다.

*Ms. E*처럼, *Tr. R*은 처음에 최소공분모 찾기를 언급했다. 그러나 그녀가 알고 있는 것은 *Ms. E*보다 훨씬 더 단편적이었다. 그래서 다음 단계에서 어찌해야 할지를 알지 못했다.

나머지 1명은 문제를 살펴본 후 그저 모르겠다고 시인하기만 했다. 표 3.1은 미국 교사 21명이 1에 대해 어떻게 답했는지를 요약한 것이다.

〈표 3.1〉 $1\frac{3}{4} \div \frac{1}{2}$ 에 대한 미국 교사(21명)의 계산

답변	%	수
올바른 계산법, 완전한 답	43	9
올바른 계산법, 불완전한 답	9	2
불완전한 계산법, 자신감 결여, 불완전한 답	19	4
계산법에 대한 단편적인 기억, 답을 구하지 못함	24	5
모르겠다고 시인, 답을 구하지 못함	5	1

2. 중국 교사들의 계산 능력

중국 교사들의 경우에는 72명 모두 정확히 계산해서 올바른 답을 냈다. 대부분의 중국 교사들은 "뒤집어서 곱한다"는 말 대신, "어떤 수로 나눈다는 것은 그 역수를 곱하는 것과 같다"는 말을 사용했다.

어떤 수로 나눈다는 것은 그 역수로 곱하는 것과 같아요. 그래서 $1\frac{3}{4}$을 $\frac{1}{2}$로 나누는 것은, $1\frac{3}{4}$을 $\frac{1}{2}$의 역수인 $\frac{2}{1}$로 곱하는 거니까, 답은 $3\frac{1}{2}$이 돼요. (Ms. M)

분자가 1인 분수의 역수는 분모에 있는 수입니다. 그래서 $\frac{1}{2}$의 역수는 2입니다. 분수로 나누기는 그 역수 곱하기로 바꿀 수 있다는 것을 우리는 알고 있어요. 따라서 $1\frac{3}{4}$ 나누기 $\frac{1}{2}$은 $1\frac{3}{4}$ 곱하기 2와 같으니까, 답은 $3\frac{1}{2}$이 됩니다. (Tr. O)

일부 교사들은 분수 나눗셈과 정수 나눗셈 사이의 관계를 언급했다. Tr. Q는 학생들이 "어떤 수로 나누는 것은 그 역수를 곱하는 것과 같다"는 것을 배우기 전에 분수의 개념[20]부터 익히는 이유를 다음과 같이 설명했다.

0이 아닌 어떤 수로 나누는 것은 그 역수로 곱하는 것과

---

20) 중국의 현행 수학 교과과정에 따르면, 분수의 개념은 4학년 때부터 가르친다. 분수 나눗셈을 배우는 것은 초등학교 마지막 학년인 6학년 때이다.

같습니다. 이 개념이 분수 나눗셈 방법을 배울 때 도입되기는 하지만, 이 개념은 정수 나눗셈에도 적용이 됩니다. 5로 나누는 것은 $\frac{1}{5}$로 곱하는 것과 같습니다. 그러나 모든 정수의 역수는 분수—정수는 분모가 되고 분자가 1인 분수—라서, 이 개념을 도입하려면 분수를 익힐 때까지 기다려야 합니다.

"어떤 수로 나누는 것은 그 역수로 곱하는 것과 같다"는 말은 중국 교과서에서 분수 나눗셈 계산법을 정당화하기 위해 사용하는 말이다. 이것은 중국 초등수학 교육과정에서 어떤 연산과 그 역연산의 관계를 강조한다는 맥락에서 나온 말이다. 대다수 교사들이 그런 말을 한 것은 계산 절차를 떠올리기 위해서가 아니었다. 자신의 계산을 정당화하기 위해서였다.

🐛 알고리듬(계산절차)의 의미 부여

원래의 면담 설문은 교사들에게 나눗셈 문제의 계산만을 요구했다. 그러나 면담을 하는 동안, 일부 중국 교사들은 그 계산절차에 의미를 부여하려는 경향을 보였다. 그래서 중국 교사 3분의 2를 면담한 후, 나는 교사들에게 계산절차의 의미를 묻기 시작했다. 대부분의 4~5학년 교사들은 "어떤 수로 나누는 것은 그 역수로 곱하는 것과 같다"는 것 이상의 말을 할 수 있었다. 그들은 여러 관점에서 설명했다. 일부 교사는 그 계산 절차의 원리가 분수 연산을 정수 연산으로 바꿈으로써 입증될 수 있다고 주장했다.

분수로 나누는 것이 그 역수로 곱하는 것과 같다는 규칙을 입증하기 위해서는 학생들이 이미 배운 지식을 이용하면 됩니다. 학생들은 교환법칙을 배웠습니다. 괄호를 넣고 벗기는 방법을 배웠고, 하나의 분수가 나눗셈의 결과라는 것도 배웠지요. 예를 들어 $\frac{1}{2}$은 $1 \div 2$입니다. 이제 그런 지식을 이용해서, 선생께서 제시한 문제를 등식으로 이렇게 바꿔보겠습니다.

$$1\frac{3}{4} \div \frac{1}{2} = 1\frac{3}{4} \div (1 \div 2)$$
$$= 1\frac{3}{4} \div 1 \times 2$$
$$= 1\frac{3}{4} \times 2 \div 1$$
$$= 1\frac{3}{4} \times (2 \div 1)$$
$$= 1\frac{3}{4} \times 2$$

이건 전혀 어렵지 않습니다. 다소 간단한 수로 이루어진 등식이라면 학생들이 스스로 규칙을 증명할 수도 있을 겁니다. (Tr. 츠언)

다른 교사들은 학생들이 배운 다른 지식—"몫 값의 보존" 규칙[21]—을 끌어들여서 계산절차를 정당화했다.

---

21) 중국에서는 "몫 값의 보존" 규칙rule of "maintaining the value of a quotient"을 정수 나눗셈 단원에서 가르친다. 이 규칙은 다음과 같다: 나누어지는 수와 나누는 수를 같은 수로 곱하거나 나누어도, 몫은 변하지 않는다. 예를 들어, $15 \div 5 = 3$의 경우, $(15 \times 2) \div (5 \times 2) = 3$이며, $(15 \div 2) \div (5 \div 2) = 3$이다.

그래요, 5학년생이라면 "몫 값의 보존" 규칙을 알고 있어요. 즉, 나누어지는 수와 나누는 수를 같은 수로 곱하면, 몫은 변하지 않아요. 예를 들어 10을 2로 나눈 몫은 5입니다. 10과 2에 같은 수, 예컨대 6을 곱하면, 60 나누기 12가 되는데, 그 몫은 여전히 5입니다. 이제 나누어지는 수와 나누는 수에 각각 나누는 수의 역수를 곱하면, 나누는 수는 1이 됩니다. 1로 나누어서는 수가 달라지지 않으니까, 1 나누기는 삭제할 수 있어요. 그러니까 원래의 나누기는 나누어지는 수에 나누는 수의 역수를 곱한 것과 같습니다. 그 절차를 보여드리면 다음과 같습니다.

$$1\frac{3}{4} \div \frac{1}{2} = (1\frac{3}{4} \times \frac{2}{1}) \div (\frac{1}{2} \times \frac{2}{1})$$
$$= (1\frac{3}{4} \times \frac{2}{1}) \div 1$$
$$= 1\frac{3}{4} \times \frac{2}{1}$$
$$= 3\frac{1}{2}$$

이와 같은 절차를 제시함으로써, 작위적으로 보인 계산법이 사실은 합리적이라는 것을 학생들에게 설명해줄 수 있습니다. (Tr. 왕)

$1\frac{3}{4} \div \frac{1}{2}$과 $1\frac{3}{4} \times \frac{2}{1}$가 같다는 것을 보여주는 방법은 여러 가지가 있다. Tr. 츠언과 Tr. 왕은 분수 나눗셈 계산법을 정당화하기 위해 학생들이 기존에 배운 지식을 어떻게 사용하면 되는지를 보여주었다. 다른 교사들은 $1\frac{3}{4} \div \frac{1}{2}$이 $1\frac{3}{4} \times 2$와 같은 이유를 설명할 때, $1\frac{3}{4} \div \frac{1}{2}$이

라는 표현의 의미를 제시하겠다고 답했다.

왜 그것은 나누는 수의 역수 곱하기와 같은가? $1\frac{3}{4} \div \frac{1}{2}$은 어떤 수의 $\frac{1}{2}$이 $1\frac{3}{4}$이라는 뜻입니다. 어떤 수는 $3\frac{1}{2}$이지요. 이 수는 $1\frac{3}{4} \times 2$의 답과 일치합니다. 2는 $\frac{1}{2}$의 역수입니다. 나는 이런 식으로 학생들에게 설명하겠어요. (Tr. 우)

🐛 대안 계산법

면담 설문은 교사들에게 "분수로 나누는 문제는 사람에 따라 다른 방법으로 푸는 것 같다"는 것을 상기시켰다. 하지만 미국 교사들은 하나의 방법—"뒤집어서 곱하기"라는 표준 계산절차—만을 언급했다. 그러나 중국 교사들은 최소한 세 가지의 다른 방법을 제시했다. 소수를 사용한 분수 나눗셈, 분배법칙 적용, 나누는 수의 역수를 곱하지 않는 분수 나눗셈이 그것이다.

— 대안 I: 소수를 사용한 분수 나눗셈[22]
분수 나눗셈을 하는 방법 가운데 중국 교사들이 선호한 대안 방법은 소수로 계산하는 것이었다. 분수를 소수로 바꾸어서 풀 수도 있다고 답

---

22) 중국 수학 교육과정에서는, 분수 관련 주제를 다음과 같은 순서대로 가르친다.
  1. 연산은 하지 않고 "분수에 대한 기초 지식"(분수의 개념)을 소개.
  2. "분모가 10 혹은 10의 거듭제곱인 특별한 분수"로서의 소수 소개.
  3. 소수가 포함된 네 가지 기초 연산(정수 연산과 비슷한 연산).
  4. 분수와 관련된 정수 주제, 즉 약수, 배수, 소수(素數), 소인수, 최대공약수, 최소공배수 등.
  5. 진분수, 가분수, 대분수, 분수의 약분, 공통분모 찾기와 같은 주제.
  6. 분수의 덧셈, 뺄셈, 곱셈, 나눗셈.

한 교사는 3분의 1이 넘었다.

$$1\frac{3}{4} \div \frac{1}{2} = 1.75 \div 0.5 = 3.5$$

많은 교사들이 이렇게 소수로 푸는 것이 더 쉽다고 말했다.

나는 이 문제를 소수로 푸는 것이 더 쉽다고 봐요. $1\frac{3}{4}$은 1.75이고 $\frac{1}{2}$은 0.5이며, 어떤 수도 5라는 숫자로 나눌 수 있다는 것은 아주 빤한 얘기니까요. 1.75를 0.5로 나누면 3.5가 돼요. 이건 아주 쉬워요. 그러나 분수로 계산하려면, $1\frac{3}{4}$을 가분수로 바꿔야 하고, $\frac{1}{2}$은 $\frac{2}{1}$로 바꿔서 곱해야 하고, 분자와 분모를 약분해야 하고, 마지막으로 가분수를 대분수로 바꿔야 해요. 이런 과정은 소수로 푸는 것보다 훨씬 더 길고 복잡해요. (Ms. L)

소수가 분수 문제를 더 쉽게 할 수도 있지만, 분수가 소수 문제를 더 쉽게 할 수도 있다. 두 방법의 특징을 잘 알고 있어서, 경우에 따라 어느 방법이 더 쉬운지를 재빨리 판단할 수 있어야 한다는 것이 문제이다.

때로는 소수 나눗셈이 분수 나눗셈보다 더 쉬울 수 있지만, 항상 그런 것은 아닙니다. 때로는 분수를 소수로 바꾸는 것이 더 복잡하고 어렵습니다. 때로는 소수가 끝나지 않을 수도 있어요. 나아가서 때로는, 소수 나눗셈 문제를 분수 나눗셈으로 바꿔서 푸는 게 더 쉬울 수도 있습니다. 예를 들어 0.3÷0.8은 분수로 푸는 게 쉽습니다. $\frac{3}{8}$이라는 답이 쉽게 나오니까요. 하지만 우리는 물론 학생들도, 하나의 문제에 접근하는 대안 방법들을 아는 것은 중요합니다. 그리고 어느 문제에는 어느 방법이 더 합리적인지 판단할 수 있어야 한다는 것도 중요하지요. (Tr. B)

교사의 폭넓은 지식은 학생들의 학습 기회 증진에 도움이 될 것이다. 이 교사들은 학생들에게 소수 문제를 분수로도 풀어보게 한다고 답했다.

어떤 사칙연산을 하든, 우리는 학생들에게 소수 문제를 분수로, 혹은 그 역으로도 풀어보게 합니다. 그렇게 하면 여러 가지 이점이 있습니다. 학생들은 소수 연산을 이미 배웠으니까, 전에 배운 것을 복습하는 기회가 되지요. 게다가 분수나 소수로 바꿔보면, 수에 대한 두 가지 표현을 더욱 깊이 이해하게 되고, 수 감각을 기를 수도 있습니다. 나아가서, 하나의 문제를 해결하는 데에는 여러 가지 대안이 있다는 것을 익힐 수 있습니다. (Tr. S)

— 대안 II : 분배법칙 적용

$1\frac{3}{4} \div \frac{1}{2}$ 을 계산할 때 분배법칙을 사용할 수 있다고 말한 교사는 7명이었다. 그들은 $1\frac{3}{4}$을 대분수로 생각해서 가분수로 바꾸는 대신, 그것을 $1+\frac{3}{4}$으로 생각해서 각 부분을 $\frac{1}{2}$로 나눈 다음, 두 몫을 더했다. 교사들은 다음과 같이 조금 다른 두 가지 절차를 언급했다.

A)
$$1\frac{3}{4} \div \frac{1}{2} = (1+\frac{3}{4}) \div \frac{1}{2}$$
$$= (1+\frac{3}{4}) \times \frac{2}{1}$$
$$= (1 \times 2) + (\frac{3}{4} \times 2)$$
$$= 2 + 1\frac{1}{2}$$
$$= 3\frac{1}{2}$$

B)
$$1\frac{3}{4} \div \frac{1}{2} = (1+\frac{3}{4}) \div \frac{1}{2}$$
$$= (1 \div \frac{1}{2}) + (\frac{3}{4} \div \frac{1}{2})$$
$$= 2 + 1\frac{1}{2}$$
$$= 3\frac{1}{2}$$

Tr. 시에는 A방법을 제시한 후, 이것이 겉으로는 복잡해 보이지만 사실은 표준 방법보다 더 간단하게 계산할 수 있다고 평했다.

이 경우 분배법칙을 적용하면 연산을 더 간단하게 할 수 있습니다. 내가 종이에 쓴 계산 절차는 좀 복잡해 보이지만, 논리적 과정을 제시하려니까 복잡해 보일 뿐입니다. 실제로 연산을 할 때에는 아주 간단해요. 1에 2를 곱하면 2가 되고, $\frac{3}{4}$에 2를 곱하면 $1\frac{1}{2}$이 되고, 모두 합하면 $3\frac{1}{2}$이 된다는 것을 간단히 속셈으로 알아낼 수 있지요. 종이와 연필이 필요 없어요. 정수를 배울 때 우리 학생들은 분배법칙을 사용해서 문제를 더 간단히 푸는 방법을 이미 배웠는데, 이렇게 분수 연산에도 적용할 수 있어요.

분배법칙을 사용한 교사들은 그 법칙을 잘 이해하고 있을 뿐만 아니라 자신 있게 활용할 수 있다는 것을 보여주었다. 또한 일부 미국 교사들이 계산을 할 때 걸림돌이 되었던 개념인 대분수에 대해서도 폭넓게 이해하고 있다는 것을 보여주었다.

— 대안 III: "반드시 곱해야 할 필요가 없다"

분수 나눗셈을 하는 전통적인 방법은 나누는 수의 역수를 곱하는 것이다. 그러나 항상 그렇게 할 필요는 없다고 지적한 중국 교사가 3명 있었다. 때로 분수 나눗셈 문제는 곱셈을 사용하지 않고도 풀 수 있다. 내가 그 풀이법을 물어보자 이렇게 답했다.

$$1\frac{3}{4} \div \frac{1}{2} = \frac{7}{4} \div \frac{1}{2}$$
$$= \frac{7 \div 1}{4 \div 2}$$
$$= \frac{7}{2}$$
$$= 3\frac{1}{2}$$

이런 방법을 제시한 교사들 역시 이 방법이 표준 방법보다 더 쉽다고 주장했다. 나누는 수를 뒤집고 약분을 하는 두 단계가 필요 없기 때문이다. 그러나 이 방법을 제시한 교사들은 나누어지는 수의 분자와 분모를 나누는 수의 분자와 분모로 나눌 수 있는 경우에만 적용할 수 있다고 설명했다. 예를 들어, $1\frac{3}{4} \div \frac{1}{2}$ 에 있어서, 7은 1로 나눌 수 있고, 4는 2로 나눌 수 있다. 그러나 $1\frac{2}{3} \div \frac{1}{2}$ 과 같은 문제는, 나누어지는 수의 분모인 3을 나누는 수의 분모인 2로 나누어 정수를 얻을 수 없으므로 이 방법을 적용할 수 없다. Tr. T는 이렇게 말했다.

> 사실 나눗셈은 곱셈보다 더 복잡합니다. 하나의 수를 다른 수로 나눌 때 나머지가 생길 수 있어요. 그런 경우에는 소수를 사용한다 해도 순환소수가 나타날 수 있습니다. 그러나 곱셈에서는 나머지의 문제는 생기지 않습니다. 나누는 수의 역수로 곱하는 방법이 표준 방법으로 받아들여진 것도 그래서겠지요. 그러나 이 경우에는, 4 나누기 2와, 7 나누기 1이 아주 간단하기 때문에, 곱하지 않고 곧바로 나누는 방법이 훨씬 더 간단합니다.

Tr. 시에는 곱하기를 하지 않고 분수 나눗셈을 푸는 비표준 방법을 설명한 최초의 교사였다. 나는 그에게 그 원리를 설명해달라고 부탁했다. 그리고 그는 다음과 같이 쉽게 증명했다.

$$1\frac{3}{4} \div \frac{1}{2} = \frac{7}{4} \div \frac{1}{2}$$
$$= (7 \div 4) \div (1 \div 2)$$
$$= 7 \div 4 \div 1 \times 2$$
$$= 7 \div 1 \div 4 \times 2$$
$$= (7 \div 1) \div (4 \div 2)$$
$$= \frac{7 \div 1}{4 \div 2}$$

연산 순서의 원리, 그리고 분수가 일종의 나눗셈이라는 기본 원리에 입각해서 그는 간단히 증명했다.

대안 방법을 제시한 모든 교사들은 그들의 방법이 "더 쉽다" 혹은 "더 간단하다"고 주장했다. 사실 그들은 대안 방법들을 알고 있었을 뿐만 아니라, 계산 절차를 더 쉽고 더 간단하게 하는 이 방법들의 의미도 알고 있었다. 복잡한 문제를 간단하게 푼다는 것은 수학계의 심미적 기준 가운데 하나이다. 이 교사들은 학생들이 여러 계산 방법을 알아야 할 뿐만 아니라, 어느 방법을 사용하면 가장 합리적인지 평가하고 결정할 줄도 알아야 한다고 주장했다.

3. 미국 교사들이 제시한 분수 나눗셈에 대한 문장제

🐞 미국 교사들이 제시한 수학적 개념

미국 교사 가운데 43퍼센트는 $1\frac{3}{4} \div \frac{1}{2}$ 을 올바르게 계산하긴 했지만, 거의 모두가 올바른 문장제를 만들어내지 못했다. 23명 가운데 6명은 전혀 이야기를 만들어내지 못했고, 16명은 이야기를 만들어내긴 했지만 개념이 올바르지 않았다. 오직 한 명만이 개념적으로 올바른 이야기를 만들어냈지만, 그것은 교육적으로 문제가 있는 이야기였다. 분수 나눗셈의 의미에 대한 교사들의 오해는 다양한 모습으로 나타났다.

— $\frac{1}{2}$ 로 나누기를 2로 나누기와 혼동
미국 교사 10명은 $\frac{1}{2}$ 로 나누기를 2로 나누기와 혼동했다. 이 교사들

은 1의 양을 두 사람에게 똑같이 나눠주기, 즉 두 부분으로 나누기와 관련된 이야기를 만들어냈다. 이런 이야기에서 가장 흔하게 사용된 소재는 피자나 파이처럼 둥근 음식물이었다.

> 파이를 이용하면 돼요. 파이 한 판과 또 다른 파이 $\frac{3}{4}$쪽이 있고, 두 사람이 있어요. 각자 똑같이 가질 수 있도록 이걸 똑같이 나누려면 어떻게 해야 할까요? (Ms. D)

교사들이 사용한 위와 같은 말—"두 사람에게 똑같이 나눠준다" 혹은 "반으로 나눈다" 등—은 2로 나누는 것이지 $\frac{1}{2}$로 나누는 것이 아니다. 10개의 사과를 두 사람에게 똑같이 나눠주려면, 우리는 사과의 개수를 $\frac{1}{2}$이 아닌 2로 나눈다고 말한다. 그러나 대다수 교사들은 이러한 차이를 인식하지 못했다.

─ $\frac{1}{2}$로 나누기를 $\frac{1}{2}$곱하기와 혼동

6명의 교사는 $\frac{1}{2}$로 나누기를 $\frac{1}{2}$곱하기와 혼동한 이야기를 만들어냈다. 이런 혼동을 한 교사는 앞서의 경우만큼 많지는 않았지만 그래도 상당수에 이르렀다. 파이를 소재로 한 예를 들어보겠다.

> 이렇게 작은 수에는 아마도 파이를 사용하는 것이 가장 수월할 것입니다. 분수의 경우에는 전형적으로 파이를 사용합니다. 전체 파이 하나와 $\frac{3}{4}$쪽이 있습니다. $\frac{1}{4}$쪽은 누군가 훔쳐먹었다고 해둡시다. 아무튼 전체 하나를 4등분해서 모두 $\frac{1}{4}$쪽짜리로 만든 다음, 전체의 반을 가져야 합니다. (Tr. O)

앞에서 논의한 교사들은 "두 사람에게 나눠준다"고 한 반면, *Tr. O*는 "전체의 반을 갖는다"고 제시했다. 한 단위의 일정 부분을 구할 때 우리는 분수 곱셈을 사용한다. 2파운드들이 밀가루 한 포대의 $\frac{2}{3}$를 갖고 싶다면, 우리는 2에 $\frac{2}{3}$를 곱한다—답은 $1\frac{1}{3}$파운드의 밀가루이다. *Tr. O* 등의 교사가 제시한 것은 분수 곱하기였다. $1\frac{3}{4} \div \frac{1}{2}$이 아닌 $1\frac{3}{4} \times \frac{1}{2}$ 이었던 것이다. $\frac{1}{2}$로 나누기를 $\frac{1}{2}$ 곱하기와 혼동한 이야기는 교사들이 분수 곱셈의 개념에도 취약하다는 것을 드러냈다.

― 세 가 지 개 념 을 모 두 혼 동

위의 두 집단에 포함되지 않은 *Tr. R*과 *Tr. S*는 세 개념 모두—$\frac{1}{2}$로 나누기, 2로 나누기, $\frac{1}{2}$ 곱하기—를 혼동했다.

> 1과 $\frac{3}{4}$을 반으로 나누기라. 좋아요, 어디 봅시다… 이거 하나를 모두 가지고 있고, 또 $\frac{3}{4}$개를 가지고 있는데, 전체의 반만 갖고 싶습니다. (*Tr. R*)

> 한 주전자와 $\frac{3}{4}$ 주전자의 물을 가지고 있는데, 그걸 반으로 나누고 싶습니다. 시각적으로 말해서 그러니까, 두 사람이 각자 그것의 반을 갖는 겁니다. (*Tr. S*)

*Tr. R*과 *Tr. S*가 "1과 $\frac{3}{4}$을 반으로 나눈다"고 말할 때, 그들은 $\frac{1}{2}$로 나누기를 2로 나누기와 혼동하고 있다. 그리고 "전체의 반만" 혹은 "그것의 반을" 갖는다고 말할 때, 그들은 $\frac{1}{2}$로 나누기를 $\frac{1}{2}$ 곱하기와 혼동하고 있다. 그들에게는 $\frac{1}{2}$로 나누기든, 2로 나누기든, $\frac{1}{2}$ 곱하기든 다를

게 없는 것 같았다.

── 혼동은 하지 않았지만 이야기를 만들어내지 못한 경우

두 교사는 이야기를 만들어내지 못했지만, $\frac{1}{2}$로 나누기가 2로 나누는 것과 다르다는 것은 알고 있었다. 경험이 많은 6학년 교사 *Tr. P*는 자신의 지식이 부족하다는 것과 그 문제에 함정이 있다는 것을 잘 알고 있었다.

> 계산은 할 수 있는데, 그밖에는 그 문제를 어떻게 이해해야 할지 모르겠어요. 계산하는 방법은 알지만, 그 문제의 의미는 모르겠어요.

Mr. F 역시 두 개념의 차이를 알고 있었다. 이야기를 만들어내려다가 실패한 그는 이렇게 설명했다.

> 뭔가를 $\frac{1}{2}$로 나눈다는 것이 둘로 나눈다는 뜻인지 혼란스러웠습니다. 언뜻 그럴 거라는 생각이 들었지만, 그게 아니에요… 그건 전혀 달라요… 그러니까, 나로서는 곤란한 게 뭐냐 하면, 실 사회에서 그것이 무엇을 나타내는지, 그걸 시각화할 수가 없다는 거예요. $\frac{1}{2}$로 나눈다는 게 무슨 뜻인지 정말 생각해낼 수가 없어요.

*Tr. P*와 *Mr. F*는 분수 나눗셈의 개념을 이야기로 제시하지 못했지만, 그것을 다른 것과 혼동하지는 않았다. 이제까지 살펴본 교사들 가운데 분수 나눗셈을 다른 연산과 혼동하지 않은 미국 교사는 이 두 사람뿐이었다.

― 개념은 올바른데 교육적으로 문제가 있는 문장제

19년 경력의 교사 *Tr. Q*는 분수 나눗셈의 의미를 개념적으로 올바르게 제시한 유일한 미국 교사였다. 그녀는 이렇게 말했다.[23]

> 예를 들어 초콜릿 두 개와 $\frac{1}{4}$개를 가지고 있다고 해요. 나는 한 어린이에게 $\frac{1}{2}$개씩 나눠주고 싶어요. 그러면 몇 명의 아이가 초콜릿을 받게 될까요? 물론 답은 $4\frac{1}{2}$명이죠. 그래요, 아이가 $\frac{1}{2}$명이라는 것 때문에 아이를 예로 들면 문제가 있긴 해요. 그러니까, 네 명의 아이는 제대로 초콜릿을 받고, 한 명은 다른 아이의 반만 받는 거죠. 애들은 그걸 이해할 수 있을 거예요.

*Tr. Q*는 개념을 올바르게 제시했다. 수 A를 수 B로 나눈다는 것은, A 안에 얼마나 많은 B가 담겨 있는가를 알아내는 것이다. *Tr. Q*가 직접 언급했듯이, 이 문장제의 답은 아이를 분수로 나타내게 된다. 실생활에서 사람의 수는 분수로 나타내지 않기 때문에 이 문장제는 교육적으로 문제가 있다.

💝 불일치에 대한 반응 : 계산은 올바른데 문장제가 올바르지 못한 경우

교사들이 만들어낸 이야기는 분수 나눗셈에 대한 오해를 드러냈지만, 면담을 하는 동안 그 함정을 발견할 수 있는 기회가 있었다. 개념적으

---

23) *Tr. Q*는 $1\frac{3}{4}$ 대신 $2\frac{1}{4}$ 을 사용했다. 그러나 그녀는 분수 나눗셈의 개념을 올바르게 이해하고 있었다.

로 올바르지 못한 이야기를 만들어낸 16명 가운데 9명은 당초에 올바르게 계산을 해서 완전하든 불완전하든 답을 낸 교사였다. 대다수 교사들은 자기가 만든 문장제의 답에 대해 토론을 했다. 그래서 개념적으로 틀린 문장제의 답($\frac{7}{8}$)과 당초에 계산을 해서 얻은 답($3\frac{1}{2}$, $\frac{7}{2}$, $\frac{14}{4}$, $\frac{28}{8}$) 사이의 불일치에 대해 반성해볼 수 있었다. 9명 가운데 4명은 불일치를 알아차리지 못했지만, 5명은 알아차렸다. 안타깝게도, 이 5명은 모두 불일치를 발견했으면서도 문장제를 올바르게 바로잡지 못했다.

이 5명의 교사는 불일치에 대해 세 가지 방식으로 반응했다. 3명은 문장제를 만들어낼 수가 없다고 생각하며 포기해버렸다. 예를 들어, *Ms. K*는 면담자가 "당신의 문장제는 원래의 문제와 다르다"고 말하자 이내 좌절해버렸다. *Tr. U*는 두 답이 다르다는 것을 알고 "너무나 당황" 했다. *Tr. O*는 "[그 이야기는] 제대로 만들어진 것 같지 않다. 내가 무슨 이야기를 만들었는지 나도 모르겠다"고 말했다.

그러나 *Ms. E*는 좀더 완고했다. 그녀는 다음과 같이 $1\frac{3}{4} \times \frac{1}{2}$에 해당하는 문장제를 만들어냈었다─"그건 밀가루 1과 $\frac{3}{4}$컵인데, 그것의 반을 갖고 싶어요. 그걸로 전체 쿠키의 반을 만들 수 있도록 말예요."

그녀는 이런 문장제의 답을 계산해보고는, 그 답이 $3\frac{1}{2}$이 아니라 "$\frac{3}{4}$ 남짓"이라는 것을 알아차렸다. 그녀는 원래의 문제를 계산할 때 자신이 없었기 때문에, 그때 답으로 제시했던 $\frac{28}{8}$을 틀린 답으로 치부해버렸다. 자신이 만들어낸 "실 사회 문제"가 처음에 계산법을 사용해서 얻은 답보다 더 신빙성이 있다고 생각한 것이다.

알고 보니, 그것[내가 처음에 계산했던 것]은 틀렸어요. 그 것의 반을 갖는 거니까, 일단 하나의 반을 갖고, $\frac{3}{4}$의 반을 또 갖게 되겠죠. [한참 말이 없다가] $\frac{3}{4}$의 반을 계산해 보면, $\frac{1}{4}$남짓 돼요. 그러니까, 그 답은 $\frac{3}{4}$남짓이에요… 진작 실 사회 문제로 풀어보았다면, 처음에 내가 계산한 게 틀렸다는 걸 알았을 테고, 그 문제를 다시 풀어보았을 텐데. 실 사회 문제를 감안하지 않으면 정말 틀리는 수가 있어요. 그런 식으로 문제를 잘못 풀게 된다니까요.

안타깝게도 *Ms. E*의 "실 사회 문제"는 개념을 잘못 제시한 것이었다. 그녀는 계산에 자신이 없었고 "실 사회 문제"에 맹목적으로 매달린 나머지, 불일치를 발견했으면서도 개념이 잘못되었다는 것을 반성하지 못했다. 오히려 그녀가 계산했던 답—불완전하긴 했지만 올바른 답—을 버리고 말았다.

나머지 한 명의 교사 *Ms. G*는 불일치를 얼버무리며 회피해버렸다. 그녀가 $1\frac{3}{4} \div \frac{1}{2}$을 문장으로 만들어낸 문제는 다음과 같다.

어떤 먹을거리, 그러니까 통밀 크래커 같은 게 좋겠어요. 그건 쉽게 4등분할 수 있거든요. 한 개 전부, 즉 $\frac{4}{4}$개에서 $\frac{1}{4}$을 떼어내 버려요. 그래서 우리는 한 개와 $\frac{3}{4}$개만 가지고 있는데, 이걸 두 사람에게 나눠주고 싶어요. 한 사람한테 반을, 다른 한 사람에게 반을 주고 싶다면, 어떻게 나눠야 할까요?

*Ms. G*는 1과 $\frac{3}{4}$개의 크래커를 두 사람에게 나눠주는 문제의 답이 당초에 $1\frac{3}{4} \div \frac{1}{2}$을 계산해서 얻은 답($3\frac{1}{2}$)과 같을 거라고 생각했다. 그러나 두 사람은 각자 쿼터($\frac{1}{4}$쪽) 크래커를 $3\frac{1}{2}$개씩 갖는다는 답이 나왔다.

p

답이 3과 2분의 1이라면 내가 제대로 해낸 거겠죠? [자신의 문장
제를 물끄러미 바라보며 혼자 중얼거렸다.] 그러니까, 하나, 둘,
셋, 그래, 맞아, 하나, 둘, 셋. 두 사람은 각자 3쿼터를 갖게 되고,
또 나머지 쿼터의 $\frac{1}{2}$을 갖게 될 거야.

*Ms. G*는 두 답이 "다르다"는 것을 알아차린 것 같다. 그런데도 그녀는
"다르다"는 것을 시인하는 대신, 문장제의 답인 $3\frac{1}{2}$ 쿼터가 당초의 답인
$3\frac{1}{2}$과 상통한다고 둘러댔다. 그러면서 그녀는 나누어지는 수인 $1\frac{3}{4}$이
몫인 $3\frac{1}{2}$보다 더 작은 이유가 무엇인지를 마침내 알아냈다고 생각하는
것 같았다.

$1\frac{3}{4}$이 $3\frac{1}{2}$보다 작다는 것을 어떻게 생각해야 할지 아리송할 거
예요. 그러니까 말이죠, 여기서 $1\frac{3}{4}$은 당초에 온전하게 갖고 있던
걸 가리키는 거구요, $3\frac{1}{2}$은 $1\frac{3}{4}$을 여러 개로 쪼갠 후의 것을 가
리키는 거예요. 그러니까 단순히 원래의 수식만 생각하면 안 돼요.
그러면 말이 안 된다구요.

*Ms. G*는 $3\frac{1}{2}$ ($1\frac{3}{4} \div \frac{1}{2}$의 답)이 $3\frac{1}{2}$ 쿼터($1\frac{3}{4} \div 2$의 답)와 같다는 식
으로 불일치를 얼버무렸다. $\frac{1}{2}$은 2쿼터이기 때문에, 2로 나눈 수의 몫이
x라면 2로 나눈 몫의 1쿼터도 x쿼터이다. 예를 들면 이렇다. $\frac{1}{2} \div \frac{1}{2} = 1$,
$\frac{1}{2} \div 2 = 1$쿼터($\frac{1}{4}$), 혹은 $2 \div \frac{1}{2} = 4$, $2 \div 2 = 4$쿼터(1). 그래서 $\frac{7}{8}$ ($1\frac{3}{4} \div$
2의 답)이 우연찮게도 $3\frac{1}{2}$ 쿼터가 된 것이다. 물론 *Ms. G*는 고의로 혼동
을 한 것은 아니었다. 그녀는 이런 우연의 일치를 인식하지도 못했다.

*Ms. E*와 *Ms. G*가 불일치를 발견했으면서도 자신들의 문장제를 반성

하지 않은 이유는 그들의 계산 능력이 취약하고 한계가 있었기 때문이다. 그들은 당초에 계산을 올바르게 하긴 했지만, 그 계산은 굳건한 개념적 이해의 뒷받침을 받지 못했다. 면담을 하는 동안 교사들이 말했듯이, 그들은 그 계산법이 왜 유효한지 이해하지 못했다. 그래서 계산을 해서 얻은 결과는 도전을 이겨내지 못했고, 그 연산의 의미에 접근하기 위한 발판 구실도 하지 못했다.

🐛 절차에 대한 이해 부족이 문장제를 만드는 데 걸림돌이 된 경우

*Ms. B*의 경우는 계산 절차에 대한 지식 부족이 연산 의미에 대한 개념적 접근에 어떤 영향을 미칠 수 있는가를 보여주었다. 언뜻 보기에 *Ms. B*는 분수 나눗셈의 의미를 이해하고 있는 것 같았다. 처음에 계산을 할 때, 그녀는 절차를 명료하게 설명했고, 올바른 답을 얻었다.

> 일단 첫 번째 분수는 그대로 적어놓은 다음, 나눗셈 부호는 곱셈 부호로 바꾸겠어요. 그리고 두 번째 분수를 뒤집겠어요. 그런 다음, 첫 번째 분수는 대분수니까 그걸 가분수로 바꾸겠어요. 1 곱하기 4는 4니까, 그것을 3에 더해서, $\frac{7}{4}$ 곱하기 2를 하면… 분수의 경우에는 대각선으로 곱해야 하니까, 7곱하기 2하면 $\frac{14}{4}$가 돼요. 그리고 그걸 약분하면 돼요.

나아가서 *Ms. B*는 문장제를 만들 때에도, "반으로into half 나눈다(÷ 2)"가 아니라 "$\frac{1}{2}$로by one half 나눈다(÷ $\frac{1}{2}$)"는 말[24]을 사용해서 그 문제를 올바르게 표현했다. 그러나 $1\frac{3}{4}$피자를 $\frac{1}{2}$피자로 나누기 시작하면서 그녀는 그만 "헷갈려서" "어떻게 해야 할지 모르겠다"고 시인했다.

음, 그걸 피자 한 판과 $\frac{3}{4}$ 쪽이라고 해요. 피자 비슷한 거라도 좋아요. 아무튼 일단 피자 한 판을 $\frac{1}{2}$로 나누고, 그 다음에는… 다음에는 사실 헷갈려서 어떻게 해야 할지 모르겠어요. 그것들[피자 한 판과 한 판의 $\frac{3}{4}$ 쪽]을 합해야 한다면[가분수로 만들어야 한다면], 학생들과 함께 어떻게 문제를 풀어가야 할지 모르겠어요. 그건 결합해서 생각해야 할 거예요. 그래야 마땅하고, 그래야 할 필요도 있는 거잖아요? 나로서는 대분수를 진분수로 나눈다는 건 너무 어렵고, 거의 불가능해요. 이유를 설명할 수도 없고요. 다만 나는 답을 내는 방법만 배웠어요. 정수를 분수로 바꿔야 한다는 거 말예요… 그러니까 그 두 가지를 결합하는 방법을 학생들에게 보여줘야 할 텐데, 그게 좀 어려워요. 나는 어떻게 해야 할지 모르겠어요.

Ms. B는 올바르게 시작했다. 그녀가 만들려고 한 이야기—$1\frac{3}{4}$ 피자를 $\frac{1}{2}$ 피자로 나누기—는 $1\frac{3}{4}$ 을 $\frac{1}{2}$로 나누는 문제를 올바르게 나타낸 모델이 될 수 있었다. 그러나 그녀는 중간에 "헷갈려서" 이야기를 마무

---

24) 옮긴이 주: "반으로"나 "$\frac{1}{2}$로"나 똑같은 말이 아니라고 주장할 수도 있을 것 같다. 우리말 체계 혹은 우리의 사고체계는 특히 엄밀한 숫자 표현을 싫어하는 경향이 있다. 대표적인 예를 들면, 서구 언어는 단수인지 복수인지 분명히 밝히지만 우리말은 문맥을 통해 파악해야 하는 경우가 많다. 아마도 이러한 경향 때문에, 얄궂게도 우리의 〈일상용어〉인 "반으로 나눈다"는 말은 "똑같이 둘로(evenly between two) 나눈다"는 말과 동의어로 인식된다. 즉, "반으로"가 수학적으로는 "$\frac{1}{2}$로"가 아닌 "2로"이다. 한편, "$\frac{1}{2}$로 나눈다"는 말은 $\div \frac{1}{2}$ 이외의 해석을 할 여지가 거의 없는 수학 표현이다. 나눗셈의 경우, 일상용어 "반"을 수학용어 "$\frac{1}{2}$로(혹은 그 역으로) 해석하면 문제가 생긴다. 영어의 경우에는 전치사부터가 명백히 다른데도 일부 미국 교사들이 "반으로(into half) 나누기"와 "$\frac{1}{2}$로(by one half) 나누기"를 동일시했다는 건, 기초수학만이 아니라 언어의 의미도 잘 모른다는 얘기일 수 있다.

리하지 못하고 말았다. Ms. B가 이야기를 완성하는 데 걸림돌이 된 것은 그녀가 사용하고자 한 계산 절차—대분수를 가분수로 바꾸어서 나누기—를 제대로 이해하지 못했다는 것이다.

계산을 할 때, *Ms. B*는 "배운" 대로 대분수를 다루었다. 그래서 절차의 첫 부분—$1\frac{3}{4}$을 $\frac{7}{4}$로 바꾸기—을 제대로 수행했다. 그러나 그녀는 그렇게 바꿔야 하는 이유를 설명할 수 없었다. 게다가 그녀는 대분수를 가분수로 바꾸는 절차를 수행하는 동안 어떤 일이 진행되는지를 이해하지 못했다. 이러한 이해 부족 때문에 그녀는 "헷갈려" 버리고 말았다. 그녀가 만일 대분수를 가분수로 바꾸기—정수를, 딸린 분수와 분모가 같은 가분수로 바꾸어서 딸린 분수와 합하기—의 의미를 제대로 이해했다면, $1\frac{3}{4}$피자를 가분수로 바꾸는 절차를 수행할 수 있었을 것이다. 그건 한 판의 피자를 4등분하기만 하면 되는 일이었다. 그러면 피자 한판, 즉 1은 $\frac{4}{4}$가 되니까, $1\frac{3}{4}$피자는 $\frac{7}{4}$피자가 된다. 그녀가 문장제를 완성하려면 최소한 한 단계는 더 나아가야 했을 것이다. *Ms. B* 외에도 최소한 세 명의 다른 교사가 대분수를 가분수로 바꾸지 못했다. 그래서 계산 절차에 대한 불충분한 지식이 연산의 의미에 접근하는 데 걸림돌이 되었다.

🐛 교수법적 지식으로 개념에 대한 무지를 벌충할 수 있는가?

교사들은 분수 나눗셈의 의미를 재대로 이해하지 못한 탓에 적절한 문장제를 만들어내지 못했다. 심지어 교수법적 지식으로도 개념에 대한 무지를 벌충할 수는 없었다. 둥그런 음식물은 분수 개념을 이야기로 만들어 제시하는 데 적절한 소재로 간주된다. 그러나 앞에서 살펴보았듯이, 교사들이 피자나 파이를 이용해서 만들어낸 문장제는 개념에 대한 몰이해만 보여주었다. *Ms. G*는 4등분할 수 있는 통밀 크래커를 사용함으로써 교수법적으로 적절하게 쿼터($\frac{1}{4}$)를 나타낼 수 있었다. 그러나 그것만으로는 분수 나눗셈 의미에 대한 몰이해를 벌충할 수 없었다. 문장제를 만들기 위해서는 먼저 무엇을 말로 표현해야 할지 알아야 한다. 면담을 하는 동안 교사들은 문장제를 만들어내는 여러 교수법적 아이디어를 제시했다. 그러나 안타깝게도, 불충분한 교과지식 때문에 그 어떤 아이디어도 올바른 문장제로 이어지지 못했다.

*Ms. C*는 분수를 좋아한다고 주장한 교사였다. 그녀는 "개념을 표현하기 위해 교실에 있는 물건"을 사용하겠다고 말했다. 그녀가 제시한 문장제는 다음과 같다.

> 호세는 크레용 1과 4분의 3 상자를 가지고 있는데, 그걸 두 사람에게 나눠주고 싶어요. 즉 반씩 나눠주는 거예요. 그래서 우리는 먼저 크레용으로 계산을 해볼 수 있어요. 그리고 어쩌면 칠판에 적어놓고, 즉 숫자로, 그 문제를 풀 수도 있을 거예요.

분수 개념을 표현하기 위해, 요리, 거리, 돈, 용량 등 계량이 필요한 다른 것들을 사용한 교사들도 있었다. *Ms. L*은 돈을 사용하겠다고 말했다. "나는 학생들에게 이렇게 말하겠어요. '여러분은 아주 많은 돈을 갖고 있는데, 그걸 두 사람에게 똑같이 나눠줘야 해요.'"

수학에는 자신만만하다는 경험 많은 교사 *Tr. U*는 무엇이든 사용해서 문장제를 만들 수 있다고 생각했다. "나는 1과 4분의 3의 뭔가를 예로 들겠어요. 뭐든 상관이 없어요. 그리고 그걸 둘로 나눠야 한다면, 나는 그걸 두 그룹으로 나누는 문제로 바꾸고 싶어요…"

위에서 언급한 교사들이 2로 나누기 개념을 제시한 반면, $\frac{1}{2}$ 곱하기 개념을 제시한 교사도 있었다. *Tr. N*은 수학 지식을 자부하는 경험 많은 교사였다. 그녀는 "수학 난제"를 즐긴다고 말하기까지 했다. 그녀는 학창시절에 분수를 잘 몰라서 고생했는데, 당시 교사 가운데 한 명이 요리에 빗대서 그녀에게 분수를 가르쳐준 이후, 분수가 무엇인지 "깨달았고" "문제 풀이를 사랑"하게 되었다. 그녀는 자신이 배운 대로, 요리에 빗대서 학생들에게 가르치겠다고 말했다.

이런 유형의 문제라면, 버터 1과 4분의 3 컵을 사용해서 말하겠어요. 그것의 반을 갖고 싶은데, 어떡하면 좋을까? 혹은 다른 어떤 것, 밀가루나 설탕 따위를 사용할 수도 있어요.

신참교사인 *Ms. A*는 돈과 요리, 사과 등 다른 여러 소재로 여러 가지 문장제를 만들었다. 그러나 그 문장제는 모두 잘못된 개념—$\frac{1}{2}$로 나누기가 아니라 $\frac{1}{2}$ 곱하기 개념—을 표현한 것이었다. 이 교사들이 교수법적 지식을 결여하고 있다는 증거는 없었다. 그들의 이야기에 동원된 것들—둥근 음식물, 요리, 수업용 물건 등—은 분수 개념을 표현하는 데 적절한 것들이었다. 그러나 분수 나눗셈의 의미를 잘못 이해한 탓에, 올바른 문장제를 만들어내지 못했다.

4. 중국 교사들이 제시한 분수 나눗셈에 대한 문장제

분수 나눗셈이라는 고등산수 주제에 대해 미국 교사들은 교과지식 부족을 드러냈지만, 중국 교사들은 그렇지 않았다. 개념적으로 올바른 문장제를 만들어낸 미국 교사는 23명 가운데 오직 한 명뿐이었지만, 중국 교사의 경우에는 90퍼센트에 달했다. 중국 교사 72명 가운데 65명이 분수 나눗셈의 의미를 제시하는 문장제 문제를 모두 80가지 이상 만들어냈다—그 연산의 의미를 다른 측면에서 접근하는 이야기를 둘 이상 제시한 교사는 12명이었다. 오직 6명(8%)만이 문장제 문제를 만들어내지 못하겠다고 말했고, 1명은 올바르지 못한 이야기(1이 아니라 1을 나타내는 이야기)를 제시했다. 그림 3.1은 이 주제에 대한 교사들의 지식을 비교한 것이다.

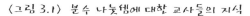

〈그림 3.1〉 분수 나눗셈에 대한 교사들의 지식

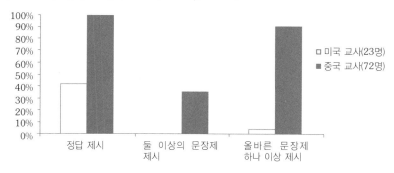

중국 교사들은 세 가지 모델을 사용해서 나눗셈의 개념을 제시했다. 측정모델, 분할모델, 그리고 곱과 인수 모델이 그것이다. 예를 들어 $1\frac{3}{4} \div \frac{1}{2}$은 다음과 같이 제시될 수 있다.

$\Diamond 1\frac{3}{4}$미터 $\div \frac{1}{2}$미터 $= \frac{7}{2}$(측정모델)

$\Diamond 1\frac{3}{4}$미터 $\div \frac{1}{2} = \frac{7}{2}$미터(분할모델)

$\Diamond 1\frac{3}{4}$제곱미터 $\div \frac{1}{2}$미터 $= \frac{7}{2}$미터(곱과 인수 모델)

이것은 다음 문장과 상응한다.

$\Diamond$ 길이가 $1\frac{3}{4}$미터인 어떤 것 안에는 $\frac{1}{2}$미터가 몇 번 포함되어 있는가?

$\Diamond$ 전체 길이의 $\frac{1}{2}$이 $1\frac{3}{4}$미터라면, 전체 길이는 몇 미터인가?

$\Diamond$ 넓이가 $1\frac{3}{4}$제곱미터인 직사각형의 한 변의 길이가 $\frac{1}{2}$미터라면, 다른 변의 길이는 몇 미터인가?

🍀 분수 나눗셈의 여러 모델

— 나눗셈의 측정모델 :

"$1\frac{3}{4}$안에 포함된 $\frac{1}{2}$의 개수 알아내기"

혹은 "$1\frac{3}{4}$은 $\frac{1}{2}$의 몇 배인지 알아내기"

교사들이 만들어낸 이야기 가운데 16가지는 나눗셈의 측정모델과 관련된 두 개의 아이디어를 선보였다. 즉, "$1\frac{3}{4}$안에 포함된 $\frac{1}{2}$의 개수 알아내기" 혹은 "$1\frac{3}{4}$은 $\frac{1}{2}$의 몇 배인지 알아내기"가 그것이다. 전자와 상응하는 이야기는 8가지였는데, 사용된 소재는 다섯 가지였다. 두 가지만 예를 들어보겠다.

나눗셈의 측정모델로 나타내면, $1\frac{3}{4} \div \frac{1}{2}$은 $1\frac{3}{4}$안에 포함된 $\frac{1}{2}$의 개수 알아내기로 표현될 수 있습니다. 그것을 이야기로 표현한 예를 들어보면 다음과 같습니다. 일꾼들이 매일 $\frac{1}{2}$킬로미터의 도로를 건설할 경우, $1\frac{3}{4}$킬로미터의 도로를 건설하려면 며칠이 걸리는가? 이 문제는 일꾼들이 하루에 건설할 수 있는 $\frac{1}{2}$킬로미터의 도로 구간이 $1\frac{3}{4}$킬로미터 안에 몇 개나 포함되어 있는가를 알아내는 문제입니다. $1\frac{3}{4}$을 $\frac{1}{2}$로 나누면 답은 $3\frac{1}{2}$일이 됩니다. 그만큼 도로를 건설하는데 $3\frac{1}{2}$일이 걸리는 겁니다. (Tr. R)

사과 하나를 네 조각으로 똑같이 나눕니다. 그 가운데 세 조각을 가져다가 다른 사과 하나와 합칩니다. 이 사과 $1\frac{3}{4}$개를 가지고 $\frac{1}{2}$개씩 나눠준다면 몇 번이나 나눠줄 수 있을까요? (Ms. I)

"$1\frac{3}{4}$안에 포함된 $\frac{1}{2}$의 개수 알아내기"는 이 주제의 개념을 이해한 미국 교사 Tr. Q가 제시한 방법이기도 하다. "$1\frac{3}{4}$은 $\frac{1}{2}$의 몇 배인지 알아내기"를 나타낸 이야기는 8가지가 있었다. 예를 들면 다음과 같다.

$1\frac{3}{4}$개월 동안 다리 하나를 건설할 계획이었어요. 그런데 실제로는 $\frac{1}{2}$개월밖에 걸리지 않았어요. 계획한 기간은 실제로 걸린 기간의 몇 배인가요? (Tr. K)

"$1\frac{3}{4}$안에 포함된 $\frac{1}{2}$의 개수 알아내기"와 "$1\frac{3}{4}$은 $\frac{1}{2}$의 몇 배인지 알아내기"는 분수 나눗셈의 측정모델로 접근한 두 방법이다. Tr. 리는 측정모델이 정수와 분수에 대해 일관성 있게 사용될 수 있지만, 분수를 가르칠 때에는 이 모델을 개정해서 사용할 필요가 있다고 지적했다.

정수 나눗셈에서 우리는 하나의 수가 다른 수의 몇 배인지 알아내기 모델을 사용합니다. 예를 들어, 10은 2의 몇 배인가? 우리는 10을 2로 나누어 5를 얻게 됩니다. 10은 2의 5배입니다. 이런 것을 우리는 측정모델이라고 부릅니다. 분수의 경우에도 똑같이 말할 수 있지요. 예를 들어, $1\frac{3}{4}$은 $\frac{1}{2}$의 몇 배인가? 문장제 문제를 만들자면, 예를 들어 이렇게 말할 수 있습니다. "밭이 두 개 있다. 밭A는 $1\frac{3}{4}$헥타르이고, 밭B는 $\frac{1}{2}$헥타르이다. A는 B의 몇 배인가?" 이 문제를 계산하려면 $1\frac{3}{4}$헥타르를 $\frac{1}{2}$헥타르로 나누면 되고, 답은 $3\frac{1}{2}$입니다. 그렇다면 우리는 밭A의 넓이가 밭B의 $3\frac{1}{2}$배라는 것을 알 수 있습니다. 선생께서 나에게 요구한 문제는 이 모델과 잘 들어맞습니다. 그러나 분수가 사용될 때, 이 나눗셈 측정모델은 개정될 필요가 있습니다. 특히, 나누어지는 수가 나누는 수보다 작다면 몫이 진분수가 됩니다. 그래서 이 모델이 개정되어야 합니다. "한 수는 다른 수의 몇 분의 몇인가 알아내기" 혹은 "한 수는 다른 수의 몇 분의 몇 배인가 알아내기"라는 진술이 당초의 진술에 추가되어야 하는 겁니다. 예를 들어 2÷10을 표현할 경우, 2는 10의 몇 분의 몇인가, 혹은 2는 10의 몇 분의 몇 배인가를 물을 수 있습니다. 2를 10으로 나누면 $\frac{1}{5}$을 얻게 됩니다. 2는 10의 $\frac{1}{5}$이지요. 이와 마찬가지로 이런 질문도 할 수 있습니다. $\frac{1}{4}$은 $1\frac{1}{2}$의 몇 분의 몇인가? $\frac{1}{4}$을 $1\frac{1}{2}$로 나누면 $\frac{1}{6}$이 됩니다.

— 나눗셈의 분할모델 : 어떤 수의 $\frac{1}{2}$이 $1\frac{3}{4}$이 되는 그 어떤 수 알아내기

$1\frac{3}{4} \div \frac{1}{2}$의 의미를 제시하는 문장제문제 80가지 가운데 62가지는 분

수 나눗셈의 분할모델을 제시한 것이었다. 즉 "어떤 수의 $\frac{1}{2}$이 $1\frac{3}{4}$이 되는 그 어떤 수 알아내기"가 그것이다.

나눗셈은 곱셈의 역이에요. 분수 곱셈이란, 전체를 나타내는 한 수가 주어졌을 때, 그 수의 일부를 나타내는 수를 찾고자 한다는 뜻이지요. 예를 들어, $1\frac{3}{4}$의 $\frac{1}{2}$을 나타내는 수를 알고자 할 때, 우리는 $1\frac{3}{4}$에 $\frac{1}{2}$을 곱해서 $\frac{7}{8}$을 얻게 돼요. 다시 말하면, 전체가 $1\frac{3}{4}$이고, 그것의 $\frac{1}{2}$은 $\frac{7}{8}$이지요. 한편, 분수 나눗셈에서는 전체를 나타내는 수가 미지수여서 그것을 알아내야 해요. 그 수의 일부를 나타내는 수는 알고 있으니까, 전체를 나타내는 수를 찾고자 하는 거지요. 예를 들어, 줄넘기 줄 하나의 $\frac{1}{2}$이 $1\frac{3}{4}$미터라면, 전체 줄은 몇 미터인가? 이런 문제가 있을 때, 우리는 그 줄의 일부가 $1\frac{3}{4}$미터라는 것을 알고 있고, 그건 그 줄의 $\frac{1}{2}$에 해당한다는 것도 알고 있어요. 이때 우리는 그 일부($1\frac{3}{4}$미터)를 해당 분수($\frac{1}{2}$)로 나누어서, 전체를 나타내는 수($3\frac{1}{2}$미터)를 얻을 수 있어요. $1\frac{3}{4}$미터를 $\frac{1}{2}$로 나눔으로써, 전체 줄의 길이가 $3\frac{1}{2}$미터라는 걸 알게 되는 거죠… 그런데 분수 나눗셈의 의미를 보여주기 위해 $\frac{1}{2}$로 나누기를 예로 드는 건 마땅치 않다고 봐요. 그런 간단한 나누기는 실제로 분수 나눗셈을 하지 않고도 즉각 답을 알아낼 수 있잖아요? 나라면 이렇게 문제를 내겠어요. "줄넘기 줄 하나의 $\frac{4}{5}$가 $1\frac{3}{4}$미터라면, 전체 줄은 몇 미터인가?" 이런 나눗셈 연산은 즉각적으로 답을 알아낼 수 없으니까 좀더 의미가 있다고 할 수 있어요. 이것을 계산하는 최선의 방법은 $1\frac{3}{4}$을 $\frac{4}{5}$로 나누는 것이고, 답은 $2\frac{3}{16}$이에요. (Ms. G)

분수 나눗셈은 어떤 수의 분수 부분을 알고 있을 때 그 수를 알아내는 것입니다. 예를 들어, 어떤 수의 $\frac{1}{2}$이 $1\frac{3}{4}$이라는 것을 알고 있을 때, $1\frac{3}{4}$을 $\frac{1}{2}$로 나누면 그 수가 $3\frac{1}{2}$이라는 것을 알아낼 수 있습니다. 이 모델을 예시하기 위한 문장제 문제를 만들자면 이렇게 말할 수 있어요. 1세제곱미터의 무게가 $1\frac{3}{4}$톤인 나무가 있는데, 그 무게가 정확히 대리석 1세제곱미터의 무게의 $\frac{1}{2}$이라면, 이 대리석 1세제곱미터는 몇 톤인가? 그렇다면 우리는 이 대리석의 $\frac{1}{2}$세제곱미터가 $1\frac{3}{4}$톤이라는 것을 알고 있습니다. 대리석 1세제곱미터의 무게를 구하려면, 분수부분을 나타내는 수인 $1\frac{3}{4}$을, 해당 분수인 $\frac{1}{2}$로 나누어서, 전체 수인 $3\frac{1}{2}$을 얻게 됩니다. 이 대리석 1세제곱미터의 무게는 $3\frac{1}{2}$톤이지요. (Tr. D)

나는 이렇게 얘기하겠습니다. 한 기차가 두 역을 왔다갔다한다. A역에서 B역까지 가는 길은 오르막이고, B역에서 A역으로 돌아오는 길은 내리막이다. 기차가 B역에서 A역으로 돌아올 때 $1\frac{3}{4}$시간이 걸리는데, 이것은 A역에서 B역으로 갈 때 걸리는 시간의 $\frac{1}{2}$이다. 그렇다면 A역에서 B역으로 갈 때 걸리는 시간은? (Tr. S)

엄마가 캔디 한 봉지를 사오셨어요. 엄마는 $\frac{1}{2}$을 할머니한테 드렸어요. 할머니의 캔디 무게가 $1\frac{3}{4}$킬로그램이라면, 엄마가 사오신 캔디는 모두 몇 킬로그램일까요? (Ms. M)

위 교사들은 분수 나눗셈의 분할모델을 설명했다. 특히 Tr. 마오는 분수를 처음 가르칠 때 정수 나눗셈의 분할모델이 어떻게 개정되어야 하는지를 언급했다.

> 학생들은 정수 나눗셈의 분할모델을 이미 배웠습니다. 그
> 건 일정량으로 이루어진 동일 집단들의 크기를 알아내는 모델이
> 지요. 예를 들어, 우리 학급의 전체 학생은 48명인데 동일 크기
> 의 네 집단으로 이루어져 있다면, 각 집단의 학생은 몇 명인가?
> 이때 우리는 집단들 전체의 양(48명)을 알고 있고, 집단의 수(4)
> 를 알고 있습니다. 알아내야 할 것은 한 집단의 크기입니다. 그래
> 서, 정수 나눗셈의 분할모델은 여러 단위의 값을 알고 있을 때 한
> 단위의 값을 알아내는 것입니다. 그러나 분수 나눗셈의 경우에는
> 조건이 다릅니다. 즉, 여러 단위의 값이 아니라 단위의 한 부분의
> 값을 알고 있는 거지요. 예를 들어, 케이크 $\frac{1}{2}$ 을 사기 위해 $1\frac{3}{4}$
> 위안을 냈다면, 전체 케이크 하나의 값은 얼마인가? 우리는 전체
> 값의 $\frac{1}{2}$ 이 $1\frac{3}{4}$ 위안이라는 것을 알고 있으니까, 전체 값을 알아내
> 기 위해 $1\frac{3}{4}$ 을 $\frac{1}{2}$ 로 나누어 $3\frac{1}{2}$ 위안이라는 답을 얻습니다. 다시
> 말하면, 분수 나눗셈의 분할모델은 어떤 수의 한 부분을 알고 있
> 을 때 그 수를 알아내는 것입니다.

Tr. 마오의 말은 사실이었다. 여러 단위의 수를 알고 있을 때 한 단위
의 수를 알아내기와, 어떤 수의 분수 부분을 알고 있을 때 그 수를 알아
내기는 하나의 일반 모델로 제시할 수 있다. 즉, 단위의 일정량을 알고
있을 때 한 단위를 나타내는 수를 알아내기가 그것이다. 다만 여기서
단위의 일정량이 무엇인가가 다르다. 나누는 수가 정수일 경우에는 일
정량이 "몇 배"이고, 나누는 수가 분수일 경우에는 일정량이 "몇 분의

몇"이다. 따라서 개념적으로는 이들 두 방법이 동일하다.

이와 같은 의미의 변화는 분할모델에서만 나타나는 것이다. 측정모델이나 곱과 인수 모델에서는 분수 나눗셈이든 정수 나눗셈이든 의미가 변하지 않는다. 중국 교사들의 대다수가 분할모델 문장제를 제시한 이유도 그래서이다.

— 곱과 인수 모델 : $\frac{3}{2}$을 곱해서 $1\frac{3}{4}$이 되는 인수를 알아내기

세 교사는 나눗셈에 대해 좀더 일반적인 모델을 설명했다. 곱과 하나의 인수를 알고 있을 때 다른 인수를 알아내기가 그것이다. 교사들은 그것을 "$\frac{1}{2}$을 곱해서 $1\frac{3}{4}$이 되는 인수를 알아내기"라고 표현했다.

곱셈의 역연산으로서의 나눗셈은, 곱과 하나의 인수를 알고 있을 때 다른 인수를 나타내는 수를 알아내는 것입니다. 이러한 관점에서, 우리는 "어떤 인수와 $\frac{1}{2}$을 곱한 값이 $1\frac{3}{4}$이라면, 그 인수는 무엇인가?"와 같은 문장제 문제를 얻을 수 있습니다. (Tr. M)

우리는 직사각형의 넓이가 가로와 세로의 곱이라는 것을 알고 있어요. 따라서 이렇게 말할 수 있습니다. 직사각형 널빤지의 넓이가 $1\frac{3}{4}$제곱미터이고, 가로가 $\frac{1}{2}$미터라면, 세로는 몇 미터인가? (Mr. A)

이 교사들은 곱셈과 나눗셈의 관계를 좀더 추상적으로 생각했다. 곱셈의 곱해지는 수와 곱하는 수의 특별한 의미를 무시하고 나눗셈의 모델과 연관시킨 것이다. 그들은 곱해지는 수와 곱하는 수를 동격의 두 인수로

간주했다. 사실 그들의 관점은 곱셈의 교환법칙으로 정당화될 수 있다.

중국과 미국에서는 분수 연산뿐만 아니라 분수 개념도 다르게 가르치는 것으로 보인다. 미국 교사들은 "구체적"이며 "현실적"인 전체(대개 둥글거나 네모난 모양)와 부분을 사용해서 문제를 다루려는 경향이 있었다. 중국 교사들도 처음 분수 개념을 가르칠 때에는 그런 모양을 사용하지만, 분수 연산을 가르칠 때에는 "추상적"이며 "비가시적"인 전체(예컨대 건설할 도로의 길이, 일을 끝내는 데 걸리는 시간, 책의 페이지 수)를 사용하는 경향이 있었다.

분수 곱셈의 의미 : 지식 꾸러미 속의 핵심 지식

분수 나눗셈의 의미를 토론할 때, 중국 교사들은 설문 주제와 관련된 지식 꾸러미에 포함시켜야 할 여러 개념을 언급했다. 예컨대 정수 곱셈의 의미, 곱셈의 역연산으로서의 나눗셈의 개념, 정수 나눗셈의 모델, 분수 곱셈의 의미, 분수의 개념, 단위 개념 등이 그것이다. 그림 3.2는 이러한 항목들 간의 관계를 개략적으로 나타낸 것이다.

〈그림 3.2〉 분수 나눗셈의 의미를 이해하기 위한 지식 꾸러미

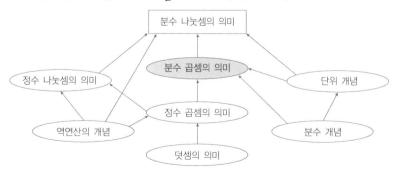

수학적 개념 학습은 한 방향으로만 치닫는 것이 아니다. 분수 나눗셈의 개념 학습은 논리적으로 과거의 여러 개념 학습의 뒷받침을 받지만, 역으로 과거 학습을 강화하고 심화시키는 구실을 하기도 한다. 예를 들면, 분수 나눗셈의 의미를 배울 때는 과거의 유리수 곱셈 개념을 심화시키게 된다. 이와 마찬가지로 유리수 나눗셈 모델 두 가지를 학습하면, 두 정수 모델에 대한 당초의 이해가 더욱 폭넓어질 것이다.

> 그것을 "온고지신(溫故知新 : 옛것을 익힘으로써 새로운 통찰을 얻게 된다)"이라고 합니다. 과거의 학습은 현재의 학습을 뒷받침하며 심화되지요. 분수 나눗셈의 의미는 복잡해 보입니다. 여러 개념을 기초로 하고 있으니까요. 그러나 다른 한편으로는, 학생들이 여러 기초 개념에 대한 과거의 학습을 심화시킬 수 있는 좋은 기회가 됩니다. 학생들이 분수 나눗셈의 의미와 여러 모델을 배우게 되면, 그것을 뒷받침하는 과거의 개념 학습이 전보다 훨씬 더 심화될 거라고 확신합니다. 학습이란 뒤를 돌아보며 앞으로 나아가는 하나의 과정입니다. (Tr. 쑨)

이런 관점에서 볼 때, 학습이란 하나의 계속적인 과정인데, 그 과정에서 새로운 지식은 과거 지식의 뒷받침을 받고, 과거 지식은 새로운 지식에 의해 강화되고 심화된다.

면담을 한 중국 교사들이 지식 꾸러미의 핵심으로 간주한 것은 "분수 곱셈의 의미"였다. 대다수 교사들은 분수 곱셈이 분수 나눗셈의 의미를 이해하는 데 "필수적인 기초"라고 생각했다.

분수 곱셈의 의미는 특히 중요합니다. 바로 거기서 분수 나눗셈의 개념이 우러나오니까요… 분수 곱셈이 한 단위의 분수 부분을 알아내기라는 것을 우리 학생들이 잘 이해하고 있다면, 그 논리에 입각해서 역연산 모델이 어떻게 유효한지도 잘 이해하게 될 것입니다. 그러나 학생들이 분수 곱셈의 의미를 제대로 알지 못한다면, 분수 나눗셈의 개념이 임의적인 것으로 보여서 이해하기가 아주 어려울 것입니다. 따라서 우리 학생들이 분수 나눗셈의 의미를 잘 파악하게 하려면, 분수 곱셈을 가르칠 때 그 의미를 철저히 이해하도록 각별히 시간과 노력을 들여야 합니다… 대개 나는 분수 나눗셈의 의미를 가르칠 때 먼저 분수 곱셈의 의미를 복습하게 합니다. (Tr. 시에)

"분수 부분을 알고 있는 어떤 수를 알아내기" 혹은 "한 수는 다른 수의 몇 분의 몇인가 알아내기" 등과 같은 분수 나눗셈의 개념은 꽤 복잡해 보입니다. 그러나 일단 분수 곱셈의 의미를 폭넓게 이해하면, 분수 나눗셈의 개념도 논리적이며 이해하기 쉽다는 것을 알게 될 것입니다. 따라서 학생들이 분수 나눗셈의 의미를 이해하게 하려면, 우리는 직접 그 주제에만 매달려서는 안 됩니다. 그보다 먼저 분수 곱셈의 의미를 철저하게 이해하도록 해야 하는 거지요. 그리고 나눗셈과 곱셈 사이의 관계를 이해하게 해야 합니다. (Tr. 우)

분수 곱셈의 의미는 지식 꾸러미에서도 매우 중요한 것이다. 그것은 "관련된 여러 개념들을 이어주기 때문"이다.

분수 곱셈 개념은 "매듭"과도 같은 거예요. 다른 여러 중요 개념들을 한데 "묶어" 주거든요. 곱셈 연산으로서 분수 곱셈은 정수 덧셈과 정수 나눗셈 개념들과 연결되어 있어요. 게다가 분수를 다룬다는 의미에서 분수 개념과도 연결되어 있고, 분수 덧셈이나 분수 나눗셈 개념과도 연결되어 있어요. 분수 곱셈의 의미를 파악하려면 여러 개념을 이해해야 하는 거죠. 동시에 분수 곱셈은 과거 학습을 크게 강화할 뿐만 아니라 미래 학습에도 기여해요. (Ms. I)

정말이지 교사들의 관점에서 볼 때, 모든 수학 지식이 다 똑같이 중요한 것은 아니다. 학생들의 수학 학습에 더 큰 의미를 지닌 지식은 다른 지식보다 더 "무게"가 나간다. 앞에서 논의했듯이 "뒷받침하는 힘" 때문에 중요한 것이다. 한 지식의 중요성을 결정하는 또 다른 요인은 지식의 그물 구조 속에서 그것이 어느 "위치"에 놓여 있느냐이다. 예를 들어 여러 수학 개념들의 "교차점"에 놓여 있다는 이유에서도 분수 곱셈은 아주 중요하다.

🍒 분수 나눗셈의 여러 모델을 나타낸 문장제

중국 교사들은 분수 나눗셈의 의미와 다른 수학 모델들과의 연관성에 대한 깊은 이해를 굳건한 기초로 삼아 그 주제에 대한 교수법적 내용 지식을 구축할 수 있었다. 그들은 분수 나눗셈이라는 하나의 개념을 제시하면서도 활달한 상상력과 풍부한 소재를 동원했다. 다른 한편으로, 일부 교사들은 그 개념의 여러 측면을 제시하기 위해 단일한 소재로 여러 문장제 문제를 만들어내기도 했다. 교사들은 또한 초등기하―

직사각형의 넓이—에 대한 지식을 동원해서 나눗셈의 의미를 제시하기도 했다.

— 분할모델을 제시하는 풍부한 소재

나눗셈 연산에는 두 모델이 있지만, 두 모델이 똑같이 주목을 받지는 못한 것 같다. 이 연구에 협조한 대다수 교사들은 측정모델보다 분할모델에 더 주목했다. 교사들은 분수 나눗셈 분할모델을 제시하기 위해 약 30가지 소재를 사용해서 60가지 이상의 이야기를 만들어냈다. 앞에서 논의한 것에 덧붙여 몇 가지 예를 더 들어보겠다.

어떤 공장에서 강철로 공구를 만드는 데, 지금은 옛날에 사용한 양의 $\frac{1}{2}$만 사용해요. 지금 $1\frac{3}{4}$톤의 강철을 사용한다면, 옛날에는 몇 톤의 강철을 사용했을까요? (Ms. H)

왕 아저씨는 밭 $1\frac{3}{4}$무(畝)[25]를 가는 데 하루의 $\frac{1}{2}$이 걸려요. 이런 속도로 하루 종일 밭을 갈면 몇 무를 갈 수 있을까요? (Mr. B)

어제 나는 A마을에서 B마을까지 자전거를 타고 갔어요. 그 거리의 $\frac{1}{2}$을 가는 데 $1\frac{3}{4}$시간이 걸렸다면, 모두 다 가는 데 몇 시간 걸렸을까요? (Tr. R)

---

25) 중국에서 "무(畝)"는 토지의 넓이를 나타내는 단위이다. 15무는 1헥타르이다.

어떤 농장에서 밀과 목화를 시험 재배하고 있어요. 밀밭은 $1\frac{3}{4}$ 무인데, 이건 목화밭의 $\frac{1}{2}$이에요. 목화밭은 몇 무일까요?

(Tr. N)

물살이 빠른 강이 하나 있어요. 배를 타고 내려오는 데 걸리는 시간은, 거슬러 올라가는 데 걸리는 시간의 $\frac{1}{2}$이에요. 내려오는 데 $1\frac{3}{4}$시간이 걸린다면, 거슬러 올라가는 데에는 몇 시간이 걸릴까요? (Tr. 마오)

커다란 병 하나에 들기름이 몇 킬로그램이나 들어 있는지 알고 싶어요. 그 병에서 들기름 $\frac{1}{2}$을 따라서 무게를 재보니 $1\frac{3}{4}$ 킬로그램이었어요. 그렇다면 원래 그 병에 들어 있던 들기름은 모두 몇 킬로그램일까요? (Ms. R)

어느 날 시골에 사는 샤오민이 영화를 보려고 읍내까지 걸어갔어요. 가는 길에 고모를 만났답니다. 샤오민이 고모에게 물었어요. "우리 마을에서 읍내까지 거리가 얼마나 되는지 아세요?" 고모가 대답했어요. "힌트만 줄 테니까 네가 알아맞혀 보렴. 너는 지금까지 $1\frac{3}{4}$리[26]를 걸어왔는데, 이건 정확히 전체 거리의 $\frac{1}{2}$이야. 그렇다면 모두 몇 리일까?"

미국 교사들은 구체적인 전체(둥그런 먹을거리)와 부분을 사용해서

---

26) 중국에서 "리(里)"는 전통적인 거리 단위이다. 1리는 $\frac{1}{2}$킬로미터이다(한국은 0.4킬로미터 : 옮긴이 주).

분수를 나타내려는 경향이 있었던 반면, 대다수 중국 교사들은 이 개념들을 좀더 추상적으로 제시했다. 둥그런 먹을거리를 사용해서 문장제를 만든 중국 교사는 72명 가운데 3명뿐이었다. 중국 교사들이 만든 다수의 문장제 문제에서, 그 나눗셈의 답인 $3\frac{1}{2}$은 하나의 단위로 취급되었고, 나누어지는 수인 $1\frac{3}{4}$은 그 단위의 $\frac{1}{2}$로 간주되었다.

미국 교사들의 문장제는 주로 먹을거리와 돈을 소재로 했는데, 중국 교사들은 훨씬 더 다양한 소재를 사용했다. 학생들의 실생활 속의 소재뿐만 아니라 일반적인 삶과 관련된 소재, 예컨대 농장과 공장과 가족관계 등에서 일어나는 일도 포함되었다. 교사들은 분수 나눗셈의 의미를 확실하게 이해한 탓에, 문장제에서 광범위한 소재를 거리낌없이 사용할 수 있었다.

— 단일한 소재로 여러 이야기 제시

분수 나눗셈 개념의 여러 측면을 보여주기 위해 둘 이상의 이야기를 만든 교사들 가운데 특히 두드러진 교사는 Ms. D였다. 그녀는 동일한 소재로 세 가지 이야기를 만들었다.

$1\frac{3}{4} \div \frac{1}{2}$이라는 나눗셈은 여러 관점의 문장제로 제시될 수 있어요. 예를 들어 이렇게 말할 수 있지요. 설탕 $1\frac{3}{4}$킬로그램이 있는데, 이것을 한 봉지에 $\frac{1}{2}$킬로그램씩 담고 싶다. 그렇다면 모두 몇 봉지가 될까? 또 이렇게 말할 수도 있어요. 설탕 두 봉지가 있는데, 한 봉지에는 백설탕, 다른 봉지에는 흑설탕이 담겨 있다. 백설탕은 $1\frac{3}{4}$킬로그램인데, 흑설탕은 $\frac{1}{2}$킬로그램이다. 백설탕의 무게는 흑설탕의 몇 배인가? 하지만 또 이렇게 말할 수도 있어요.

식탁에 $1\frac{3}{4}$ 킬로그램의 설탕이 놓여 있는데, 이건 집에 있는 모든 설탕의 $\frac{1}{2}$ 이다. 그렇다면 집에 있는 설탕은 모두 몇 킬로그램인 가? 이 세 가지 이야기가 모두 설탕에 대한 건데, 모두 $1\frac{3}{4} \div \frac{1}{2}$ 을 나타내는 거예요. 하지만 이들 이야기가 제시한 모델은 달라 요. 나는 세 가지 이야기를 칠판에 적어놓고, 학생들에게 의미의 차이를 비교해 보라고 하겠어요. 토론을 한 후, 분수 나눗셈의 여 러 모델을 제시하는 문장제 문제를 학생들 스스로 만들어보라고 하겠어요. (Ms. D)

학생들이 참여해서 $1\frac{3}{4} \div \frac{1}{2}$ 에 해당하는 여러 개념을 비교할 수 있도 록, Ms. D는 하나의 소재로 여러 문장제를 만들어냈다. 동원된 소재와 숫자가 동일하기 때문에 이야기로 제시된 모델들 간의 차이가 학생들에 게 더 두드러져 보일 것이다.

5. 논의

🐝 계산 결과로 드러난 교사들의 수학 지식

미국과 중국 교사의 수학 지식 차이는 분수 나눗셈 주제에서 더욱 뚜 렷하게 드러났다. 무엇보다 먼저 계산 결과에서 큰 차이가 났다. 이번 장의 설문은 교사들에게 $1\frac{3}{4} \div \frac{1}{2}$ 을 계산하라고 요구했다. 계산 절차만 보아도, 교사들이 지닌 절차적 지식과 수학에 대한 이해는 물론이고, 수학에 대한 태도까지 미루어 짐작할 수 있었다.

앞서의 두 장에서는 모든 교사들이 올바른 절차적 지식을 보여주었다. 이번에는 미국 교사의 43퍼센트만이 계산에 성공했는데, 그 가운데 계산법 원리에 대한 이해를 보여준 교사는 아무도 없었다. 이 교사들 가운데 대부분은 전력을 다했다. 그런데 상당수가 분수 나눗셈 계산법을 덧셈과 뺄셈, 혹은 곱셈 계산법과 혼동하는 경향을 보였다. 이 교사들의 절차적 지식은 분수 나눗셈의 경우만 취약한 게 아니라, 다른 분수 연산의 경우에도 취약했다. 대분수나 가분수 계산이 어렵다고 말한 점으로 미루어 보아 그들은 분수의 기본 개념에 대한 지식에도 큰 한계가 있었다.

중국 교사들은 모두 계산에 성공했고, 대다수가 이 문제에 큰 관심을 보였다. 이 교사들은 계산을 해서 답을 내는 것만으로 만족하지 않았다. 그들은 흔쾌히 여러 방법을 제시했다—소수점 사용, 정수 사용, 세 가지 기본 법칙 적용 등이 그것이다. 그들은 수의 부분집합들을 오가고 다른 연산을 오가며, 괄호를 넣고 빼며, 연산 순서를 바꿔가며 설명했다. 그런 설명에는 확고한 자신감이 깃들여 있었고, 테크닉은 놀랍도록 융통성이 있었다. 나아가서 다수의 교사들은 여러 계산 방법에 대해 촌평을 하고, 그 가치를 평가했다. 그들이 "수학을 하는" 방법은 개념에 대한 깊은 이해를 토대로 한 것이었다.

중국 교사들의 수학적 태도에는 또 다른 흥미로운 특징이 있었다. 즉, 그들은 계산 절차를 "증명"하려는 경향을 보였다. 대부분의 교사들은 "어떤 수로 나누는 것은 그 역수로 곱하는 것과 같다"는 규칙을 언급함으로써 계산을 정당화했다. 일부 교사들은 $\frac{1}{2}$이라는 분수를 $1 \div 2$로 바꿈으로써, $\frac{1}{2}$로 나누기는 2로 곱하기와 같다는 것을 단계별로 증명했다. 그런데 어떤 교사들은 $\frac{1}{2}$로 나누기의 의미를 이용해서 계산 절차를 설명하기도 했다. 수학자들이 누군가에게 참을 확신시키려면 단지 주장만 하는 게 아니라 증명을 할 필요가 있다는 의미에서, 이 중국 교사들의 방법은 수학자다운 것이었다.

💝 "개념 매듭concept knot" : 그것이 중요한 이유

"수학을 하는" 데 있어서 중국 교사들이 탁월했다는 것 외에도, 중국 교사들은 분수에 대해 미국 교사들보다 훨씬 더 굳건한 지식을 지니고 있다는 것을 여러 방식으로 보여주었다. 그들은 분수와 다른 수학 주제들이 서로 폭넓게 연계되어 있다는 것을 알고 있었다. 그들은 분수를 나눗셈으로 나타낼 수 있다는 것을 알고 있었다—분자는 나누어지는 수(피제수)가 되고 분모는 나누는 수(제수)가 된다. 또 그들은 소수와 분수의 관계를 알고 있었고, 두 수의 형태를 능숙하게 바꿀 수 있었다. 나아가서 그들은 분수 나눗셈의 모델들이 분수 곱셈의 의미나 정수 나눗셈 모델들과 어떻게 연계되어 있는지를 알고 있었다.

앞서의 두 장에서 그랬듯이, 중국 교사들은 이번 장의 주제도 지식 꾸러미의 핵심이 아니라고 보았다. 이 꾸러미의 핵심 지식은 분수 곱셈의 의미였다. 분수 나눗셈의 의미 이해를 뒷받침하는 일단의 개념들을 묶어주는 "매듭"에 해당하는 것이 바로 분수 곱셈의 의미라고 본 것이다. 앞서의 두 장에서 우리는 중국 교사들이 어떤 개념을 처음 가르칠 경우 각별히 주목하는 경향이 있으며, 그것을 지식 꾸러미의 핵심으로 간주하는 경향이 있다는 것을 알 수 있었다. 이번 장의 지식 꾸러미에서 핵심이 되는 것이 무엇인가에 대해서도 그들은 이 원칙을 지켰다. 그러나 이번 장에서 논의한 수학 주제는 좀더 고등하고 복잡하기 때문에, 하나의 개념이 아니라 연계된 여러 개념이 디딤돌로 필요하다.

미국 교사들이 분수 나눗셈의 의미를 제대로 이해하지 못한 이유 가운데 하나는, 그들의 지식이 연계성을 결여했기 때문이라고 할 수 있다. 대다수 미국 교사들의 이해를 뒷받침하는 것은 오직 하나—정수 나눗셈 분할모델—밖에 없었다. 이해에 필요한 다른 여러 개념들과 해당 주제와의 연계성을 결여한 탓에, 그들은 분수 나눗셈의 의미를 제시하는 문장제를 만들어낼 수가 없었다.

🐛 교사들의 교과지식과 문장제 사이의 관계

수학 개념 전달을 위해 문장제를 만들어내는 것은 모든 교사에게 공통되는 과제이다. 대다수 미국 교사들은 실 사회 예를 통해 분수 나눗셈의 의미를 제시하려는 경향을 보였다. 그러나 중국 교사들이 사용한 소재는 더 폭넓었고, 학생들의 실생활과는 관련이 적었다. 학교에서의 수학 학습을 학교 밖 생활과 연계시키면, 학생들에게 수학의 의미가 더 절실하게 전달될 수 있을 것이다. 그러나 "실 사회" 자체가 수학적 내용을 창출할 수 있는 건 아니다. 제시하고자 하는 굳건한 지식이 없으면, 학생들의 실생활을 아무리 잘 안다고 할지라도, 그 실생활과 수학을 연계시키고자 하는 마음이 아무리 절실하다 하더라도, 개념적으로 올바른 문장제를 만들어낼 수 없다.

6. 요약

 이번 장에서는 분수 나눗셈이라는 하나의 주제를 두 측면에서 접근해서 교사들의 교과지식을 살펴보았다. 교사들은 $1\frac{3}{4} \div \frac{1}{2}$ 을 계산하라는 요구와, 이 연산의 의미를 문장제로 제시하라는 요구를 받았다—교과지식의 한 측면인 후자는 앞서의 장에서 다루지 않은 것이었다. 분수 나눗셈에 대한 미국 교사들의 지식은 분명 앞서의 두 장에 대한 지식보다 취약했다. 미국 교사 43퍼센트는 답을 계산해내는 데 성공했지만, 이 계산의 밑바탕에 놓인 원리를 이해한 것으로 보이는 교사는 한 명도 없었다. 다만 *Tr. Q*만이 분수 나눗셈의 의미를 올바르게 제시한 문장제를 만들어내는 데 성공했다.
 중국 교사들의 이번 과제 수행은 지난번의 두 과제 수행과 큰 차이를 보이지 않았다. 모든 교사의 계산이 정확했고, 일부 교사는 한 걸음 더 나아가서 계산법의 밑바탕에 놓인 원리까지 설명할 수 있었다. 대다수 교사는 올바르고 적절한 문장제를 최소한 하나 이상 만들어냈다. 분수 나눗셈의 여러 모델과 다양한 소재를 사용해서 문장제를 만들어낸 그들의 능력은 해당 주제에 대한 굳건한 지식을 기초로 한 것 같았다. 한편, 문장제를 제시하지 못한 미국 교사들은 그 의미를 올바르게 설명하지 못했다. 이러한 사실은, 교수법적으로 유력한 문장제를 만들어내려면 먼저 교사가 해당 주제를 폭넓게 이해하고 있어야 한다는 것을 시사한다.

둘레와 넓이의 관계 :

· 학생의 새로운 아이디어에 대처하는 방법

❂ 시나리오 ❂

한 학생이 발견의 기쁨에 사로잡혀서 아주 들떠 있다고 하자. 그 학생은 당신에게 배우지 않은 이론 하나를 스스로 알아냈다고 말한다. 닫힌 도형[27]의 둘레가 늘어날수록 넓이도 늘어난다는 것을 발견했다는 것이다. 그 학생은 자기 이론을 증명하기 위해 다음 그림을 보여준다.

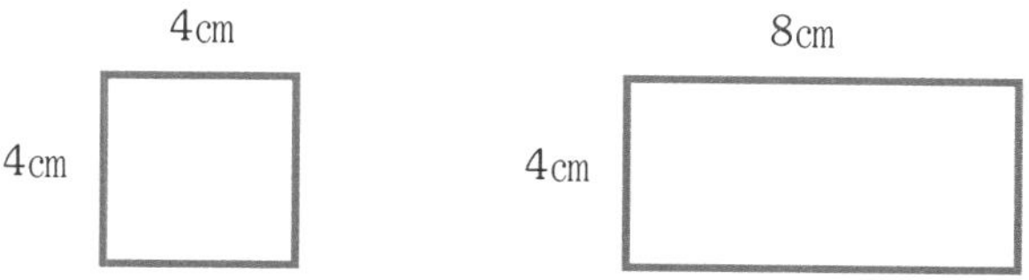

둘레＝16cm　　　　둘레＝24cm

넓이＝16cm²　　　　넓이＝32cm²

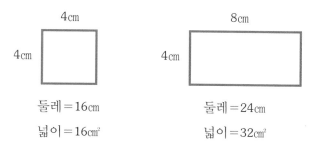

당신은 이 학생에게 뭐라고 말하겠는가?

수학 시간에 새로운 아이디어를 떠올려서 그것을 주장하는 학생이 있

---

27) 이 시나리오에서 "닫힌 도형closed figure"이라는 용어를 사용한 것은 교사들이 여러 가지 도형에 대해 논의하도록 하기 위한 것이었다. 그러나 면담을 하는 동안 교사들은 정사각형과 직사각형만을 언급했다. 몇몇 중국 교사는 닫힌 도형이 중국에서는 중학교 때 소개되는 개념이기 때문에, 그 학생이 언급한 도형만 논의하는 게 좋겠다고 말했다.

다. 교사들은 그 학생의 주장이 타당한지의 여부를 알 때도 있지만, 모를 때도 있다. 한 도형의 둘레와 넓이는 서로 다른 두 척도이다. 둘레는 도형의 경계선 길이를 나타내는 척도(직사각형의 경우에는 네 변의 길이의 합계)이고, 넓이는 그 도형의 크기를 나타내는 척도이다. 두 척도의 계산은 모두 변의 길이와 관계가 있기 때문에, 이 학생은 두 척도 사이에는 상관관계가 있다고 주장했다.

이 주장에 대한 미국과 중국 교사들의 즉각적인 대답은 서로 비슷했다. 이 연구에 협조한 대다수 교사들에게 이 주장은 처음 들어보는 "새로운 이론"이었다. 이 이론을 즉각 옳은 것으로 받아들인 두 나라 교사의 비율은 비슷했다. 모든 교사가 두 척도의 의미를 알고 있었고, 대부분의 교사가 둘레와 넓이 계산법을 알고 있었다. 그러나 교사들은 처음부터 길이 엇갈렸다. 다른 전략을 탐구해서 다른 결론에 이르렀고, 학생들에게 말해주겠다는 내용도 달랐다.

1. 미국 교사들의 대처 방법

💛 주장에 대한 교사들의 반응

전략 Ⅰ : 책 참고하기. 미국 교사 가운데 2명(9%)은 학생의 이론을 그대로 받아들였지만, 나머지 21명은 달랐다. 그 이론이 참인가를 의심한 21명의 교사 가운데 책을 참고해야 한다고 말한 교사는 5명이었다. 5명 가운데 4명은 넓이를 계산하는 방법이 생각나지 않아서 책을 찾아봐야겠다고 말했다.

[5초쯤 말이 없다가] 둘레와 넓이에 대해 잊어버렸어요. [10 초쯤 그 문제를 골똘히 바라본 후] 글쎄요, 넓이를 알아내려면… [10초쯤 말이 없다가] 책을 찾아봐야겠어요. 그런 다음 그 학생을 다시 상대하겠어요. (*Mr. F*)

먼저, 공식을 알아봐야겠어요. 둘레와 넓이에 대한 기본 공식 말예요. 둘레가 한 쪽 방향으로만 늘어나는 다른 여러 사례가 책에 있는지 알아봐야겠죠. 그럴 경우 어떤 공식이 만들어지는지 알아본 뒤, 학생의 이론이 책에 적힌 것과 들어맞는지 다시 알아보겠어요. 이 분야를 더 잘 아는 다른 교사에게 물어볼 수도 있겠지요. (*Ms. B*)

둘레와 넓이 계산법을 모르는 이 교사들은 두 척도의 관계에 대한 주장의 진위를 알아낼 수가 없었다. 그래서 그들은 참고서를 찾아보거나 다른 전문가에게 물어보는 쪽을 선택했다.

신참교사인 *Ms. L*은 직사각형의 넓이 계산 공식을 알고 있었다. 학생의 주장이 모든 경우에 옳지는 않다고 본 그녀는, "참이 아닌 다른 예를 드는 것"만이 그것을 학생에게 설명할 수 있는 유일한 방법이라고 생각했다. 그러나 그녀는 그 공식이 왜 유효한지를 이해하지 못해서 스스로 반례를 찾아 제시하기가 어렵다고 말했다. 그리고 그녀는 학생에게 반례를 제시할 다른 누군가를 찾거나, "집에 가서 책을 참고해서 문제를 해결"하겠다고 말했다.

그러니까, 둘레가… [혼자 공식을 중얼거렸다]. 그게 참이 아니라는 것을 어떻게 설명해야 하나. 지금 내 머리에 떠오른 유일한 방법은, 참이 아닌 다른 예를 드는 것인데, 그것… 그것이 참이 아니라는 것을 보여주면 되는데, 그게 왜 그런지 기억이 나질 않아요… 집에 가서 그걸 찾아보고 왜 그런지 이유를 알아봐야겠어요. 그런 다음 다시 학생을 만나서 보여주겠어요. 혹시 누구든 곧바로 내게 좀 가르쳐줄 수 있는 사람이 떠오른다면 좋겠는데. 왜냐하면, 솔직히 말해서, 나는 둘레와 넓이를 알아내는 방법은 알겠지만, 그게 왜 그런지 당장은 이해가 되질 않아서요. 나는 이렇게 말하겠어요. 이게 참이라고 생각하진 않지만, 확실히 알아보겠다고. 집에 가서 책을 참고해서 문제를 해결한 다음, 그때 다시 이유를 말해주겠다고.

Ms. L은 다른 네 교사보다 그 주제에 대해 더 많은 것을 알고 있다는 것은 분명했다. 하지만 그녀 역시 학생의 주장과 관계된 특정한 지식이 부족했다. 그녀는 그 문제에 대한 올바른 답을 찾는 데 도움이 될 만한 참고서를 보거나, 더 많이 아는 사람을 찾으려고 했다.

전략 II : 더 많은 예를 요구하기. 미국 교사 13명은 학생의 주장을 점검하는 다른 전략을 제시했다. 더 많은 예를 요구하는 것이다.

잘 모르겠어요. 아마도 어떤 경우에는 맞는 것 같은데, 맞지 않는 경우도 있을지 모른다고 나는 말하겠어요. (Ms. D)

아무래도 충분한 예를 들 필요가 있다고 말해야 할 것 같습니다. (Tr. U)

그게 모든 경우에 유효한지에 대해 얘기해봐야 합니다. 그게 모든 상황에서 참인 것으로 입증되는지. *(Ms. C)*

학생의 주장에 대해, 좀더 많은 예를 들 필요가 있다고 말한 이 교사들의 반응은 수학적 통찰보다는 일상 경험에 기초한 것이었다. 나이든 사람치고 단 하나의 예만 보고 설득 당해서 그것을 덥석 받아들이는 일은 거의 없을 것이다. 학생의 수학 이론에 대한 교사들의 촌평은 사실상 "하얀 백조white swan[28] 두 마리를 보았다고 해서 모든 백조가 하얗다고 믿을 수는 없다"는 식의 일반적인 진술과 진배없다. 그러나 모든 백조가 하얗다는 것을 믿기 위해 우리는 얼마나 많은 흰 백조를 볼 필요가 있을까? 예의 가짓수에 관심을 보인 이 교사들은 무한한 경우의 수에 관한 수학 진술이 유한히 많은 예로는—아무리 많은 예로도—증명될 수 없다는 사실에 무지했다. 그것은 수학적 논법으로 증명되어야 한다. 예의 역할은 여러 수의 관계를 예시하는 것이지 증명하는 것은 아니다.

이 교사들은 하나의 예만으로는 이론을 증명하는 데 충분치 않다는 것을 지적할 수 있었지만, 주장을 수학적으로 탐구할 수는 없었다. 그들 가운데 몇 명은 임의의 수, 예를 들어 "1부터 10까지" 혹은 "3과 7 같은 별난 수"를 대입해볼 것을 제시했다. 이러한 제안은 수학적 통찰에서 비롯한 것이 아니라, 상식에 입각한 것이었다.

---

28) 옮긴이 주 : "백조(白鳥)"라는 말 자체에 "흰 새"라는 뜻이 담겨 있어서 이런 번역에는 문제가 있다. 동의어인 "고니"로 번역하면 아무런 문제도 없지만, "고니"가 "백조"에 비해 낯선 말이 된 탓에 즉각 순백의 이미지를 떠올릴 사람이 많지 않을 것 같아서 고의로 문제가 있는 번역을 했다. 헴펠Hempel의 유명한 역설에 나오는 명제 "All ravens are black"을 번역할 때에도 같은 상황이 발생한다. 영어 "swan"은 "순백의 새"라는 강렬한 이미지를 갖고 있고, 그런 이미지가 전제되지 않으면 이 문장은 아무런 묘미도 없다. 사실상 이 문장에서 "swan"의 의미는 "흰 새"이다. 그런데 재미있는 것은 "검은 백조black swan(흑고니)"도 있다는 것이다.

전략 Ⅲ : 수학적 접근. 나머지 세 명의 교사는 주장을 수학적으로 탐구했다. *Ms. J*는 올바른 답을 얻은 유일한 교사였다. 그녀의 접근법은 학생의 이론이 맞지 않는 예를 제시하는 것이었다.

나는 이렇게 말하겠어요. "그렇다면 한 변이 2cm이고 다른 변이 16cm일 때 어떻게 되는지 내게 말해보렴." 나는 학생에게 둘레가 몇 센티미터인지 물어보고, 넓이를 구해보라고 말하겠어요. 아하!

학생은 각 변이 4cm인 정사각형과, 세로 4cm 가로 8cm인 직사각형을 사용해서 자신의 주장을 증명했다. 정사각형의 둘레는 16cm이고, 직사각형의 둘레는 24cm이다. 전자의 넓이는 16cm²이고, 후자의 넓이는 32cm²이다. 그래서 학생은 "도형의 둘레가 늘어나면 넓이도 따라서 늘어난다"고 결론지었다. 이에 대해 *Ms. J*는 다른 예를 들어서 계산해보게 하겠다고 말했다. *Ms. J*가 예로 든, 세로 2cm 가로 16cm인 직사각형의 둘레는 36cm이다. 이것은 학생의 직사각형보다 둘레가 12cm 더 늘어난 것이다. 학생의 주장에 따르면, *Ms. J*의 직사각형은 학생의 직사각형보다 넓이가 더 커야 한다. 그러나 그렇지 않다. 두 직사각형은 넓이가 똑같이 32cm²이다. *Ms. J*는 단 하나의 반례로 학생의 주장이 옳지 않다는 것을 증명했다.

Ms. G 역시 길고 홀쭉한 직사각형으로 학생의 주장을 시험해보려고 했다. 그러나 그녀는 *Ms. J*처럼 성공하지는 못했다.

학생이 제시한 그림만 보면 옳다고 말해주겠어요. 하지만

다른 그림을 그려보면 어떨까요? 길고, 홀쭉하게… 그래서 나는
학생에게 그것이 항상 옳지는 않을 거라는 걸 보여주겠어요… 이
렇게[그녀는 종이에 몇 가지 도형을 그렸다]. 4와 8… 이걸 계산하
려면… 넓이는 곱하는 거니까, 32. 그래요, 이건 옳아요. 그럼 이
걸 해볼까요? 4 곱하기 4, 그리고 이건 2 곱하기 4… 아니, 이런,
잠깐만요. 잘 모르겠어요. 학생의 말이 맞는지 틀리는지 모르겠어
요… 아무래도 이걸 알아보려면… 책을 찾아봐야겠어요!

*Ms. G*는 반례를 거의 찾아낼 뻔했다. 그러나 실패하고 만 것은, 그녀
가 학생의 예를 그대로 따랐기 때문이다. 즉, 마주보는 두 변을 4㎝로
고정시킨 채, 다른 두 변의 길이만 바꾸었던 것이다. 그녀는 정사각형
의 마주보는 두 변을 4㎝에서 2㎝로 줄여서, 둘레가 줄어들게 했지만,
마주보는 다른 두 변은 바꾸지 않았다. 그녀의 기대와는 달리, 학생의
주장은 여전히 옳았다. 둘레가 줄어들자 넓이도 따라서 줄어든 것이다.
그러자 그녀는 당황해서, 스스로 알아내는 것은 포기하고 책을 찾아봐
야겠다고 말했다—이것은 수학자가 아닌 평범한 사람의 반응이다.

*Mr. F*는 그 문제를 수학적으로 접근한 세 번째 교사였다. 그는 학생
의 주장이 왜 참인가를 알아내려고 했다.

나라면… 정말 이 정사각형과 직사각형의 경우에 그것이
옳다는 것을 확증해 보이겠습니다. 넓이가 더 커진다는 거 말입니
다. 나는 그게 왜 그런지에 대해 얘기하겠어요. 넓이와 둘레의 관
계는 무엇인가, 격자 모양으로 나누어서 넓이를 구하는 방법 같은
걸 어떻게 사용할 것인가, 격자 모양을 옆에 덧붙여서 늘어난 둘

레가 어떻게 넓이에 더해지는가에 대해 얘기하겠어요.

Mr. F의 접근법에 따르면 Ms. G가 반증에 실패한 이유를 알 수 있다. 마주보는 두 변의 길이만 증가(혹은 감소)해서 둘레가 증가(혹은 감소) 할 때에는 그 도형의 넓이도 따라서 증가(혹은 감소)한다. 증가(혹은 감소)한 새 도형의 넓이는 고정된 변의 길이 곱하기 증가(혹은 감소)한 변의 길이이다. 이런 패턴을 사용하면, 학생의 주장을 지지하는 예를 무한히 만들어낼 수 있다.

그러나 Mr. F는 학생의 주장을 완벽하게 점검해보지 않았다. 그 주장이 이 경우 어떻게 유효한지 그 이유를 설명하기만 했을 뿐, 유효하지 않은 경우를 조사해보지 않은 것이다. 미국 교사 23명 가운데, 학생의 이론을 성공적으로 점검해서 올바른 답을 얻은 교사는 Ms. J 한 명뿐이었다. 표 4.1은 학생의 주장에 대한 미국 교사들의 반응을 요약한 것이다.

〈표 4.1〉 학생의 주장에 대한 미국 교사(23명)의 반응

반응	%	수
단순히 받아들이기만 한 경우	9	2
수학적 조사를 하지 않은 경우	78	18
수학적 조사를 한 경우	13	3

🍀 학생에 대한 교사들의 반응

데보라 볼(1988)은 학생이 새로운 아이디어를 제시했을 때 교사들이 보일 가능성이 높은 세 가지 반응(안)을 제시했다.

1. 계획된 교과과정을 벗어나는 새로운 아이디어 추구를 말린다.
2. 학생이 제시한 주장의 진위 평가에 책임을 진다.
3. 주장의 진위를 탐구하는 데 학생을 참여시킨다.

이 연구에 협조한 교사들은 두 번째와 세 번째 안을 선택했다. 두 번째 안을 선택한 교사 2명은 학생들에게 답을 "얘기해" 주거나 "설명해" 주겠다고 답했다. 세 번째 안을 선택한 교사들은 학생으로 하여금 그 주장을 더 조사하거나 더 논의해 보도록 하겠다고 답했다. 덧붙여서 대다수 교사들은 일단 학생에게 긍정적인 평을 해주겠다고 답했다. 따라서 학생에 대한 이 교사들의 반응은 주로 두 가지 범주로 나눌 수 있다. 칭찬하고 설명해주기와 칭찬하고 더 탐구하도록 하기가 그것이다.

미국 교사 16명(72%)은 학생을 참여시켜서 증거를 더 찾아보겠다는 의도를 보였다. 그러나 증거에 대해 교사 자신도 이해를 하지 못한 탓에, 토론에 학생을 참여시키려는 그들의 시도는 피상적일 수밖에 없었다. 교사 3명은 학생과 "함께 책을 찾아"보겠다고 답했다.

나라면 이렇게 말하겠어요. "나는 잘 모르겠어. 하지만 함께 책을 찾아보자. 네가 발견한 게 맞는지 틀리는지 가르쳐줄 책이 있는지 알아보자." (*Ms. B*)

그래요, 나는 이렇게 하겠어요. 그 학생과 함께 수학 책을 찾아보는 거예요. 둘레에 대해, 넓이에 대해, 둘레와 넓이의 관계가 어떠한지 찾아보고, 함께 문제를 해결하겠어요. (*Ms. I*)

이들은 직사각형의 두 척도를 계산하는 방법을 잊어버린 교사들이었다. 학생이 해야 한다고 그들이 제시한 것은 그들이 스스로 하고 싶어한 것—책에 담긴 지식을 찾아보는 것—이었다.

교사 6명은 학생에게 더 노력해보라고, 주장을 증명할 수 있는 더 많은 예를 찾아보라고 요구하겠다고 답했다.

> 그 애 말이 옳아요. 나는 그 애가 더 노력하도록 격려해주고 이렇게 말하겠어요. 네 말이 옳은 것 같다고. 그러니 다른 애들과 내게 보여줄 수 있도록, 더 많은 예를 찾아보라고 하겠어요. 그래서 그 가정을 더 잘 뒷받침할 수 있도록 말예요. 그 애가 기분이 좋게끔, "나는 정말로 뭔가를 알아냈다"는 생각을 갖도록 해주겠어요. (*Ms. K*)

> 아마 거의, 그래요, 옳아요. 나는 다만 그게 옳다는 걸 받아들이고 싶어요. 그러니까, 그 애가 집에서 연구한 걸 칭찬해주겠어요… 나는 그것을 칠판에 적어놓고 좋은 본보기로 삼겠어요. 그 애에게 나 대신, 다른 예를 들어가며 학생들에게 설명을 해주라고 부탁할 수도 있겠지요. (*Tr. P*)

> 나는 감탄할 거예요. 하지만 실은 그것을 어떻게 평해야 할지 모르겠어요. 나라면 아마도 그 애에게 더 많은 예를 들어서 증명해보라고 할 거예요. (*Tr. S*)

이 교사들은 그저 학생들에게 더 많은 예를 찾아보라고 요구만 했을 뿐, 수학적으로 생각해보거나, 특별한 전략을 토론해보지도 않았다. 다른 5명의 교사는 학생과 함께 더 많은 예를 찾아보겠다고 했지만, 이들 역시 특정 전략을 언급하지 못했다.

> 잘은 모르겠지만, 나라면 아마 이렇게 말할 거예요. 어느 경우에는 옳을 수 있지만, 다른 경우에는 옳지 않을 수도 있을 거라고요. 아무튼 나는 그것이 아주 흥미롭다고 말해주겠어요. 그리고 함께 다른 숫자를 가지고 계산해서, 그것도 옳은지 알아보자고 말하겠어요. (*Ms. D*)

> 최선은, 아마도 주의 깊게 조사해봐야 하는 게 아닌가 싶어요. 그러니까 다른 여러 숫자를 가지고 다시 계산해보면서, 이것저것 모두 조사해 보라고 하는 거지요. 다시 말하면, 한 경우에는 그게 옳을 수도 있지만, 다른 경우에는 옳지 않을 수도 있다고 말해주는 겁니다. 그래서 4 곱하기 4를 해본 다음, 4 곱하기 8만 해보는 게 아니라, 예를 들어 3 곱하기 3과 같은 다른 수로도 계산을 해보라고 하는 거예요. 그러니까 그런 식으로 그 애가 계속해 나간다면… (*Tr. R*)

교사 5명은 특정 전략을 언급했다. 그러나 *Ms. J*의 전략을 제외하고는 모두 면밀한 수학적 사고에 기초한 전략이 아니었다. 이들은 "다른 수" 혹은 "별난 수"를 대입해볼 것을 제안했지만, 중국 교사들이 보여준 것처럼 체계적으로 다른 경우의 수를 떠올리지 못했다. 이들이 제안한 전략은, 수학적 주장이 아주 많은 예로 입증되어야 한다는 생각을 기초로 하고 있었다. 다수의 미국 교사들이 공유하고 있는 이러한 잘못된 개념으로는 학생을 제대로 인도할 수 있을 것 같지 않았다.

2. 중국 교사들의 대처 방법

🍀 문제에 대한 교사들의 접근

그 문제에 대한 중국 교사들의 첫 반응은 미국 교사의 경우와 아주 비슷했다. 거의 같은 비율의 중국 교사(8%)와 미국 교사(9%)가 그 주장을 의심 없이 즉각 받아들였다. 다른 중국 교사들은 그 주장이 맞는지 틀린지 즉각 판단하지 못했다. 판단을 하기까지는 한동안 생각할 시간이 필요했다. 네 개의 설문 가운데, 생각하는 데 가장 긴 시간이 걸린 것이 바로 이번 설문이었다. 그러나 일단 문제를 논의하기 시작하자, 중국 교사들의 반응은 미국 교사들의 반응과 상당히 달랐다.

중국과 미국 교사들의 반응은 세 가지 점에서 차이가 있었다.

첫째, 다수의 중국 교사들은 이 주제topic—직사각형의 둘레와 넓이의 관계—에 열정적인 관심을 보였다. 반면에 미국 교사들은 "둘레가 늘어남에 따라 넓이도 늘어난다"는 주장이 사실인가 아닌가에 관심을 보이는 경향이 있었다.

둘째, 다수의 중국 교사들은 스스로 수학적 정당성을 탐구한 반면, 대다수 미국 교사들은 그러하지 않았다. 중국 교사 가운데 책이나 다른 사람을 찾아볼 필요가 있다고 말한 사람은 아무도 없었다[29]. 그리고 "잘 모르겠다"고 말을 끝맺은 교사도 없었다. 그렇다고 해서 중국 교사들의 탐구가 모두 올바른 답에 이른 것은 아니었다. 결과적으로, 대다수 미국 교사는 "잘 모르겠다"고 말함으로써 틀린 답을 제시하지 않은 반면,

---

29) 스티글러, 페르난데스, 요시다(1996)의 공동연구에서 일본 초등교사들도 이와 같은 경향을 보였다고 보고했다.

중국 교사 22%는 잘못된 전략 때문에 틀린 답을 내놓았다. 나머지 70%는 올바르게 문제를 해결했다.

셋째, 중국 교사들은 초등기하에 대해 더 잘 알고 있다는 것을 보여주었다. 그들은 둘레와 넓이 공식을 잘 알고 있었다. 면담을 하는 동안, 미국 교사들이 아무도 언급하지도 않은 여러 기하학적 도형들 간의 관계를 논의한 교사가 많았다. 예를 들어, 일부 중국 교사들은 정사각형이 특별한 직사각형이라고 말했다. 일부 교사는 또 직사각형이 기본 도형이라고 지적했다 다른 여러 도형의 둘레와 넓이를 계산할 때 직사각형의 경우에 의존한다는 것이다.[30]

그림 4.1은 이 문제에 대한 두 나라 교사들의 반응을 요약한 것이다.

〈그림 4.1〉 학생의 주장에 대한 교사들의 반응 비교

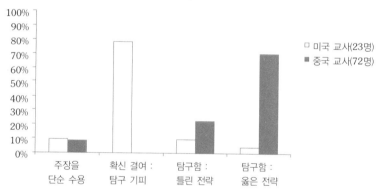

타당치 않은 주장을 정당화 : 교사들의 지식과 함정. 문제를 수학적으로 탐구한 중국 교사 가운데 16명은 학생의 주장이 옳다고 답했다. 그중

30) 중국 교육과정에서는, 정사각형, 삼각형, 원, 사다리꼴 등의 넓이를 구하는 공식이 직사각형의 넓이 공식에서 파생되는 것으로 본다.

12명은 그 주장을 정당화할 수 있는 이유why를 제시하려고 했다. 다른 교사 4명은 그 주장을 정당화할 수 있는 방법how을 제시하려고 했다. 이 교사들은 직사각형의 가로와 세로, 두 수의 곱인 넓이를 확인해보니 학생의 주장과 일치한다는 것에 입각해서 자신의 주장을 펼치는 경향을 보였다.

> 나는 학생의 말이 옳다고 봐요. 직사각형의 둘레가 늘어나면, 넓이도 따라서 늘어나요. 우리는 직사각형의 넓이가 가로와 세로의 곱이라는 것을 알고 있어요. 다시 말하면, 가로와 세로는 넓이를 산출하는 두 인수예요. 두 인수가 증가하면, 곱도 따라서 증가할 거라는 건 의심의 여지가 없어요. (Ms. H)

비록 올바르지는 않지만 이들의 전략은 적절한(그러나 올바르지는 않은) 수학에 근거를 두고 있었다. 첫째, 교사들은 학생의 주장을 수의 관계—두 인수와 그 곱 사이의 관계—로 인식했다. 그래서 그들은 주장을 증명하기 위해 이 관계에 관해 확립된 원리—두 인수와 곱 사이의 원리—에 의존했다. 그러나 학생의 주장에는 단 하나의 곱셈 관계만이 아니라, 두 가지 다른 수의 관계가 포함되어 있다는 것을 알아차리지 못한 게 흠이었다. 직사각형의 가로, 세로, 넓이의 관계는 곱셈의 관계인 반면, 그 가로, 세로, 둘레의 관계는 덧셈의 관계이다. 직사각형의 마주보는 두 변의 길이가 감소해도 다른 두 변의 길이가 증가하면 전체 둘레는 증가할 수 있다.

주장이 사실이라고 말한 중국 교사들은 미국의 *Mr. F*와 비슷한 설명을 했다.

학생의 주장은 옳아요. 어떻게 옳은지 살펴볼까요? 이 직사
각형 위에 정사각형을 겹쳐보세요. 그러면 겹치지 않은 또 하나의
정사각형을 볼 수 있어요. 그만큼 넓이는 증가한 거예요. 증가한
넓이(또 하나의 정사각형)의 세로는 원래 두 도형의 세로와 같은
데, 증가한 넓이의 가로는 원래의 직사각형 가로에서 원래의 정사
각형 가로를 뺀 거예요. 그러니까 그건 증가한 길이라고 할 수 있
어요···. (Ms. B)

미국의 *Mr. F*처럼 그들은 직사각형의 둘레가 증가하는 여러 경우를 고
려하지 못했다. 그래서 그들은 학생의 주장이 참이라는 것을 정당화하는
방법만 설명했을 뿐, 진짜 문제—항상 참인가—는 탐구하지 않았다.

16명의 교사는 비록 올바른 답을 얻지 못했지만, 문제를 수학적으로
탐구하려는 의도를 보여주었다. 학생의 주장에 대해 일반적인 촌평을
하는 대신, 문제를 조사해서 나름대로 결론에 이른 것이다. 나아가서
이 교사들은 수학에서 중요한 관습—어떤 수학적 명제라도 증명되어야
한다는 것—을 잘 알고 있었고, 그 관습을 따르는 경향을 보였다. 그들
은 단지 "그 주장은 옳다"고 의견을 말하기만 한 게 아니라, 자신의 의
견을 증명하려고 했다. 그들의 논법은 비록 불충분하기는 했지만, 정당
한 수학에 근거를 두고 있었다. 이 교사들은 두 척도 계산에 대한 굳건
한 지식을 지녔을 뿐만 아니라, 수학적으로 탐구하는 건전한 태도를 보
여주었다. 물론 이들의 접근법이 분명 취약하다는 것을 보여주기도 했
다—사고의 엄밀성을 결여한 것이다.

주장을 반증 : 1차적 이해의 수준. 중국 교사 72명 가운데 50명은 모두

올바른 답을 냈다. 그러나 접근법이 다른 만큼 이해의 수준도 다르다는 것을 보여주었다. 1차적 수준은 학생의 주장을 반증하는 것이었다. 50명 가운데 14명이 보여준 이 수준의 접근법은 미국의 *Ms. J*와 같았다. 즉, 반례 찾기가 그것이다.

> 학생의 주장은 옳지 않아요. 나는 그저 말없이 반례 하나를 보여주겠어요. 예를 들어, 학생이 그린 정사각형(각 변 4cm) 아래에 가로가 8cm이고 세로가 1cm인 직사각형 하나를 그리겠어요. 내가 그린 도형이 둘레는 더 늘어났지만 넓이는 더 줄어들었다는 것을 학생은 금방 알 수 있을 거예요. 그러니 말할 필요도 없이, 학생의 주장은 틀린 거죠. (Ms. I)

> 이 주장은 모든 경우에 참인 것은 아닙니다. 반증할 수 있는 사례를 찾아내긴 쉽지요. 예를 들어, 사각형이 하나 있는데, 가로는 10cm이고 세로는 2cm입니다. 둘레는 학생의 직사각형과 같은 24cm인데, 넓이는 20cm²밖에 안 돼요. 학생의 직사각형보다 넓이가 더 작지요. (Tr. R)

주장을 반증하기 위해, 이 교사들은 두 종류의 반례를 만들었다. 하나는 학생의 도형과 비교할 때, 둘레가 더 늘어났지만 넓이는 줄어든 경우, 혹은 둘레가 줄어들었지만 넓이는 늘어난 경우이다. 다른 하나는 학생의 도형과 비교할 때, 넓이가 같지만 둘레는 다른 경우, 혹은 둘레가 같지만 넓이는 다른 경우이다.

다른 가능성들을 인지 : 2차적 이해의 수준. 50명 가운데 8명은 둘레와 넓이 사이에 있을 수 있는 여러 관계를 탐구했다. 그들은 학생의 주장을 뒷받침하는 것들과 반증하는 것들을 모두 제시함으로써 여러 가능성이 있다는 것을 보여주었다.

나는 학생에게 여러 도형을 보여주고, 둘레와 넓이를 계산해보라고 하겠어요.

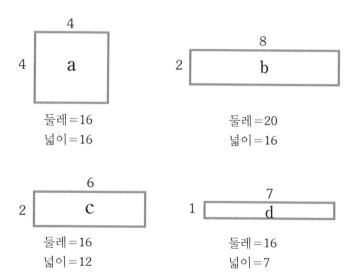

둘레＝16
넓이＝16

둘레＝20
넓이＝16

둘레＝16
넓이＝12

둘레＝16
넓이＝7

이 도형들을 비교해봄으로써, 학생은 둘레가 늘어난다고 해서 반드시 넓이도 같이 늘어나는 것은 아니라는 것을 알게 될 거예요. a와 b의 경우가 그렇지요. 또한 둘레가 똑같아도 넓이는 똑같지 않다는 것을 알게 될 거예요. a, c, d의 경우가 그렇지요. 그래서 학생은 둘레와 넓이 사이에는 직접적인 관계가 없다는 것을 알게

될 거예요. 그 학생이 발견한 것은 여러 경우 가운데 하나일 뿐이지요. (Ms. E)

나는 먼저 그 애가 혼자서 뭔가 생각해냈다는 걸 칭찬해주겠습니다. 하지만 그 애에게 두 가지 다른 상황도 있을 수 있다는 것을 알려주겠어요. 예를 들어, 둘레가 늘어나면 넓이가 늘어날 수 있지만, 줄어들 수도 있고, 변하지 않을 수도 있습니다. 나는 각 경우의 예를 보여줘서, 그 애가 그린 직사각형(가로 8cm, 세로 4cm)과 비교해보도록 하겠습니다. 먼저 그 애의 주장이 들어맞는 예를 들겠어요. 가로 8cm, 세로 5cm인 직사각형 같은 거 말입니다. 둘레가 24cm에서 26cm로 늘어나니까, 넓이도 32cm²에서 40cm²로 늘어납니다. 그리고 이제 두 번째로, 가로 12cm, 세로 2cm인 직사각형을 예로 들겠어요. 둘레가 28cm로 늘어났는데, 넓이는 24cm²로 줄어들었습니다. 그 애가 그린 직사각형 넓이의 4분의 3밖에 안 되지요. 이제 세 번째로, 가로 16cm, 세로 2cm인 직사각형을 예로 들겠어요. 둘레는 더욱 늘어나서 36cm나 되는데, 넓이는 그 애가 그린 것과 똑같이 32cm²입니다. 그래서 나는 그 애에게 말해주겠어요. 수학적인 사고는 아주 엄밀해야 한다고. 수학 학습을 증진시키는 사고의 특징은 그런 거라고. (Mr. A)

Mr. A는 둘레가 증가할 때 넓이가 증가할 수도, 감소할 수도, 동일할 수도 있다는 것을 보여주었다. Ms. E는 두 척도가 다른 방식으로 변하는 두 경우를 언급했다 둘레가 증가해도 넓이가 감소하는 경우, 둘레가 동일한데 넓이가 감소하는 경우가 그것이다. 이차적 이해의 수준에서,

교사들은 한 도형의 둘레와 넓이 관계의 여러 단면을 논의했다. 특히, 그들은 직사각형의 둘레가 변하는 데 따라 넓이가 다르게 변하는 경우를 점검했다. 이 교사들은 단순히 학생의 주장을 반증하기만 한 것이 아니었다. 그들은 학생의 주장을 포함하는 더 넓은 관점을 제시했다.

여러 조건을 명시 : 3차적 이해의 수준. 26명의 교사는 여러 가능성을 제시했을 뿐만 아니라, 그 가능성이 성립하는 조건을 명시했다. 이 교사들은 둘레와 넓이의 관계를 탐구하며 특정 예를 들어 설명하려는 경향을 보였다.

> 어느 경우에는 둘레가 늘어나면 넓이도 따라서 늘어난다는 주장이 옳지만, 다른 경우에는 옳지 않다는 것이 분명합니다. 하지만 언제 옳고 언제 옳지 않을까요? 다시 말하면, 어느 조건에서는 옳고, 어느 조건에서 옳지 않을까요? 그 점에 대해 분명히 알면 더 좋을 것입니다. 여러 가능성이 성립하는 특정 조건을 명시하기 위해, 우리는 먼저 둘레가 늘어나는 조건을 조사해본 다음, 그 조건이 넓이의 변화에 어떤 영향을 미치는지 탐구해볼 수 있을 것입니다. (Mr. D)

이 교사들은 학생의 주장이 성립하는 조건과 성립하지 않는 조건을 탐구했다. Tr. R은 이 탐구를 하기 위해 사용한 전략을 이렇게 설명했다. 즉, 일단 직사각형의 둘레가 늘어나는 경우의 수를 조사해서 세 가지 패턴이 있다는 것을 알아냈다. 그런 다음 각 패턴에 따른 넓이의 변화를 분석했다. Tr. R은 면밀한 조사를 거쳐, 둘레가 증가하는 방식이 다를 때 넓이가 어떻게 달라지는가를 명확히 알아냈다.

나는 그 주장이 어떤 조건에서 옳은지 학생에게 말해주겠습니다. 우리는 한 도형의 가로와 세로 길이가 바뀜으로써 둘레가 늘어날 수 있다는 것을 알고 있습니다. 직사각형의 가로와 세로 길이가 달라져서 둘레가 늘어나는 경우의 수는 세 가지입니다. 첫째, 가로나 세로 하나가 늘어나고 다른 하나는 동일하게 유지되는 경우가 있습니다. 이런 조건에서는 도형의 넓이도 따라서 늘어납니다. 예를 들어, 학생의 직사각형에서 가로가 9cm로 늘어나고 세로가 변하지 않으면, 원래의 넓이인 32cm²는 36cm²로 늘어납니다. 혹은 세로가 5cm로 늘어나고 가로가 변하지 않으면, 넓이는 40cm²로 늘어납니다. 둘째, 가로와 세로가 동시에 늘어나서 전체 둘레가 늘어나는 경우가 있습니다. 이런 조건에서도 넓이가 늘어납니다. 예를 들어, 그 직사각형의 가로가 9cm로 늘어나고 세로도 5cm로 늘어나면, 넓이는 45cm²로 늘어납니다. 셋째, 가로나 세로 하나가 늘어나지만 다른 하나는 줄어들면서 전체 둘레가 늘어나는 경우가 있습니다. 이 경우 늘어난 양이 줄어든 양보다 더 커야 합니다. 이런 조건에서 둘레는 역시 늘어나지만, 넓이는 세 가지로 변할 수 있습니다. 늘어날 수도, 줄어들 수도, 동일할 수도 있지요. 예를 들어, 세로가 6cm로 늘어나고, 가로가 7cm로 줄어들면, 둘레는 26cm로 늘어나고 넓이 역시 42cm²로 늘어납니다. 가로가 10cm로 늘어나고 세로가 3cm로 줄어들면, 둘레는 역시 26cm로 늘어나지만, 넓이는 30cm²로 줄어듭니다. 가로가 16cm로 늘어나고, 세로가 2cm로 줄어들면, 둘레는 36cm로 늘어나지만 넓이는 원래와 똑같은 32cm²입니다. 요컨대, 처음의 두 조건 아래서는 학생의 주장이 옳지만, 마지막 세 번째 조건일 경우는 반드시 옳지는 않습니다. (Tr. R)

이 교사들이 얻은 해답은 다음과 같다. 직사각형의 가로와 세로가 둘 다 혹은 하나만 늘어나서 둘레가 늘어난 경우에는 넓이도 따라서 늘어난다. 그러나 가로와 세로 가운데 하나는 늘어나고 하나는 줄어들어서 둘레가 늘어난 경우, 넓이가 반드시 늘어나는 것은 아니다. 26명의 교사 가운데 3분의 2는 Tr. R과 같은 방식의 설명을 했다. 그들은 학생의 주장이 옳은 경우와 반드시 옳지는 않은 경우 두 상황을 모두 설명했다. 나머지 3분의 1의 교사는 이 상황 가운데 하나에 초점을 맞추었다. 이러한 이해의 수준에 이른 교사들은 그 주장이 절대적으로 맞거나 절대적으로 틀린 것으로 보지 않았다. 대신에 그들은 "조건" 개념을 언급했다. 그래서 그들은 그 주장이 조건적으로 옳다고 말했다.

그래서, 이제 우리는 학생의 주장이 절대적으로 틀린 게 아니라, 불완전하거나 조건적이라고 말할 수 있습니다. 어떤 조건에서는 옳지만, 조건이 바뀌면 반드시 옳다고는 할 수 없는 거지요. 나는 학생에게 말해주겠습니다. 이런 걸 다 생각해내다니 참 놀랍다고. 덕분에 내가 전에 생각해보지도 못한 것을 오늘 비로소 알게 되었다고. (Tr. J)

학생과 토론을 한 후, 그 애의 주장을 다듬어서 조건을 두면 좋겠다고 제안하겠어요. 그러면 그 애는 이렇게 다듬고 싶을 거예요. 직사각형의 가로나 세로 하나는 변하지 않고 하나만 늘어나거나, 둘 다 늘어나서 전체 둘레가 늘어나는 조건 아래서는 넓이도 따라서 늘어난다. 이렇게 다듬으면 아무런 문제도 없을 거예

요. (Ms. G)

이 교사들은 직사각형 둘레와 넓이의 여러 관계를 밝힘으로써, 학생
의 주장이 성립하거나 성립하지 않는 여러 조건을 명시했다. 학생의 주
장은 단순히 폐기되어 버리지 않았고, 오히려 다듬어져서, 여러 관계
가운데 하나로 편입되었다.

여러 조건을 설명 : 4차적 이해의 수준. 3차적 이해의 수준에 도달한 교
사 가운데 6명은 한 걸음 더 나아가서, 어떤 조건에서는 학생의 주장이
성립하는데 다른 조건에서는 성립하지 않는 이유까지 설명했다. 그들의
접근법은 다양했다. Tr. 마오는 학생의 주장이 성립하는 조건들을 섬세
하고 짜임새 있게 설명한 후, 이렇게 말했다.

> 드디어 우리는 그 주장이 이들 조건 아래서 왜 옳은지를
> 살펴볼 때가 되었습니다. 한 도형의 둘레가 바뀔 때 넓이는 어떻
> 게 바뀌는지를 생각해봅시다. 처음의 두 조건 아래서는 원래의 넓
> 이가 유지된 채 새로운 넓이가 추가됩니다. 예를 들어, 가로가 늘
> 어나고 세로는 동일하게 유지되는 경우, 원래의 넓이에서 수평 방
> 향으로 넓이가 늘어납니다. 한편, 세로가 늘어나고 가로는 동일하
> 게 유지되는 경우, 원래의 넓이에서 수직 방향으로 넓이가 늘어납
> 니다. 가로와 둘레[31]가 동시에 늘어나는 경우, 원래의 넓이는 양방
> 향으로 늘어납니다. 어느 경우든 간에, 원래의 넓이는 그대로 유지

---

31) 옮긴이 주: 문맥상 "세로"여야 한다.

된 채 새로운 넓이가 덧붙게 됩니다. 이 세 가지 경우는 쉽게 도형으로 그려 보일 수 있습니다. 실은 이것을 분배 속성으로 증명할 수도 있습니다. 예를 들어, 가로가 3cm 늘어난다면 이것은 $(a+3)$cm입니다[32]. 넓이는 $(a+3)b = ab+3b$가 됩니다. 원래의 넓이인 ab와 이것을 비교해보면, 넓이가 더 늘어난 이유를 알 수 있습니다. $3b$가 바로 늘어난 양입니다. 그러나 가로와 세로 가운데 하나는 늘어나고 다른 하나가 줄어든 경우에는, 원래의 넓이(ab)가 그대로 유지되지 않고 파괴됩니다. 그래서 새 도형의 넓이가 원래 도형의 넓이보다 더 크다는 것을 보장할 근거도 사라지게 됩니다.

Tr. 마오는 상황을 기하학적으로 나타내서 논증했다. 그는 자신의 방법을 달리 증명해 보이기 위해 분배 속성을 적용하기도 했다. Tr. 시에는 직사각형의 둘레가 동일할 때에도 넓이가 달라질 수 있는 이유에 대해 매우 통찰력 있는 논법을 제시했다. 먼저 그는 가로와 세로 길이가 다르지만 둘레는 일정한 여러 직사각형을 만들 수 있다고 지적했다. 합이 같은 덧수addend의 쌍이 많기 때문이다. 그래서 넓이를 구할 때처럼 각각의 덧수 한 쌍을 두 인수로 보면, 다양한 곱을 산출할 수 있다. 마지막으로, 두 인수의 값을 더 가까이 근접시킬수록 곱이 더 커진다는 사실을 이용해서, 둘레가 일정할 때 넓이가 가장 큰 직사각형은 바로 정사각형이라고 설명했다.

　　직사각형의 넓이는 두 가지, 즉 둘레와 모양에 따라 결정됩

---

32) 중국 초등수학 교과서에서, 도형의 가로는 a, 세로는 b로 나타낸다.

니다. 그 학생의 문제는 둘레만 생각했다는 데 있습니다. 이론적으로, 둘레가 일정할 때, 예를 들어 20cm라고 할 때, 가로와 세로의 합이 10cm인 직사각형의 수는 무한히 많습니다. 예를 들면, 5＋5＝10, 3＋7＝10, 0.5＋9.5＝10, 심지어는 0.01＋9.99＝10 등등이 있습니다. 각각의 덧수 한 쌍은 직사각형의 두 변으로 볼 수 있습니다. 익히 짐작할 수 있듯이, 이들 직사각형의 넓이는 아주 다양할 것입니다. 그 가운데 각 변이 5cm인 정사각형이 넓이가 가장 큰데, 가로가 9.99cm이고 세로는 0.01cm인 직사각형은 넓이가 거의 없다시피 합니다. 합이 같은 모든 한 쌍의 수에 있어서, 두 수가 가까이 근접할수록 곱은 더 커집니다… (Tr. 시에)

Tr. 시에와 Tr. 마오가 각각 자신의 논법을 제시할 때 동원한 수학의 기본원리는 서로 달랐다. 그러나 두 사람의 논법은 모두 견고했다. 사실 수학의 기본원리 하나는 여러 수치 모델numerical models을 뒷받침할 수 있다. 한편, 하나의 수치 모델은 여러 기본원리에 의해 뒷받침될 수 있다. 그래서 하나의 수학 주제에 대해 깊이 이해한다는 것은 수학의 기본원리를 이해한다는 것까지 포함하게 된다. 학생의 주장에 대해 이해하는 수준이 높아질수록, 교사들은 점점 더 완벽한 수학 논법에 근접해갔다.

❤ 교사들의 탐구는 어떻게 뒷받침되는가?

학생의 주장을 탐구한 중국 교사들은 수학적 쟁점을 이해하는 개념 수준이 다양하다는 것을 보여주었다. 반례를 찾아내기, 넓이와 둘레 사이에 있을 수 있는 여러 관계를 인지하기, 각 관계가 성립하는 조건을 명시하기, 그리고 여러 관계를 설명하기가 그것이다. 지난 세 장에서는 학교 수학에 대한 교사들의 기존 지식에 관심의 초점을 맞춘 반면, 이번 장에서는 새로운 아이디어를 탐구하는 교사들의 능력에 초점을 맞추었다. 이번 과제는 교사들이 현재의 "홈사이트"에서 새로운 "사이트"로 "점프"해서, 전에 생각해보지 못한 뭔가를 발견할 것을 요구했다.

그림 4.2는 둘레와 넓이 사이의 관계에 대한 교사들의 접근법이 어떻게 뒷받침되는가를 나타낸 것이다. 맨 위의 직사각형은 과제 스스로 새로운 수학적 아이디어를 탐구하기를 나타낸다. 마름모꼴은 영향을 주는 요인들을 나타낸다. 그림의 다른 구성요인은 교사의 교과지식의 여러 측면을 나타낸다. 원은 새로운 아이디어와 밀접하게 관련이 있는 지식 넓이 계산법 지식을 나타낸다. 네모꼴은 브루너(1960/1977)가 생각한 어떤 주제에 대한 기본 아이디어—기본 원리(모서리가 직각인 네모꼴로 표시된)와 기본 태도(모서리가 둥근 네모꼴 표시된)—를 나타낸다.

〈그림 4.2〉 교사들의 탐구가 어떻게 뒷받침되는가를 나타낸 그림

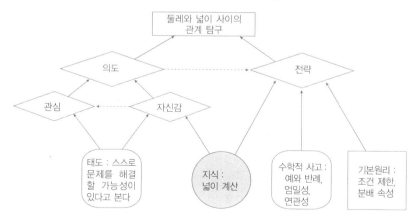

학생의 주장에 대한 교사들의 탐구는 두 요인—의도와 전략—의 영향을 받았다. 이번 과제에서 전략이 큰 역할을 한다는 것은 의심의 여지가 없다. 그러나 면담 결과, 교사들의 의도 역시 핵심 역할을 한다는 것이 드러났다. 주장을 점검할 의도를 지니지 않은 교사들은 구태여 전략을 생각하려고 하지 않았다. 대다수 미국 교사들은 스스로 새로운 아이디어를 연구해보려는 의도를 전혀 보이지 않았다. 그래서 그들은 전략을 진지하게 생각하지 않았다.

스스로 학생의 주장을 연구해보려는 교사들의 의도는 두 하부요인—새로운 수학적 명제에 대한 관심과 그것을 이해할 수 있다는 자신감—에서 비롯했다. 열정적으로 학생의 주장을 엄밀히 연구한 교사들은 제시된 수학적 주제에 유난히 관심을 보인 사람들이었다. 그들은 직사각형의 둘레와 넓이 사이의 관계에 대해 강한 호기심을 가졌다. 이 교사들의 반응에서는 수학을 가르치고자 하는 강렬한 내적 동기를 엿볼 수 있었다. 한편, 그 주장에 관심을 보이지 않은 교사들은 그것을 점검하고자 하는 내적 동기가 없었다. 그러나 하나의 수학적 명제에 대한 이 관심은, 스스로 문제를 해결할 가능성이 있다고 보는 태도에 의해 뒷받침되었다. 그리고 그 문제를 해결할 수 있다는 자신감은 관심에 영향을 미쳤다.

자신감은, 교사가 그 주장을 조사할지 말지를 결정하는 또 다른 요인이었다. 스스로 문제를 해결할 수 있다는 자신감을 갖지 못한 교사들은 아예 시도를 하지 않았다. 교사들의 자신감은 교사가 기본적으로 떠올릴 수 있는 교과지식의 두 측면—스스로 수학적 문제를 해결할 가능성이 있다고 보는 태도, 그리고 그 명제와 관련된 특정 주제에 대한 지식—에 좌우되었다. 스스로 문제를 해결할 수 없다고 보거나, 한 도형의 둘레와 넓이를 계산하는 방법을 알지 못한 교사들은 둘레와 넓이의 관계를 더 이상 탐구하려고 하지 않았다. 결과적으로, 문제를 해결하려는 의도가 있었다 하더라도 그 의도는 억제되었다.

교사들이 문제를 조사하는 전략은 교과지식의 세 측면—새 아이디어와 관련된 특정 주제에 대한 지식, 수학적 사고의 여러 방법, 접근법과 관련된 기본원리—에 의존했다. 과제를 성공적으로 수행한 모든 교사들은 넓이를 계산하는 공식을 잘 알고 있었을 뿐만 아니라, 그 밑바탕에 놓인 원리도 이해하고 있었다. 여러 계산 절차가 포함된 조사를 하는 데에는 계산 능력이 정말 큰 힘이 되었다.

수학적 사고에 대한 지식은 교사들이 과거의 지식에서 새로운 발견으로 "점프"하는 데 핵심 역할을 했다. 교사들이 직사각형의 둘레와 넓이를 계산하는 방법을 알고 있다고 해서 모두가 스스로 수학적 접근법을 찾아낸 것은 아니었다. 그러나 그 주장에 대해 수학적으로 사고하는 방법까지 알고 있는 교사들은 모두가 스스로 그것을 찾아냈다. 더러는 올바른 해답에 이르지 못했지만, 그 명제에 대해 수학적으로 사고하는 방법에 대한 지식을 갖고 있었기 때문에 적어도 접근법만큼은 타당했다. 이와 달리, 공식은 알면서도 그 주장에 대해 수학적으로 사고하지 못한 교사들은 그 문제에 수학적으로 접근할 수가 없었다.

마지막으로 기본수학 원리—예컨대 수학적 명제에 대한 조건 제한—에 대한 교사들의 지식은 접근법에 크게 기여했다. 그리고 분배 속성을 적용할 줄 아는 지식 또한 그 주제와 연관된 덧셈과 곱셈 관계에 대한 일부 교사들의 설명에 힘을 실어주었다.

🐛 학생에 대한 교사들의 반응

학생에 대한 중국 교사들의 반응은 미국 교사들의 반응과 같은 범주에 속했다. 즉, 칭찬하고 설명해주기와 칭찬하고 더 탐구하도록 하기가 그것이다. 그러나 중국 교사들은 대다수가 그 문제를 탐구했기 때문에, 학생에 대한 그들의 반응은 미국 교사들의 경우보다 훨씬 더 실질적이고 적절했다. 그들은 그 주제의 여러 측면을 예시하기 위해 좀더 적절한 예를 들었고, 좀더 적절한 질문을 던짐으로써 학생의 발견을 심화시켰다.

덧붙여 말하면, 두 나라 교사들은 앞서의 두 범주에 대한 분포율이 사뭇 달랐다. 학생에게 설명을 해주겠다고 답한 미국 교사는 2명(9%)뿐이었다—한 명은 즉각, 다른 한 명은 "책을 찾아보고" 나서 설명해주겠다고 답했다. 미국 교사 대다수는 그 주장을 학생과 함께 탐구하겠다고 말했지만, 그들은 대체로 어떻게 탐구해야 할지 알지 못했다. 중국 교사들 대다수(62%)는 명확한 해답을 얻은 후 학생에게 그 주제를 상세히 설명해주려고 한 반면, 일부(30%)는 학생 스스로 해답을 찾도록 하겠다고 답했다. 면담을 하는 동안 중국 교사 대다수의 설명은 명료하고, 짜임새 있고, 완벽했다. 대체로 "학생에게 주장이 옳지 않다고 말한다" 혹은 "학생에게 주장이 불완전하다고 말한다"는 식의 단언을 한 후 설명이 이어졌다. 학생의 주장을 정당화한 교사들도 대부분 그게 옳다고 생각하는 이유를 학생에게 설명해주려고 했다.

그 주장에 대한 논의에 학생을 참여시키겠다고 답한 중국 교사들은 스스로 그 문제를 탐구하는 데 더 능숙했고, 더 깊은 이해를 보여주었다. 그들 대다수는 질문을 던지거나 다른 예를 제시함으로써 학생 스스로 주장의 한계를 발견하도록 해서, 직사각형의 둘레와 넓이의 관계에 대해 더 잘 이해하도록 하겠다고 답했다.

그 학생에 대해서 말하자면, 무엇보다 먼저 칭찬을 해주겠어요. 스스로 뭔가 생각해낸 것에 대해, 그리고 그 애의 주장과 예가 일치하는 것에 대해 아낌없이 칭찬해줄 거예요. 그러나 그 다음에 나는 그 애의 주장에 문제가 있다는 것을 스스로 발견하도록 이끌어주겠어요. 먼저 그 애가 주장한 것처럼 둘레가 늘어나면 넓이도 따라서 늘어나는 이유가 무엇인지를 설명해보라고 하겠어요. 얼마나 넓이가 늘어났고, 어떻게 늘어났는지를 말해보라고 하는 거예요. 그런 다음 학생에게 이렇게 말하겠어요. "네가 보여준 예는, 도형의 마주보는 변 한 쌍이 늘어났고, 다른 변 한 쌍은 변하지 않은 경우에 해당하는 거야. 그건 직사각형의 둘레가 늘어나는 여러 경우 가운데 하나지. 둘레가 늘어나는 다른 경우를 생각해볼래? 그 경우에는 어떻게 되는지 알아볼까? 적어도 한 경우에는 네 주장이 옳다는 걸 우리는 알고 있어. 하지만 네 주장을 증명하려면, 모든 경우에 옳다는 걸 밝혀야 해. 그리고 왜 옳은지 설명할 수 있어야 해." 그 애는 직사각형의 둘레가 늘어나는 다른 경우를 쉽게 찾아낼 수 있을 거예요. 아마도 보나마나, 다른 변 한 쌍도 늘어나는 경우, 즉 가로와 세로가 모두 늘어나는 경우를 찾아내겠지요. 그리고 그 경우에도 자기 주장이 옳다는 것을 알아낼 거예요. 그런 다음 나는 더 많은 경우를 생각해보도록 하겠어요. 어느 조건에서는 자기 주장이 옳지 않다는 것을 그 애는 아마도 알아낼 수 있을 거예요. 스스로 그 조건을 생각해내지 못하면, 내가 몇 가지 예를 들어주겠어요. 그래서 그 예는 어떤 경우를 나타내는 것인지, 그 경우에는 어떤 일이 일어나는지 생각해보도록 하겠어요. 요컨대, 자기 주장을 스스로 조사해볼 수 있게 이끌어주는 거지요. 필요할 때마다 도와주면서요. 결국 그 애는 잘 알게 될 거라고 봐요. 어느 조건에서 자기 주장이 옳고, 어느 조건에서 옳지 않은지를 말예요. 나는 또 그 애가 사고의 엄밀성을 가지고 문제에 접근할 필요가 있다는 것을 깨닫도록 도와주고 싶어요. 그래서 누구든 혼자서 뭔가를 생각해낸다는 건 아주 훌륭한 일이지만, 그것만으로는 충분치 않다는 것을 강조하면서 얘기를 마치겠어요. 어떻게 생각을 해야 하는지도 알아야만 하는 거지요. 그 애의 경우에서 알 수 있는 것처럼, 엄밀하게 사고하는 방법을 익혀야 해요. (Tr. T)

경험 많은 여교사인 Tr. T의 반응은 여러 가지 흥미로운 점을 보여준다—많은 중국 교사들이 이와 유사한 반응을 보였다. 무엇보다 먼저, 이 반응에는 칭찬과 비판이 교묘히 얽혀 있다. Tr. T는 먼저 학생이 스스로 뭔가를 생각해낸 것에 대해 칭찬을 했다. 그러나 주장의 여러 측면을 논의한 후, 그 학생이 칭찬 받은 생각의 차원을 높이기 위해—엄밀하게 사고하기 위해—노력을 해야 한다고 지적하면서 얘기를 끝냈다. 이러한 패턴은 다른 몇몇 교사들의 반응에서도 엿볼 수 있었다. 예를 들면,

나는 먼저 학생의 독창적인 발상에 대해 긍정적인 반응을 보여주겠어요. 그 애가 뭔가 발견한 것을 기뻐해 주는 거죠. 그런 다음 그 주장을 좀더 토론해보자고 말하겠어요. 나는 그 애가 제

시한 직사각형을 토대로 해서, 둘레가 늘어날 때 넓이가 달라지는
다른 경우의 예를 여러 가지 제시할 거예요… [예 생략]. 마지막으
로 나는, 대담하게 스스로 연구를 시작해서 새로운 아이디어를 탐
구하고자 하는 정신을 다시 북돋아 주겠어요. 그러면서 아울러, 스
스로 뭔가를 생각해내는 것도 중요하지만, 제대로 생각하는 방법
도 익혀야 한다고 지적해주겠어요. (Tr. 쑨)

대다수 중국 교사들은 먼저 학생의 정신적 노력—"면밀한 관찰", "새
로운 지식 탐구", "스스로 생각하기", "스스로 솔선해서 새로운 지식을
탐구하려는 마음" 등—을 칭찬해주겠다고 답했다. 그러나 그들은 곧바
로 돌아서서, 그 주장의 문제점을 논하기 시작했다. 그들은 그 문제점
이 제대로 생각하는 방법을 모르는 데서 비롯한 것으로 보았다. 마지막
에 이 교사들은 당초에 칭찬해줬던 것으로 돌아가서 다시 한 번 칭찬을
해주고, 개선되어야 할 점을 지적해주겠다고 답했다.

나아가서, 중국 교사들의 반응은 다른 요소들—말하기, 설명하기, 질
문 던지기, 예를 들어 보이기 등—을 두루 동원하는 경향을 보였다. 학
생의 주장에 문제가 있다는 것을 먼저 말한 다음, 한 발 더 나아가도록
이끌어주겠다고 답한 교사의 예를 들어보겠다.

나는 그 애의 발견이 완전하지 않다고 말해주고 싶어요. 그
건 둘레와 넓이의 여러 관계 가운데 하나만 보여주는 거니까요. 나
는 그 애에게 다른 경우를 생각해봐야 한다고 제안하겠어요. 가로
는 그대로 있고 세로만 늘어나면 어떻게 될까? 가로와 세로가 모두
늘어나면 어떻게 될까? 가로는 늘어나고 세로는 줄어들거나, 그 역

이라면 어떻게 될까? 그런 경우를 두루 생각해보고 다시 와서, 새로 뭘 발견했는지 말해보라고 하겠어요. 새로 탐구해본 후에도 완전한 해답을 발견하지 못하면, 그 애와 함께 토론을 하면서, 단계별로 해답이 드러날 수 있도록 관련된 다른 예를 들어주겠어요. 마지막으로, 직사각형의 둘레와 넓이의 관계를 좀더 탐구하도록 하기위해, 이런 문제를 생각해보라고 하면 좋을 거예요. 즉, 둘레가 일정할 경우, 가로와 세로가 어떨 때 넓이가 가장 커질까? (Tr. S)

일부 교사들은 학생이 스스로 문제를 탐구하도록 하겠다고 답했지만, 필요하면 언제든 특별한 접근법을 제시해주겠다고 답했다.

나는 무엇보다 먼저 그 애가 제시한 도형을 다시 살펴보라고 하겠어요. 넓이가 어떻게 늘어났는지 생각해보고, 내게 그걸 말해보라고 하는 거죠. 그 애가 말하지 못하면, 정사각형을 직사각형과 겹쳐놓는다고 상상해서, 어디의 넓이가 늘어났는지 알아보고, 그렇게 늘어난 이유가 무엇인지를 생각해보라고 제안하고 싶어요. 그 이유는 가로가 늘어났기 때문이지요. 가로가 늘어날수록 넓이는 더 늘어나기 마련이에요. 가로가 늘어나면 당연히 둘레도 늘어나기 마련이지요. 그걸 살펴본 다음, 다른 방식으로 직사각형의 넓이가 늘어날 수도 있겠느냐고 물어보겠어요. 앞서 살펴본 논리대로, 세로가 늘어날 때에도 넓이가 늘어날 수 있다고 그 애는 답하겠지요. 그런데 가로와 세로가 모두 늘어나면 어떻게 될까? 물론 둘레와 넓이가 모두 늘어나겠지요. 그건 예를 들어서 살펴볼 필요도 없어요. 그런 다음 직사각형의 둘레가 늘어나는 다른 방식이 또 없겠느냐고 물어보겠어요. 이건 좀 어려울 거예요. 지금까지 생각해온 방식을 바꿔야 할 테니까요. 나는 그 애에게 집에 가서 잘 생각해보고 다음 날 다시 오라고 말하겠어요. 혹은, 그 애가 스스로 그것을 알아낼 것 같지 않다고 생각되면, 그 애가 내게 보여준 도형보다 둘레는 더 길지만 넓이는 같거나 작은 예를 몇 가지 들어주겠어요. 예를 들어, 가로가 10㎝이고 세로가 2㎝인 직사각형 같은 거 말예요. 이런 식으로 나는 그 애가, 주장이 성립하는 조건과 성립하지 않는 조건, 그리고 그 이유에 대해 토론할 수 있도록 이끌겠어요. 그걸 다 알게 되면, 그 애의 원래 주장에 어떤 문제가 있었고, 어째서 그런 문제가 생겼는지를 토론하게 될 거예요. (Tr. C)

어떤 교사들은 적절한 예를 드는 데 특히 능했고, 또 어떤 교사들은 적절한 질문을 던지는 데 능했다. 그러나 이들 두 요소는 서로 관련이 있었다.

나는 먼저 그 애가 스스로 생각하는 태도를 칭찬해주겠습니다. 그런 다음 물어보겠어요. "네가 두 도형을 보고 발견한 이론이 다른 모든 경우에도 옳을까? 몇 가지 예를 더 들어보면 좋지 않을까? 예를 들어, 둘레가 똑같이 24㎝인 다른 여러 직사각형을 그려보고 넓이를 계산해보면 어떨까? 그래서 어떻게 되는지 알아보고 다시 오렴." 그 애는 여러 도형, 즉 1×11, 2×10, 3×9, 4×8, 5×7, 6×6 따위를 그려서 넓이를 계산해보고서 다시 나를 찾아오겠지요. [그러면서 종이 한 장에 여러 직사각형을 그렸다.] 아마 그 애는 이미 알아냈을 겁니다. 둘레가 같아도 넓이가 다를 수

있다는 걸 말입니다. 직사각형의 둘레가 일정할 경우, 가로와 세로
의 길이가 가까이 근접할수록 넓이가 더 커진다는 사실까지도 그
애가 스스로 알아냈다면 더욱 좋겠지요. 아니면 적어도, 정사각형
의 넓이가 가장 크고, [자기가 그린 것 가운데] 가장 홀쭉한 직사
각형이 가장 넓이가 작다는 것쯤은 알게 되었을 겁니다. 나는 다
시 물어보겠어요. 둘레가 같은 여러 직사각형의 넓이와 모양에는
어떤 관계가 있는 것 같지 않느냐고. 이런 토론을 하게 되면, 그
애는 둘레와 넓이가 항상 동시에 늘어나는 건 아니라는 사실을 스
스로 알아낼 것입니다. (Tr. 츠언)

Tr. C는 학생이 과거의 생각을 반성하도록 이끌겠다고 답한 반면, Tr.
츠언은 학생이 그 주제를 좀더 탐구하도록 이끌겠다고 답했다. 이처럼
사려 깊은 두 답변은 모두 교과지식—새로운 수학적 아이디어를 탐구
하는 방법에 대한 지식뿐만 아니라 그 아이디어와 관련된 특정 수학 주
제에 대한 지식—의 뒷받침을 크게 받고 있었다.

3. 논의

🐛 수학에 대한 태도 : 교사들의 수학적 탐구를 촉진하는 것

미국 교사들이 직사각형의 둘레와 넓이 계산에 유난히 약한 모습을
보인 것은 아니었다. 그러나 두 나라 교사들은 현격한 차이를 보였다.
미국 교사는 오직 3명(13%)만이 스스로 수학적 탐구를 수행했고, 한 명

만이 올바른 답을 얻었다. 한편, 중국 교사는 66명(92%)이 수학적 탐구를 수행했고, 44명(62%)이 올바른 답을 얻었다.

미국 교사가 수학 탐구를 성공적으로 수행하지 못한 요인은 크게 두 가지가 있었다―계산 능력이 부족했고, 수학에 대한 태도가 보통사람과 같았다. 미국 교사 대부분이 비록 두 척도를 계산할 줄은 알았지만, 중국 교사들보다는 훨씬 미숙했다. 몇 명의 미국 교사는 계산을 할 줄은 알지만 원리는 모르겠다고 답했다. 그러한 지식의 결핍이 그 주제를 탐구하는 데 걸림돌이 되었다. 중국 교사들의 경우에는 그렇지 않았다. 공식에 대한 지식의 결핍이 탐구에 걸림돌이 된다고 답한 교사는 한 명도 없었다.

두 번째 요인은 수학에 대한 교사들의 태도였는데, 어쩌면 이것이 훨씬 더 중요한 것인지도 모른다. 둘레와 넓이의 관계에 대한 학생의 새로운 주장에 반응할 때, 미국 교사들은 보통사람처럼 행동한 반면, 중국 교사들은 좀더 수학자답게 행동했다. 이 차이는 수학에 대한 태도의 차이를 보여주었다. 브루너(1960/1977)는 교과의 구조를 논하면서 이렇게 썼다.

> 한 분야의 기초 개념을 마스터했다는 것은 일반 원리를 파악하고 있을 뿐만 아니라, 학습하고 질문하며, 추측하고 예측하며, 스스로 문제를 해결할 수 있는 태도가 발달해 있다는 것을 뜻하기도 한다.

이번 장에서 우리는 그 주장을 탐구한 모든 교사가 수학에 대해 건전한 태도를 보여주었다는 것을 알 수 있었다. 그들은 올바르게 답을 할 수도, 못할 수도 있었지만, 스스로 수학 문제를 해결할 수 있다는 태도와 수학적으로 사고하는 방법 덕분에 탐구가 촉진될 수 있었다.

🦋 수학에 문화변용 됨 : 그것이 수학 교사들의 특징이어야 하는가?

이번 장에서는 특히 중국 교사들의 수학에 대한 태도의 건전성에 초점을 두었지만, 지난 세 장에서도 그 점은 여실히 드러났다. 아시다시피 네 장 모두에서 일반적으로 미국 교사보다는 중국 교사의 말을 더 많이 인용했다. 사실 면담을 하는 동안 미국 교사가 말을 더 적게 한 것은 아니었다. 그러나 그들이 한 말은 상대적으로 수학적 짜임새나 관련성이 부족했다.

중국 교사들의 말이 훨씬 더 호소력이 있었던 이유는 가르치는 스타일 때문이라고 할 수도 있다. 그들의 가르침은 좀더 강의다웠다. 새로운 수학 개념이나 테크닉을 가르칠 때마다, 그들은 작은 "강의"를 준비해야 한다. 즉, 해당 개념이나 테크닉을 완벽하게 제시하는 교안을 마련해야 하는 것이다. 이러한 작은 강의는 수학 교육을 개관하는 것이며, 수학 교육의 중요 부분을 이루는 것이다. 중국 교사들은 작은 강의를 준비하면서 잘 짜여진 얘기를 하는 훈련을 하게 된다.

하지만 깊이 자리 잡은 또 다른 요인이 있다. 이 요인은 훨씬 더 중요한 구실을 하는 것으로 여겨지는데, 그것은 바로 교과 훈련에 대한 중국 교사들의 문화변용acculturation이다. 이 교사들이 수학자가 아닌 것은 분명하다. 대다수 교사는 초등대수와 초등기하 이외의 수학은 접해보지도 못했다. 그러나 그들은 엄격하게 사고하는 경향이 있으며, 주제를 논할 때 수학적 용어를 사용하는 경향이 있고, 자신의 소신을 수학

적 논법으로 정당화하는 경향이 있다. 이러한 모든 특징 덕분에 중국
교사들의 수학 논의는 강한 호소력을 갖게 된다.

💙 교사들의 교과지식과 학생의 제안에 대한 긍정적 반응간의 관계 : 수학적 탐구는 어떻게 촉진되고 어떻게 뒷받침되는가?

학생이 새로운 아이디어나 주장을 내놓을 때, 이때야말로 수학 학습
과 탐구를 촉진할 수 있는 절호의 기회가 아닐 수 없다. 그 학생의 독창
적인 발상을 긍정적으로 평가해주거나 칭찬해주는 것은 분명 필요한 일
이다. 그러나 의미 있는 수학 학습과 탐구를 촉진하기에는 긍정적인 평
가만으로 충분치 않다. 그 학생이 한 발 더 나아가 학습하고 탐구하게
하려면 교사가 특별히 뒷받침을 해줄 필요가 있을 것이다. 이번 장에서
우리는 교사가 설명을 해주고 학생의 주장을 점검하는 방법을 제시하거
나, 단계별로 학생이 스스로 탐구하도록 이끌어줌으로써 학생을 뒷받침
해줄 수 있다는 것을 알 수 있었다. 그러나 수학 학습을 위한 그런 모든
뒷받침은 수학적 탐구에 대한 교사 자신의 지식을 기초로 한다. 탐구
방법을 모르는 교사들은 학생을 칭찬해주거나 더 많은 예를 요구하는
정도의 뒷받침만 해줄 수 있었다. 그런 뒷받침은 너무 막연하고 너무
일반적이어서, 그 정도로는 참된 수학 학습을 촉진할 수 없을 것이다.
학생들이 수학적으로 사고하도록 하려면, 교사들이 먼저 수학적으로 사
고해야 한다.

이제까지 네 장에서 제시한 자료에 따르면, 내가 이런 결론을 내릴 거
라고 생각할지 모르겠다—교사들은 자신의 이해 수준을 넘어설 정도로
수학 학습을 촉진하지는 않는 경향이 있으며, 그럴 수도 없을 거라고.

학생은 교사가 지닌 지식보다 더 많은 것을 배울 수 없다는 게 사실일까? 나는 이번 연구 자료를 수집하면서 내가 다닌 초등학교에 들렀다가 우연히 만나게 된 초등학교 시절 은사인 Ms. 린에게 그 점을 물어보았다. 그는 자신의 6학년생 몇 명이 수학경시대회에서 우승했다는 것을 아주 자랑스럽게 내게 말한 후, 이렇게 덧붙였다. "그 애들은 해냈어! 전에 배운 적도 없는 문제를 풀었다구! 심지어 나도 풀 줄 모르는 문제를 풀었다니까! 그 애들은 여간 대견한 게 아냐. 하지만 나 자신도 대견하다고 봐. 스스로 새로운 문제를 탐구하는 능력—교사를 뛰어 넘는 능력—을 길러준 게 내가 아니면 누구겠어!"

Ms. 린의 말이 옳다면, 스스로 문제를 탐구할 능력이 있는 학생들은 때로 교사를 능가할 수도 있을 것이다. 그러나 대체 어떤 유형의 교사가 학생들에게 새로운 수학 문제를 탐구할 능력을 길러줄 수 있을까? 그런 교사들은 자신이 먼저 그런 능력을 가져야만 하는 것일까? 아직까지 이런 문제는 연구된 적이 없다. 하지만 나는 이렇게 가정하고 싶다. 수학에 문화변용된 교사들만이 학생들에게 수학적 탐구를 할 능력을 길러줄 수 있다고. 제자들에게 그런 능력을 길러주려면 교사들이 먼저 그런 능력을 가져야 한다고.

4. 요약

이번 장에서는 교사들이 새로운 수학적 아이디어—직사각형 둘레와 넓이 사이의 관계—에 접근하는 방법을 살펴보았다. 성공적으로 접근하는 데 실질적으로 도움이 된 것은 교과지식의 두 측면이었다. 즉, 해당 아이디어와 관련된 주제들에 대한 지식과 수학적 태도가 그것이다. 지난 세 장과 달리 수학적 태도는 이번 장의 과제를 완수하는 데 중요한 요인으로 작용했다.

미국 교사들이 새로운 아이디어와 관련된 주제들에 대한 지식을 크게 결여한 것으로는 보이지 않았다. 그들 가운데 반 이상은 직사각형의 둘레와 넓이를 구하는 공식을 알고 있었다. 그러나 미국 교사들은 수학적 태도 측면에서 특히 취약했다. 대다수가 새로운 아이디어에 접근하면서 수학적으로 행동하지 않았고, 스스로 탐구하지도 않았다. 다만 신참교사인 *Ms. J*만이 새로운 아이디어를 탐구해서 올바른 답을 냈다. 이와 달리 대다수 중국 교사들은 스스로 새로운 아이디어를 탐구했다. 그러나 약 5분의 1은 전략에 문제가 있어서 올바른 답을 내지 못했다.

part 5

교사들의 교과지식 :

기초수학에 대한 깊은 이해

지난 네 장에서 초등수학의 네 주제에 대한 미국과 중국 교사들의 지식을 살펴보았다. 연구에 협조한 두 나라 교사들의 지식에는 현격한 차이가 있었다. "평균 이상"의 미국 교사 23명은 절차에 초점을 맞추는 경향을 보였다. 대다수는 초보적인 두 주제—정수 뺄셈과 곱셈에 대해서는 건전한 연산 능력을 보여주었지만, 비교적 수준이 높은 두 주제—분수 나눗셈과 직사각형의 둘레와 넓이에 대해서는 어려워했다. 중국 교사의 경우에는 재직하는 학교의 수준이 높은 곳과 낮은 곳이 망라되어 있었지만, 72명 가운데 대다수가 네 주제와 관련된 연산에 능했고 개념도 잘 이해하고 있었다. 이번 장에서는 특별한 네 주제를 통틀어서, 교사들의 지식에 대해 논의하게 될 것이다.

전체적으로 살펴볼 때, 중국 교사들의 지식은 일관성이 있어 보인 반면, 미국 교사들의 지식은 단편적이었다. 이 연구에 사용된 네 주제는 초등수학의 다양한 영역과 다양한 수준을 망라하고 있다. 그런데도 나는, 면담하는 동안 중국 교사들이 하나의 주제를 논하면서도 네 주제를 상호 연계시키고 있다는 것을 감지할 수 있었다. 그러나 미국 교사들의 반응에서는, 네 주제를 연계시키는 모습을 찾아볼 수 없었다. 흥미롭게도, 미국 교사들의 수학 지식의 단편성은 미국 수학 교육과정이 단편적이고 가르침도 단편적이라는 것과 일치한다. 다른 연구자들이 미국의 수학 학습이 불만족스러운 주된 이유로 지적한 것이 바로 이러한 단편성이었다(Schmidt, McKnight, & Raizen, 1997; Stevenson & Stigler, 1992). 그러나 내가 볼 때 미국의 단편성이나 중국의 일관성은 결과일 뿐 원인이 아니다. 교육과정·가르침·그리고 교사들의 지식은 미국과 중국 초등수학의 지평을 반영한다. 중국 교사들의 지식에 일관성이 있는 이유는 실제로 그들이 수학적 본질[33]을 이해하고 있기 때문이다.

1. 중국 교사들의 지식의 실상 : 수학적 본질에 대한 이해

네 가지 설문에 대한 중국 교사들의 반응을 조감해보면, 그들의 수학 지식에는 흥미로운 몇 가지 특징이 있다는 것을 알 수 있다. 다음 특징들은 중국 교사들의 논의에서는 공통적으로 찾아볼 수 있었지만, 미국 교사들의 경우에는 거의 찾아볼 수 없었다.

🍎 계산절차의 수학적 원리를 찾아낸다

면담을 하는 동안 중국 교사들은 흔히 계산절차를 더 깊이 있게 논의하기 위해 속담을 인용했다. "방법을 알되, 이유도 알아라."[34] 이면의

---

33) 옮긴이 주 : mathematical "substance" : 수학적 "실체", "알맹이", "자신"이라고 번역할 수도 있다.

이치를 알아야 한다는 이 속담을 교사들은 새롭고 특별한 의미로 사용했다—계산절차를 수행하는 방법만 알게 하는 것이 아니라, 수학적으로 그것이 이치에 맞는 이유도 알아야 한다는 뜻으로.

산술에는 여러 계산절차가 포함되어 있다. 사실상 산술을 안다는 것은 흔히 이 계산절차를 능숙하게 구사할 줄 안다는 뜻으로 간주된다. 그러나 중국 교사들의 관점에서는, 유한한 수의 단계를 거쳐 문제를 푸는 일단의 규칙을 아는 것만으로 충분치 않다—계산할 때 거치는 일련의 단계가 이치에 맞는 이유도 알아야 한다. 리그루핑이 필요한 뺄셈 계산절차의 경우, 대다수 미국 교사들은 "빌려오기"라는 설명 아닌 설명으로 만족한 반면, 중국 교사들은 그 계산의 원리가 "떨기(더 높은 값의 단위 하나를 해체하기)"라고 설명했다[35]. 여러 자릿수 곱셈의 경우, 대다수 미국 교사들은 "곱하는 수에 맞추어 정렬"하는 규칙으로 만족했다. 그러나 중국 교사들은 자릿값과 자릿값 체계 개념을 탐구해서, 곱셈에서 부분곱을 정렬하는 규칙이 덧셈에서 덧수를 정렬할 때와 다른 이유를 설명하고자 했다. 분수 나눗셈의 경우 미국 교사들은 "뒤집어서 곱한다"는 말을 사용한 반면, 중국 교사들은 "어떤 수로 나누는 것은 그 역수를 곱하는 것과 같다"고 말함으로써, 일견 임의적으로 보이는 계산절차의 원리를 엄밀하게 설명하고자 했다.

---

34) 옮긴이 주 : 저자는 "Know how, and also know why"가 중국 속담 "知其然, 知其所以然(즈치르안, 즈치쑤어이르안)"을 번역한 것이라고 설명해놓았다. 원래 흔히 쓰이는 속담은 "只知其然, 不知其所以然"이다. 이 말은 "단지 그런 줄만 알고 그렇게 된 까닭은 모른다"는 뜻인데, "하나만 알고 둘은 모른다(只知其一, 不知其二)"와 같은 말이다.

35) 중국 교사들은 말로 설명하면서 가르칠 때 수학 용어를 사용하는 경향이 있다. 덧수, 합, 빼일 수 , 빼는 수, 차, 곱해지는 수, 곱하는 수, 곱, 부분곱(部分積), 나누어지는 수, 나누는 수, 몫(商), 역연산, 올리기(進一), 떨기(退一) 등의 용어가 흔히 사용된다. 예를 들어, 중국 교사들은 "두 수를 더하는 순서는 중요하지 않다"는 식으로 덧셈의 교환법칙을 표현하지 않는다. 대신 그들은 "두 덧수를 더할 때, 놓인 자리를 서로 바꾸어도 합은 동일하다"는 식으로 말한다.

"그것이 이치에 맞는 이유"를 즐겨 묻는 것이야말로 수학을 개념적으로 이해하는 첫 디딤돌이다. 나아가서 계산절차의 밑바탕에 놓인 수학적 이유를 탐구함으로써, 중국 교사들은 더욱 중요한 수학적 아이디어에 이를 수 있었다. 예를 들어, 리그루핑이 필요한 뺄셈의 원리인 "더 높은 값의 단위 하나를 해체하기"는 "더 높은 값의 단위 하나를 구성하기"라는 아이디어와 연결되어 있는데, 후자는 받아올림이 필요한 덧셈의 원리를 말한다. 한 걸음 더 나아가서 더 높은 값의 단위 하나를 구성하고 해체하기를 탐구하게 되면, "더 높은 값의 단위 하나를 구성하고 해체하는 진율進率"이라는 아이디어에 이를 수 있는데, 이것은 수 표현의 기본이 되는 아이디어이다. 이와 마찬가지로, 자릿값 개념은 더 뿌리깊은 아이디어—자릿값 체계와 수의 기본 단위—와 연결되어 있다. "어떻게"의 밑바탕에 놓인 "왜"를 탐구함으로써 단계별로 수학의 핵심에 놓인 기본 아이디어에 이를 수 있다.

🍎 기호를 사용하여 설명을 정당화한다

중국 교사들은 계산법의 밑바탕에 놓인 수학적 이유를 말로 설명하는 것도 필요하다고 보는 것 같았지만, 그것만으로 만족하지 않았다. 지난 네 장에서 보았듯이, 중국 교사들은 말로 설명을 한 후 기호를 사용한 유도 과정을 통하여 자신의 설명을 정당화하려는 경향을 보였다. 예를 들어 여러 자릿수 곱셈의 경우, 일부 미국 교사들은 123×645라는 문제를 세 개의 작은 문제로 쪼갤 수 있다고 설명했다. 즉, 123×600, 123×40, 123×5로 쪼개면, 부분곱은 738, 492, 615가 아니라, 73800, 4920, 615가 된다. 대다수 미국 교사들이 "정렬"을 강조한 것에 비하면 이 설명은 개념적이다. 그러나 중국 교사들은 훨씬 더 엄밀하게 설명했다. 먼저, 그들은 대부분 분배법칙[36]이 그 계산법의 밑바탕에 놓인 원리라고 지적했다. 그런 다음 제2장에서 살펴본 것처럼, 그들은 그 상황에서 분배법칙이 어떻게 유효하며 왜 그것이 이치에 맞는지를 예시하기 위해 분배법칙으로 다음과 같은 등식을 유도해낼 수 있다는 것을 보여주었다.

$$123 \times 645 = 123 \times (600 + 40 + 5)$$
$$= 123 \times 600 + 123 \times 40 + 123 \times 5$$
$$= 73800 + 4920 + 615$$
$$= 78720 + 615$$
$$= 79335$$

분수 나눗셈의 경우, 중국 교사들의 기호 표현은 훨씬 더 세련된 것이었다. 그들은 $1\frac{3}{4} \div \frac{1}{2}$과 $1\frac{3}{4} \times \frac{2}{1}$의 값이 같다는 것을 여러 가지로 증명하기 위해 "학생들이 이미 배운" 개념들을 끌어들였다. 다음은 분수와 나눗셈 사이의 관계($\frac{1}{2} = 1 \div 2$)를 기초로 한 증명의 예이다.

---

36) 중국 수학 교육과정에서는 3학년 때 덧셈의 교환법칙과 결합법칙을 먼저 가르친다. 곱셈의 교환법칙, 결합법칙, 분배법칙은 4학년 때 가르친다. 이들 법칙은 표준방법의 대안으로 소개된다. 예를 들어, 교과서에는 덧셈의 교환법칙을 이렇게 설명한다. "두 수를 더할 때, 덧수의 위치가 서로 바뀌어도 합은 일정하게 유지된다. 이것을 덧셈의 교환법칙이라고 한다. 문자 a와 b가 임의의 두 덧수일 때, 덧셈의 교환법칙은 이렇게 나타낼 수 있다. a+b=b+a. 덧수의 순서를 바꾸어서 합계를 확인하는 방법은 이 법칙에서 나온 것이다"(베이징北京, 티엔진天津, 상하이上海, 저지앙浙江 초등수학 교재구성 협력집단, 1989, 82~83쪽). 교과서에는 두 법칙이 어떻게 "빠른 계산법"으로 사용될 수 있는지 예시하고 있다. 예를 들어, 258+791+642를 더 빨리 계산하는 방법은 (258+642)+791로 바꾸는 것이고, 1646-248-152를 더 빨리 계산하는 방법은 1646-(248+152)로 바꾸는 것이다.

$$1\frac{3}{4} \div \frac{1}{2} = 1\frac{3}{4} \div (1 \div 2)$$
$$= 1\frac{3}{4} \div 1 \times 2$$
$$= 1\frac{3}{4} \times 2 \div 1$$
$$= 1\frac{3}{4} \times (2 \div 1)$$
$$= 1\frac{3}{4} \times \frac{2}{1}$$

"몫 값의 보존maintaining the value of a quotient" 규칙을 끌어들인 증명은 다음과 같다.

$$1\frac{3}{4} \div \frac{1}{2} = (1\frac{3}{4} \times \frac{2}{1}) \div (\frac{1}{2} \times \frac{2}{1})$$
$$= (1\frac{3}{4} \times \frac{2}{1}) \div 1$$
$$= 1\frac{3}{4} \times \frac{2}{1}$$
$$= 3\frac{1}{2}$$

나아가서 제3장에서 예시했듯이, 중국 교사들은 비표준 방법을 보여 주는 수학적 문장을 사용함으로서 $1\frac{3}{4} \div \frac{1}{2}$이란 문제의 답을 제시할 뿐만 아니라 그 해법까지 유도해냈다. 기호 표현은 중국 교사들이 수업을 할 때 널리 사용하는 것이다. Tr. 리가 말했듯이, 그녀의 1학년 학생들은 자기만의 리그루핑 방법을 설명하기 위해 수학적 문장(34 − 6 = 34 − 4 − 2 = 30 − 2 = 28)을 사용했다. 이 연구에 협조한 다른 중국 교사들도 비슷한 사례를 언급했다.

연구자들은 미국 초등학생들이 등호를 흔히 "뭔가 하라는 신호"로 본다는 사실을 알게 되었다(Kieran, 1990). 그런 사실은 내가 미국 초등교사 한 명과 나누었던 얘기를 연상시킨다. 나는 그 교사에게 물은 적이 있다. 학생이 "3＋3×4＝12＝15"라는 식으로 문제를 푸는 것을 용납하는 이유가 무엇인가를 묻자, 그녀는 이렇게 답했다. "글쎄요, 아무튼 올바른 순서대로 계산을 해서 올바른 답을 얻었잖아요? 그런데 뭐가 문제예요?" 그러나 중국 교사들의 관점에서 볼 때, 수학 연산의 의미는 엄밀하게 표현되어야 한다. 등호의 양쪽이 다른 값을 갖는 것은 용납되지 않는다. 나의 초등학교 선생님은 학생들에게 이렇게 말했다. "수학 연산에서는 등호가 생명이다." 사실, 어떤 목적을 이루기 위해 대등 관계를 유지하면서 등호의 한 쪽이나 양쪽을 바꾸는 것은 수학 연산의 "비법"이다.

중국 교사들은 수학 문장 속에 괄호를 넣거나 빼면서 연산의 순서를 바꾸는 데 능했다. 세 가지 법칙, 몫 값 보존의 규칙, 분수의 의미 등 몇 가지 단순한 속성을 끌어들여서 설문에 포함된 산술 계산법을 현명하게 기호를 사용하여 정당화했다.

앨런 쇼엔펠트(1985)가 지적했듯이, 설명의 한 형태인 "증명"은 수학 교과의 기준으로 인정된 것이며, 필수적인 것이다. 중국 교사들은 말과 기호 두 가지로 수학적 진술을 정당화하는 경향이 있었다. 말로 정당화하기는 기호로 정당화하기 이전에 나타나는 경향이 있었지만, 후자가 전자보다 훨씬 엄밀한 경향이 있었다. 중국 교사들이 학생의 주장을 조사해서 답한 후 제4장에서 논했듯이, 그들은 모두가 자신의 생각을 정당화했다. 타당치 않은 생각을 제시한 교사들은 모두 말로만 정당화했다. 그들이 만일 기호 표현을 사용했다면, 아마도 일부는 자신의 논법에 잘못이 있다는 것 정도는 발견할 수 있었을 테고, 나아가 바로잡을 수 있었을 것이다.

🐛 계산 절차에 다양하게 접근한다 : 개념적 이해에 근거한 융통성

증명과 설명은 엄밀해야 하지만, 그렇다고 수학에 융통성이 없는 것은 아니다. 수학자들은 문제를 푸는 데 여러 가지 방법을 사용하며 여러 방법을 모두 존중한다(Polya, 1973). 심지어 산술 문제의 경우에도 그렇다. 다우커(1992)는 44명의 전문 수학자에게 정수와 소수를 포함하는 10개의 곱셈과 나눗셈 문제의 답을 암산하도록 했다. 조사 결과 가장 두드러진 점은, "수학자들이 사용한 특별한 암산법이 너무나 다양했다"는 것과 "수학자들은 산술의 속성과 관계에 대한 이해를 기초로 한 여러 전략을 사용하는 경향이 있었다", 그리고 "계산법에 따라 기계적으로 계산하는 전략은 거의 사용하지 않았다"는 것이다.

"하나의 문제를 여러 가지 방법으로 해결한다"는 태도 역시 중국 교사들의 한 특징이었다. 네 가지 주제에 대해 그들은 표준 방법뿐만 아니라 대안 방법도 설명했다. 뺄셈 주제의 경우, 그들은 빼는 수의 리그루핑을 비롯해서 적어도 세 가지 리그루핑 방법을 언급했다. 여러 자릿수 곱셈의 경우, 그들은 계산법에 대해 적어도 두 가지 설명을 했다. 한 명의 교사는 부분곱을 정렬하는 방법 여섯 가지를 보여주었다. 분수 나눗셈의 경우, 그들은 표준 계산법을 증명하는 네 가지 이상의 방법과 세 가지의 대안 계산법을 제시했다.

모든 산술 주제에 대해 중국 교사들은 표준 계산법이 비록 모든 경우에 사용될 수는 있지만, 모든 경우에 최선의 방법일 수는 없다고 지적했다. 주어진 문제에 대해 다양한 방법을 융통성 있게 적용함으로써 최선의 방법을 찾아낼 수 있다. 예를 들어, 중국 교사들은 $1\frac{3}{4} \div \frac{1}{2}$을 계산하는 방법이 여러 가지라고 지적했다. 소수점, 분배법칙, 혹은 다른 수학적 아이디어를 사용한 대안 방법 모두가 표준 계산법보다 더 쉽고 더 빨랐다. 여러 방법으로 계산할 수 있다는 것은 표준 계산법의 틀에서 벗어나 수치 연산의 심장부—밑바탕에 놓인 수학적 아이디어와 원리—에 도달했다는 것을 의미한다. 하나의 문제가 여러 방법으로 해결될 수 있는 이유는, 수학이 고립된 규칙들로 이루어진 게 아니라, 서로 연계된 아이디어들로 이루어져 있기 때문이다. 따라서 하나의 문제를 두 가지 이상의 방법으로 해결할 수 있고, 그렇게 하는 경향이 있다는 것은, 여러 수학 분야와 주제들을 서로 연계시킬 능력이 있으며, 연계시키길 좋아한다는 것을 나타낸다.

한 주제를 여러 방법으로 접근하고, 여러 해법에 대한 논증을 제시하고, 해법을 비교해서 최선의 해법을 찾아내는 것은, 사실상 수학의 발달을 뒷받침하는 불변의 요소이다. 고등 연산 혹은 수학의 고등 분야에서는 대개 좀더 세련된 문제 해결법을 제시한다. 예를 들어 어떤 문제를 해결하는 데 있어서 곱셈은 덧셈보다 더 세련된 연산이다. 대수적 방법은 산술적 방법보다 더 세련된 것이다. 한 문제가 여러 방법으로 해결될 때, 그 문제는 수학적 지식의 여러 단편들을 연결짓는 매듭으로 작용한다. 중국 교사들이 산술적인 사칙연산을 어떻게 보는가의 관점은, 그들이 초등수학의 모든 분야를 나름대로 어떻게 통합하고 있는가를 보여준다.

🍎 사칙연산 사이의 관계를 이해한다 : 초등수학의 분야를 이어주는 "도로 체계"

산술arithmetic, 즉 "계산 기술"은 수치 연산으로 이루어져 있다. 그런데 미국과 중국 교사들은 이 연산에 대한 관점이 다른 것 같았다. 미국 교사들은 연산과 관련된 특별한 계산법—예를 들어 리그루핑이 필요한 뺄셈 계산법, 여러 자릿수 곱셈 계산법, 분수 나눗셈 계산법—에 초점을 맞추는 경향이 있었다. 한편, 중국 교사들은 여러 연산 자체와 각 연산들의 관계에 더 많은 관심을 가졌다. 특히 어떻게 하면 주어진 계산을 더 빨리 더 쉽게 할 수 있는가, 네 연산의 의미는 어떻게 연계되어 있는가, 그리고 수들의 부분집합(정수, 분수, 소수)을 통틀어 네 연산의 의미와 관계가 어떻게 표현되는가 등에 관심을 가졌다.

더 높은 값의 단위 하나를 해체할 필요가 있는 뺄셈을 가르칠 때, 중국 교사들은 더 높은 값의 단위 하나를 구성할 필요가 있는 덧셈부터 시작했다. 여러 자릿수 곱셈의 "정렬 규칙"을 설명할 때에는 그것을 여러 자릿수 덧셈의 정렬 규칙과 비교했다. 나눗셈의 의미를 설명할 때에는 여러 나눗셈 모델이 어떻게 곱셈의 의미에서 유도되는가를 설명했다. 또한 이 교사들은 수들의 새 집합, 예컨대 분수를 가르칠 때, 전에는 정수에만 국한되었던 산술 연산에 어떤 새로운 특징이 가미되는가를 주목했다. 직사각형의 둘레와 넓이의 관계를 논할 때, 중국 교사들은 이것을 산술 연산과 거듭 연계시켰다.

중국 교사들의 논의에서는 사칙연산을 서로 이어주는 두 종류의 관계가 특히 눈에 띄었다. 하나의 관계는 "유도된 연산"이라고 부를 수 있는 것이다. 예를 들어, 곱셈은 덧셈 연산에서 유도된 연산이다. 복잡한 덧셈 문제는 곱셈으로 더 쉽게 풀 수 있다[37]. 다른 하나의 관계는 역연산이다. "역연산inverse operation"이라는 용어를 언급한 미국 교사는 없었지만, 중국 교사들은 빈번하게 언급했다. 뺄셈은 덧셈의 역이고, 나눗셈은 곱셈의 역이다. 이러한 두 종류의 관계는 사칙연산을 단단히 이어주고 있다. 초등수학의 모든 주제가 사칙연산과 관계가 있기 때문에, 사칙연산 사이의 관계를 이해한다는 것은 초등수학 전체를 이어주는 도로 체계road system를 갖는 셈이다[38]. 이런 도로 체계가 있으면, 영역 내의 어디든 마음대로 오갈 수 있다.

2. 지식 꾸러미와 핵심 지식 : 학습의 종적 일관성 이해

중국 교사들의 또 다른 특징은 "지식 꾸러미"가 잘 개발되어 있다는 것이다—이것은 미국 교사들에게서는 찾아볼 수 없는 특징이다. 앞에서 논한 네 가지 특징은 초등수학 분야에 대한 교사들의 이해에 관한 것이었다. 이와 달리, 지식 꾸러미는 학습 과정에 대한 이해와 관계된다. 즉, 지식 꾸러미는 지식의 들판을 학생의 정신 속에 펼쳐 보이고 경작케 하는 종적 과정을 나타낸다. 지적 들판으로서의 산술은 인간에 의해 창조되고 경작되어온 것이다. 산술을 가르치고 학습한다는 것, 어린이가 자신의 정신 속에 이 들판을 재건할 수 있는 조건을 창조한다는 것,

37) 네 가지 설문은 곱셈과 덧셈의 관계에 대한 논의의 장을 제공하지 않았는데도, 중국 교사들은 자진해서 그것을 논의했다. 그들은 실제로 수업을 할 때 항상 그 관계를 매우 중시한다.
38) 사칙연산 사이의 두 종류의 관계는 정말이지 수학의 모든 고등 연산에도 적용된다. 따라서 초등수학의 "도로 체계"는 수학 전체 "도로 체계"의 축도이다.

이것이야말로 초등수학 교사들의 관심사가 아닐 수 없다. 심리학자들은 학생들이 어떻게 수학을 학습할 수 있는지 연구해왔다. 수학 교사들 또한 수학 학습에 관해 나름대로 이론을 가지고 있다.

리그루핑이 필요한 뺄셈, 여러 자릿수 곱셈, 분수 나눗셈에 대한 중국 교사들의 논의에서 도출된 지식 꾸러미 세 가지는 구조가 서로 비슷하다. 중앙에 일련의 주제가 수직으로 자리잡고, 둘레에 "원"을 이루고 있는 관련 주제들이 중앙 주제와 연결되어 있다. 뺄셈 꾸러미 속의 중앙 주제는 10 이내의 덧셈과 뺄셈 주제에서 시작해서 20 이내의 덧셈과 뺄셈, 20과 100 사이 수의 리그루핑이 필요한 뺄셈, 리그루핑이 필요한 큰 수의 뺄셈으로 이어진다. 곱셈 꾸러미 속의 중앙 주제는 한 자릿수 곱셈에서 시작해서 두 자릿수 곱셈, 세 자릿수 곱셈으로 이어진다. 분수 나눗셈의 의미에 대한 꾸러미 속의 중앙 주제는 덧셈의 의미에서 시작해서 정수 곱셈의 의미, 분수 곱셈의 의미, 분수 나눗셈의 의미로 이어진다. 교사들은 이러한 일련의 중앙 주제가 세 주제에 대한 지식과 테크닉이 전개되는 주요 진로라고 믿는다.

그러나 이처럼 순서적인 중앙 주제가 단독으로 전개되는 것이 아니라, 다른 주제들의 뒷받침을 받는다. 예를 들면 뺄셈 꾸러미에서 "10 이내의 덧셈과 뺄셈"은 다른 세 주제와 연결된다. 즉, 10을 구성하기, 올리기와 떨기(더 높은 값의 단위 하나를 구성하기와 해체하기), 역연산으로서의 덧셈과 뺄셈이라는 세 주제의 뒷받침을 받는다. 또 예를 들어 면담을 하는 동안 제기된 "20과 100 사이 수의 리그루핑이 필요한 뺄셈"이라는 주제는 다섯 항목의 뒷받침을 받는다. 즉, 10 이내의 수 구성, 진율(더 높은 값의 단위 구성 비율), 올리기와 떨기, 역연산으로서의 덧셈과 뺄셈, 그리고 리그루핑이 필요 없는 뺄셈이 그것이다[39]. 이와 동시에 원 속의 한 항목은 꾸러미 속의 여러 항목과 연결될 수 있다. 예를 들어, "10을 구성하기[40]"와 "올리기와 떨기"는 다른 네 항목과 연결된다. 이런 항목들의 뒷받침을 받음으로써 중앙 네 주제의 전개는 수학적으로 더 큰 의미를 띠게 되고 개념적으로도 더 풍성해진다.

교사들은 모든 항목이 동일한 위상을 지닌다고 보지 않는다. 각 꾸러미에는 다른 항목보다 더 "무게"가 나가는 "핵심" 항목이 있다. 핵심 항목의 일부는 중앙에 위치해 있지만, 일부는 "원" 안에 있다. 교사들은 왜 특정 항목을 "핵심" 지식이라고 생각하는가에 대해 여러 가지 이유를 제시했다. 그들은 어떤 항목을 가르칠 때 새로운 개념과 테크닉이 처음 소개되는가를 특히 주목했다. 예를 들어, "20 이내의 덧셈과 뺄셈" 항목을 가르칠 때, 리그루핑이 필요한 뺄셈의 개념과 테크닉이 처음 소개된다. "두 자릿수 곱셈" 항목은 여러 자릿수 곱셈을 학습하기 전에 거쳐야 할 중요 단계로 간주되었다. 어떤 개념이 처음 소개될 때 학생들이 철저히 학습해두면, "훗날 학습에서 절반의 노력으로 두 배의 성과를" 거둘 것이라고 중국 교사들은 믿는다.

지식 꾸러미에는 또 다른 종류의 핵심 지식이 있는데, 그것은 "개념 매듭"이다. 예를 들어, 분수 나눗셈의 의미를 설명하며 중국 교사들은 분수 곱셈의 의미를 언급했다. 중국 교사들은 그것이 분수 나눗셈의 의미와 관련된 중요 개념 다섯 가지—곱셈의 의미, 정수 나눗셈의 여러 모델, 분수의 개념, 정수의 개념, 정수 곱셈의 의미—를 한데 묶어준다고 생각했다. 그렇기 때문에 분수 곱셈의 의미를 철저히 이해하면, 분수 나눗셈의 의미를 더 쉽게 이해할 수 있다. 한편, 분수 나눗셈의 의미

---

39) 옮긴이 주 : 그림 1.2와 비교해볼 때 다소의 착오가 있다.
40) 옮긴이 주 : 그림 1.2와 비교해볼 때 다소의 착오가 있다.

를 탐구하는 것은 이 다섯 개념을 다시 복습하며 이해를 심화시킬 수 있는 기회이기도 하다.

지식 꾸러미에는 절차적 주제와 개념적 주제가 서로 맞물려 있었다. 주제에 대한 개념을 이해하고 있고, 학생들에게 개념을 학습시키고자 한 교사들이라고 해도, 절차적 지식을 무시하지는 않았다. 사실 그들의 관점에서 볼 때, 개념적 이해는 해당 절차와 분리되지 않는다. 절차는 이해가 "살아 숨쉬는" 곳이기 때문이다.

또한 중국 교사들은 초등수학의 전 분야만이 아니라 학습의 전 과정을 아는 것이 매우 중요하다고 생각한다. Tr. 마오는 이렇게 말했다.

> 수학 교사로서 우리는 단편적인 하나의 지식이 전체 수학 체계 속에서 어떤 위치를 차지하고 있는지, 이전 지식과는 어떤 관계를 지니고 있는지 알 필요가 있습니다. 예를 들어, 금년에 나는 4학년생을 가르치고 있는데, 나는 우선 4학년 교과서의 내용이 1, 2, 3학년 때 배운 것과 어떻게 연결되어 있는지를 알아야 합니다. 세 자릿수 곱셈을 가르칠 때, 나는 학생들이 구구단과 한 자릿수 곱셈과 두 자릿수 곱셈을 이미 배웠다는 걸 알고 있습니다. 학생들은 두 자릿수 곱셈을 배웠으니까, 세 자릿수 곱셈을 가르칠 때에는 학생들이 스스로 터득하게 합니다. 나는 먼저 두 자릿수 곱셈 문제를 여러 개 내줍니다. 그런 다음 세 자릿수 곱셈 문제 하나를 내주고, 학생들에게 스스로 풀어보게 하지요. 일의 자리의 한 수를 곱하고 십의 자리의 한 수를 곱하는 것까지는 예전에 해봤는데, 이제 백의 자리의 한 수를 곱해야 합니다. 이제 어떻게 해야 하는가? 곱을 어느 자리에 써넣어야 하는가? 그 이유는 무엇인

가? 그것을 학생들이 생각해보도록 하면 문제를 쉽게 풀 수 있지
요. 나는 학생들에게 나 대신 원리를 설명해보라고 할 것입니다.
그 대신, 나는 오늘 가르치는 것이 어떤 지식을 형성하게 되는지
알고 있어야 합니다.

3. 기초수학으로서의 초등수학

면담을 하는 동안 중국 교사들은 세련되고 일관된 초등수학 지식을 보
여주었다. 초등수학이 단순히 서로 관련 없는 사실들과 계산용 계산법
을 모아놓기만 한 것은 아님을 보여준 것이다. 초등수학은 지적으로 질
문을 던지며 도전하는 흥미진진한 분야이며, 그 위에 뭔가를 세워 올릴
수 있는 토대가 되는 것이다. 초등(elementary)수학은 기초(fundamental)
수학이다. 기초(fundamental)라는 말에는 세 가지 뜻이 담겨 있다. 토대
(foundational), 제 1(primary), 초보(elementary)가 그것이다.[41]

수학은 추론의 토대가 되는 공간적 · 수치적 관계를 다루는 학문 분야
이다. 역사적으로 산술과 기하는 수학의 핵심 분야였다. 오늘날에는 비
록 수학의 분야가 늘어났고 영역도 확대되었지만, 산술과 기하가 수학
의 토대라는 것에는 변함이 없다. 순수수학이든 응용수학이든 간에, 그
어떤 새로운 수학 분야라 해도 반드시 산술과 기하에서 확립된 기본수

---

41) 옮긴이 주 : ①foundational, ②primary, ③elementary는 모두 "기본적"이라는 뜻을 지닌 동의어
라고도 할 수 있는데, 각각 독특한 관점이 있다. ①은 전체 구축물의 관점에서 "밑바탕이 되는" 것을
강조한다. ②는 순서나 시간의 관점에서 "가장 앞서는" 것을 강조한다. ③은 불가결한 요소element의
관점에서 "기본이 되는" 것을 강조하는데, 학습과 관련해서 많이 쓰이면서 "초보적"이라는 의미가 파
생되었다.

학 규칙과 계산 테크닉을 필요로 한다. 따라서 산술과 제1단계 기하로 이루어진 초등학교 수학은, 그 위에 고등 분야를 구축하는 토대가 된다.

제1(primary)이라는 용어는 초등수학의 또 다른 특징을 나타내는 말이다. 더 고등한 수학 분야에서 발전시킨 수많은 중요 개념은 초등수학에 뿌리를 두고 있다. 예를 들어, 대수는 미지수를 알아낼 수 있도록 방정식 속에 아는 수와 모르는 수를 배열하는 하나의 방법이다. 이 방정식은 세 가지 기본법칙—교환법칙, 분배법칙, 결합법칙—으로 풀 수 있는데, 앞서의 장에서 살펴보았듯이 이 법칙은 당연히 산술에 뿌리를 두고 있다. 집합, 1 대 1 대응, 순서 등의 아이디어는 수 세기counting 속에 함축되어 있다. 합집합, 데카르트곱(적집합)과 같은 집합론적 연산은 정수 덧셈과 곱셈의 의미와 관련이 있다. 미적분의 기본 아이디어는 원의 넓이를 계산하는 초등기하 원리에 함축되어 있다[42].

그러나 토대이자 제1의 수학이라는 특징은 초보적elemtntary 형태로 제시된다. 그것이 초보적인 이유는 학생들이 처음 배우기 시작하는 수학이기 때문이다. 따라서 이 수학은 간명하고 쉬워 보인다. 겉으로는 단순해보여도 이 단계에서 학생들의 정신에 아로새겨진 아이디어는 수학을 배우는 동안 계속 살아 숨쉬게 된다. 예를 들어, "1+1=2"라는 것에서 배운 등식의 개념은 훗날 복잡하게 변한 등식을 학습할 때에도 결코 잊혀지지 않는다.

---

42) 원의 넓이를 구하는 공식을 가르칠 때, 중국 교사들은 종이 원반을 사용한다. 원반은 두 가지 색으로 이등분되어 있다. 예를 들어 반이 검은색이라면 반은 흰색이다. 먼저 이 원반을 색깔 별로 잘라서 두 개의 반원을 만든다. 그런 다음 피자를 자르듯이 아주 작게 조각을 내는데, 둥그런 테두리는 자르지 않고 남겨둔다. 두 개의 반원을 펼쳐서 서로 맞물리게 하면 직사각형 비슷한 모양이 된다. ▲▲▲▲▲▲▲ 두 반원을 더 잘게 조각 낼수록 더 직사각형에 가까워진다. 교사는 학생들에게 그것을 상상해보게 한 다음, 직사각형의 넓이를 구하는 공식을 끌어들여서, 원의 넓이 공식의 원리를 가르친다(세로 r 곱하기 가로 πr). 이런 식으로 원 넓이의 근사치를 구하는 방법은 17세기에 알려진 것이다.

수학적 능력의 획득이라는 관점에서 볼 때 초등수학을 가르친다는 것은, 산술의 종점까지 혹은 "전 단계 대수"의 시발점까지 다만 학생을이 끌고 가는 것을 뜻하는 게 아니라, 미래의 수학 지식을 구축할 기초를 다져주는 것을 뜻한다.

미국 학자들은 고등 개념이 쉽게 초등학생에게 다가갈 수 있다고 주장했다. 30여 년 전 브루너는 위상수학, 사영기하학, 확률론, 집합론과 같은 고등수학 아이디어를 초등학생에게 가르칠 수 있다고 주장했다. 1996년에 허쉬는 브루너의 주장을 다시 제기했다. 스틴(1995)과 캐펏(1990) 등은 학교 수학의 "나선 지향적 편성strand-oriented organization"을 제안했다. 그들은 전통적인 학교 수학의 "단편적 편성layer-cake organization"[43]을 비판했다. 전통적 편성은 "극소수의 나선strands(예컨대 산술, 기하, 대수)만을 뽑아 수평적으로 배열해서 교육과정을 편성"한 것이기 때문이다. 그것 대신에 그들은 "어린이의 교육적 체험 속에서 수학의 여러 뿌리를 수학의 여러 가지(분야)와 연결시키기 위해 점점 더 크게 확대되어 가는 수직적 연속성을 지닌" 종적 구조를 제안했다(Kaput & Nemirovsky, 1995). 그들은 "차원", "공간", "변화와 변화량" 등과 같은 나선들을 나타내는 여러 뿌리를 가진 한 그루 나무에 빗대어 종적 구조를 설명했다.

그러나 이 연구에 협조한 교사들이 개념적 이해를 지녔다고 해도 캐펏이나 스틴처럼 혁신적일 수는 없을 것이다. 교사들의 면담을 통해 나

---

43) 옮긴이 주 : "layer-cake"는 켜 사이에 크림 등을 넣은 케이크인데, 비유적으로 층층이 단절되어 있는 것을 뜻한다. 이와 달리 "strand"는 새끼줄처럼 꼬여 있는 것 속의 한 가닥을 가리키는 말인데, 비유적으로 나선처럼 돌아가며 이어져 있는 것을 뜻한다. 참고로, 유전자의 "이중나선"을 쉬운 영어로 "double strand"라고 한다.

타난 것처럼, 산술과 제 1단계 기하로 이루어진 초등수학은 이미 중요한 수학적 아이디어를 담고 있다. 이 교사들에게는 "수평적으로 배열된 교육과정"이라 해도 "수직적 연속성"을 지닌 것일 수 있다. 또한 산술이라고 해도 "다중 표현", "진지한 수학serious mathematics", "참된 수학적 대화genuine mathematical conversations"를 내포하는 것일 수도 있다[44]. 나는 중국 교사들이 학교 수학을 좀더 정확하게 예시하기 위해 사용하는 비유를 소중하게 생각한다. 그들은 초등수학이 학생들의 미래 수학 학습의 토대이며, 학생들 미래의 삶에 기여할 거라고 믿는다. 학생들의 미래 수학 학습은 고층건물을 짓는 것과 같다. 위층에서 보면 토대는 보이지 않을 수도 있다. 그러나 모든 층(모든 분야 수학)을 받쳐주고 긴밀한 일관성을 부여하는 것은 바로 이 토대이다. 새로운 수학의 출현과 발전은 기초수학과 별개의 것으로 간주되어서는 안 된다. 반대로, 그것은 기초수학과 그 잠재력, 나아가서 고등 분야를 위한 개념적 씨앗들을 훨씬 더 잘 이해하게 하는 것으로 간주되어야 한다.

4. 기초수학에 대한 깊은 이해

정말이지 초등수학을 일관되게 이해할 수 있는 것은 그 수학적 본질 덕분이다. 그러나 초등수학에 대한 이해가 항상 일관성이 있는 것은 아니다. 절차적 관점에서 보면, 각 산술 계산법은 다른 것과 거의 혹은 전혀 관련이 없이 서로 고립되어 있다. 연구된 네 주제를 예로 들면, 리그

---

44) "다중 표현", "참된 수학적 대화", "수학적 모델의 질적 이해"는 캐펏과 네미로프스키(1995)가 주창한 수학적 교육의 특징이다.

루핑이 필요한 뺄셈은 여러 자릿수 곱셈과 아무런 관련이 없고, 분수 나눗셈이나 직사각형의 둘레와 넓이와도 아무런 관련이 없다.

그림 5.1은 네 주제에 대한 전형적인 절차적 이해를 예시한 것이다. 이 그림에서 S는 리그루핑이 필요한 뺄셈, M은 여러 자릿수 곱셈, D는 분수 나눗셈, G는 기하(둘레와 넓이 계산)를 가리킨다. 직사각형은 이들 주제에 대한 절차적 지식을 나타낸다. 타원형은 이들 주제와 관련된 다른 절차적 지식을 나타낸다. 직사각형 아래의 사다리꼴은 각 주제에 대한 의사–개념적 이해Pseudo-Conceptual Understanding를 나타낸다. 점선은 잃어버린 항목을 나타낸다—우리는 여기서 다른 주제에 대한 이해를 결여하고 있다는 것에 주목해야 한다.

〈그림 5.1〉 네 주제에 대한 교사들의 절차적 지식

그림 5.1에서 네 주제는 본질적으로 별개이며, 각 지식 꾸러미[45]에 포함된 항목은 몇 개 되지 않는다. 절차적이기만 한 이해의 특징 한가지는 계산법에 대해 의사·개념적 설명을 한다는 것이다. 일부 교사들은 작위적인 설명을 지어냈다. 일부는 그저 말로만 계산법을 설명했다. 하지만 의사·개념적 설명을 지어내거나 암송하는 것도 계산법을 잘 알고

---

45) 하나의 주제가 주어지면, 교사는 그것의 학습과 관련된 다른 주제들을 참조하는 경향이 있다. 그것이 절차적 주제이면, 교사는 그것에 대한 설명을 참조하게 될 것이다. 그것이 개념적 주제이면, 교사는 관련 절차나 개념을 참조하게 될 것이다. 이러한 경향성 덕분에 잘 개발된 "지식 꾸러미"가 조직되기 시작한다. 그래서 내가 여기서 사용한 "지식 꾸러미"라는 용어는, 교사들이 주어진 주제를 가르칠 때 참조할 만한 관련 주제 집단을 가리킨다.

있을 때 가능하다. 계산법을 제대로 수행하지 못한 교사들은 분수 나눗셈과 기하 주제에 대한 반응을 통해 살펴보았듯이, 어떤 설명도 할 수 없거나, 다른 절차와 관련시키지 못하는 경향을 보였다. 지식 꾸러미가 고립되어 있고 미개발된 채, 절차적 관점만 지닌 교사의 수학에 대한 이해는 단편적이다.

　그러나 개념적 관점에서 볼 때, 네 주제는 수학적 개념들을 공유함으로써 서로 연결되어 있고, 서로 관련이 있다. 예를 들어, 자릿값 개념은 리그루핑이 필요한 뺄셈과 여러 자릿수 곱셈 계산법의 기초가 된다. 그래서 자릿값 개념은 두 주제의 연결고리가 된다. 역연산 개념을 도입하면, 리그루핑이 필요한 뺄셈 원리뿐만 아니라 분수 나눗셈의 의미를 설명할 때에도 도움이 된다. 그래서 역연산 개념은 뺄셈과 나눗셈을 연결시킨다. 곱셈의 의미와 같은 일부 개념은 네 주제 가운데 셋과 관련된다. 세 가지 기본법칙과 같은 일부 개념은 네 주제 모두와 관련된다. 그림 5.2는 개념적 관점에서 수학 주제들이 어떻게 관련되는지를 예시한 것이다.

〈그림 5.2〉 네 주제와 연결된 개념들의 예

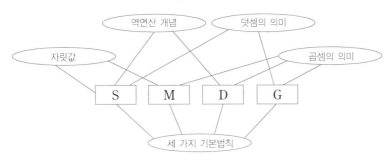

이 그림은 네 주제가 공유한 개념을 일부만 예로 들었지만, 네 주제들

간의 관계가 개념들을 어떻게 하나의 네트워크로 만드는지를 보여준다. 어떤 항목들은 네 주제 모두와 직접 연결되지는 않는다. 그러나 다양하게 연합함으로써 서로 겹치고 얽힌다. 세 가지 기본법칙은 중국 교사들이 네 주제를 논할 때 빠짐없이 나타난 항목이다.

그림 5.1에서 예시한 네 주제에 대한 절차적 이해와 달리, 그림 5.3은 네 주제에 대한 개념적 이해를 예시한 것이다. 그림 5.3의 맨 위에 있는 네 직사각형은 네 가지 주제를 나타낸다. 타원형은 지식 꾸러미 속의 지식 조각들을 나타낸다. 흰 타원형은 절차적 주제를 나타내고, 흐린 음영의 타원형은 개념적 주제를 나타내며, 짙은 음영의 타원형은 기본 원리를, 점선으로 이어진 타원형은 수학에 대한 일반적 태도를 나타낸다.

〈그림 5.3〉 네 주제에 대한 교사들의 개념적 지식

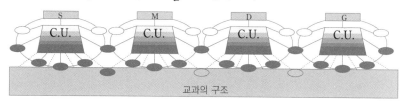

교과의 구조

잘 개발되고 상호 연결된 지식 꾸러미로 이루어진 수학 지식은, 교과의 구조가 견실하게 뒷받침해주는 네트워크를 형성한다. 그림 5.3은 그림 1.4의 특별한 주제에 대한 개념적 이해의 모델을 확장한 것이다. 이 그림은 수학에 대한 교사의 개념적 이해의 폭과 깊이, 연관성, 엄밀성을 보여준다. 네 주제가 초등수학의 다양한 분야를 대표하기 때문에, 이 모델은 한 교사의 초등수학 분야에 대한 개념적 이해의 축도라고 할 수 있다.

점선으로 이어진 타원형, 즉 수학에 대한 일반적 태도는 대개 특별한 주제에 대한 지식 꾸러미 안에는 포함되지 않는다. 그러나 이 태도는 교사가 긴밀한 일관성을 지닌 수학 지식을 갖도록 하는 데 큰 기여를 한다. 한 교과에 대한 기본 태도는 기본 원리들보다 훨씬 더 큰 영향력을 지닐 수 있다. 하나의 기본 원리가 모든 주제를 뒷받침할 수는 없겠지만, 하나의 기본 태도는 모든 주제를 뒷받침할 수 있다. 면담을 하는 동안 교사들이 언급한 수학에 대한 기본 태도, 즉 "수학적 논법으로 주장을 정당화하기", "방법뿐만 아니라 이유를 알기", "다양한 문맥에서도 한 아이디어의 일관성을 유지하기", "한 주제를 여러 방법으로 접근하기" 등의 태도는 초등수학의 모든 주제와 관련되어 있다.[46]

나는 그림 5.3에서 예시한 교과지식을 PUFM(profound understanding of fundamental mathematics : 기호수학에 대한 깊은 이해)이라고 부른다. 기초수학에 대한 깊은 이해란 기초수학 영역을 깊고 폭 넓고 엄밀하게 이해한다는 것을 뜻한다. "깊은profound"이라는 용어가 학문적으로는 흔히 지적 깊이를 나타낼 때 쓰이는 말이지만, 학문의 깊이와 폭과 엄밀성은 서로 통하는 말이다.

장 피아제의 제자이자 동료였던 더크워드는 초등수학과 과학을 "깊이" 그리고 "복합적으로" 학습해야 한다고 믿는다(1987, 1991). 얼마나 빨리가 아니라 얼마나 멀리 학습이 나아갈 수 있는가에 관심을 가졌던 피아제의 영향을 받아서, 그녀는 "깊고 폭넓은 학습"의 개념을 제안했다(1979). "하나씩 차례로 벽돌을 쌓아올려" 탑을 세우는 것과 "폭넓

---

46) 브루너가 말한 구조의 두 차원, 즉 기본 원리와 기본 태도는 긴밀한 관계를 형성하는 데 아주 강력한 힘을 지녔다. 그림 5.3은 너무 단순해서, 일반 원리 혹은 태도와 수학적 개념 혹은 주제 사이의 1 대 다(多)의 관계를 제대로 보여주지 못한다는 게 안타깝다.

은 기초 혹은 깊은 토대 위에" 탑을 세우는 것 사이의 차이를 비교한 후, 더크워드는 이렇게 말했다.

> 폭넓고 깊은 건물을 짓는다는 것은 어떤 지적 행위에 해당하는 것인가? 나는 그것이 관계를 형성하는 문제라고 본다. "폭"은 서로 관계될 수 있는 경험의 광범위한 영역이라고 할 수 있다. "깊이"는 우리 경험의 다른 측면들 사이에 이뤄질 수 있는 관계의 다양한 종류라고 할 수 있다. 나는 지적 깊이와 폭이 서로 분리될 수 있다고 보지 않는다. 다만 구별해서 말할 수 있을 뿐이다.

지적 깊이와 폭이 "관계를 형성하는 문제"이며 이 두 가지는 서로 맞물려 있다는 더크워드의 말에 나는 동의한다. 그러나 지적 깊이와 폭에 대한 그녀의 정의는 너무 일반적이어서 수학 학습 논의에 사용할 수가 없다[47]. 게다가 그녀는 그 관계가 정작 무엇인지를 설명하지 않는다.

내 연구를 토대로 해서, 나는 한 주제를 깊이 있게 이해하기를 이렇게 정의한다—그 주제를 개념적으로 좀더 강력한 교과 아이디어들과 연결시키기라고. 그 아이디어는 교과 구조와 가까울수록 더 강력해질 테고, 따라서 더 많은 주제를 뒷받침할 수 있을 것이다. 한편, 한 주제를 폭넓게 이해하기는 개념적으로 비슷하거나 덜 강력한 아이디어와 연결시키

---

47) 교육 연구자들에게는 교사들의 교과지식의 깊이라는 게 흥미로우면서도 모호한 것으로 여겨지는 것 같다. 한편으로는 교사들의 이해가 깊어야 한다는 데 대부분 동의할 것이다(Ball, 1989; Grossmann, Wilson, & Shulman, 1989; Marks, 1987; Steinberg, Marks, & Haymore, 1985; Wilson, 1988). 그러나 다른 한편으로는, "깊이"라는 용어가 "모호하고", "정의하고 측량하기가 어렵다"는 것 때문에(Ball, 1989; Wilson, 1988), 그것에 대한 이해가 지지부진했다. 데보라 볼(1989)은 교사들의 교과지식을 나타내기에는 모호하다고 생각한 "깊이"라는 용어를 피하기 위해, 실질적 교과 지식의 세 가지 "명확한 평가기준"을 제안했다. 정확성, 의미, 연관성이 그것이다.

는 것이다. 예를 들어, 리그루핑이 필요한 뺄셈의 지식 꾸러미를 생각해보자. 받아올림이 필요한 덧셈, 리그루핑이 필요 없는 뺄셈, 받아올림이 필요 없는 덧셈. 이런 주제들과 주어진 주제를 연결시키는 것은 폭의 문제이다. 덧셈과 뺄셈이 역연산이라는 개념, 진율 개념 등과 연결시키는 것은 깊이의 문제이다. 그러나 깊이와 폭은 그것들을 서로 맞물리게 하는 엄밀성—그 분야의 모든 부분을 "소통"시키는 능력—에 좌우된다. 정말이지 바로 이 엄밀성이야말로 수학 지식을 하나의 일관된 전체로 "접착"시켜주는 것이다.

물론, 초등수학에 대한 깊은 이해가 가능한 이유는 무엇보다도 초등수학이 깊고 폭넓고 엄밀한 분야이기 때문이다. 깊고 폭넓고 엄밀한 이해를 지닌 교사는 수학 아이디어들 간의 관계를 고안해내는 것이 아니라 다만 드러낸다. 수학 교수·학습을 위해 다만 드러내서 제시하는 것이다. 그러한 교수·학습은 다음 네 가지 속성을 갖는 경향이 있다.

연관성. PUFM을 지닌 교사들은 일반적으로 수학 개념과 절차들을 서로 연결시키려는 의도를 지니고 있다. 개별적인 지식 조각들을 단순하고 피상적으로 연결시키는 데서 그치지 않고, 서로 다른 수학 연산과 하위영역들 간의 복잡하고 근본적인 연결을 꾀한다.

다중 관점. PUFM을 지닌 교사들은 한 아이디어의 여러 측면들을 인식하고, 한 해법에 대한 다양한 접근을 중시할 뿐만 아니라, 각 접근법의 장점과 단점을 안다. 그뿐만 아니라, 여러 측면과 다양한 접근에 대해 수학적 설명을 할 수도 있다. 이런 식으로 교사들은 학생들이 교과를 융통성 있게 이해하도록 이끌어줄 수 있다.

기본 아이디어. PUFM을 지닌 교사들은 수학적 태도를 보이며, 특히 "단순하지만 강력한 기본수학 개념과 원리(예컨대 방정식 개념 따위)"를 잘 알고 있다. 그들은 기본 아이디어를 복습하게 하고 강화하는 경향이 있다. 기본 아이디어에 초점을 맞춤으로써, 학생들이 단지 문제를 풀도록 격려하는 것만이 아니라 참된 수학적 활동을 하도록 안내한다.

종적 일관성.[48] PUFM을 지닌 교사들은 특정 학년이 배워야 할 지식만 지닌 것이 아니다. 그들은 초등수학 교육과정 전체를 기본적으로 이해하고 있다. PUFM을 지님으로써, 교사들은 학생들이 이전에 배운 중요 개념을 복습할 기회가 찾아오면 그것을 놓치는 법이 없다. 그들은 또한 학생들이 훗날 배우게 될 것이 무엇인지를 알고 있어서, 적절한 기초를 다져줄 기회도 역시 놓치지 않는다.

이러한 네 가지 속성은 상관 관계를 지니고 있다. 첫 번째 속성인 연관성은 PUFM을 지닌 교사가 수학을 가르칠 때 일반적으로 나타나는 특징이다. 다른 세 가지 즉 다중 관점, 기본 아이디어, 종적 일관성은 의미 있는 수학 이해의 여러 측면—깊이, 폭, 엄밀성—을 포괄하는 관계들을 형성하는 것이다.

그러나 안타깝게도, 그림 5.3과 같은 정적 모델로는 이러한 관계의 역동성을 나타낼 수 없다. 가르칠 때에 교사들은 가르치는 문맥에 따라 교과지식을 조직한다. 주제들 간의 관계는 가르침의 문맥에 따라 변한

---

48) 캐펏(1994)은 교육과정을 묘사하기 위해 이 용어를 사용했다. 여기서 내가 이 용어를 사용한 것은, 교사 지식에 해당하는 속성을 묘사하기 위한 것이다. 이 속성은 슐만(1986)이 교육과정 지식이라고 부른 것의 한 측면과 관계가 있다.

다. 한 주제에 대한 지식 꾸러미의 중앙에 자리 잡은 지식은, 주제가 바뀌면 지식 꾸러미의 변경으로 물러날 수 있고, 그 역도 가능하다.

이번 연구를 위해 면담을 하면서, 나는 사람들이 자기가 사는 도시나 읍내에 대해 무엇을 어떻게 알고 있는지 생각해보았다. 각각 사람에 따라 읍내에 대해 다르게 알고 있을 것이다. 예를 들어 처음 이사온 사람은 자기 집이 있는 곳만 알지도 모른다. 일부는 이웃을 잘 알고 있으면서도, 멀리까지는 가본 적이 없을 수 있다. 일부는 읍내의 몇 곳—일하는 곳, 쇼핑하는 곳, 영화를 보러 가는 극장—을 찾아가는 방법을 알면서도, 오직 한 길만을 알고 다른 길은 모를 수 있다. 그러나 일부 사람들, 예를 들어 노련한 택시 기사들은 읍내의 온갖 길을 아주 잘 알고 있을 것이다. 그들은 한 곳에서 다른 곳으로 가는 여러 길을 알고 있기 때문에, 아주 자신만만하고 융통성도 있다. 손님이 첫 방문객이라면, 읍내를 가장 잘 보여줄 수 있는 길을 택할 수 있다. 만약 손님이 시간에 쫓긴다면, 하루의 어느 시간대에는 어느 길로 가는 게 가장 빠른지를 생각해서 목적지에 데려다줄 것이다. 그들은 손님이 주소를 확실히 몰라도 원하는 곳에 역시 데려다줄 수 있다. 교사들과 얘기를 나누며 나는 학교 수학을 아는 방식과 읍내의 도로 체계를 아는 방식이 유사하다는 생각이 들었다. 내가 보기에, PUFM을 지닌 교사들이 학교 수학을 알게 된 방식은, 어느 면에서 노련한 택시 기사가 읍내를 아는 방식과 너무나 흡사했다. 택시 기사의 머릿속에는 미래의 읍내 지도까지 들어 있을 수도 있다. 하지만 학교 수학에 대한 교사의 지도가 더 복잡하고 더 융통성이 있음에 틀림없다.

5. 요약

이번 장에서는 앞서 논의한 네 주제를 통틀어서, 중국과 미국 교사들의 이해를 대조해보았다. 두 나라 교사들의 반응은 초등수학이 중국과 미국에서 아주 다르게 해석되고 있다는 것을 보여준다. 미국 교사들은 개념적 이해를 가르치는 데 관심은 있었지만, 미국에서 흔히 볼 수 있는 견해가 반영된 반응을 보였다. 초등수학은 "기본적basic"인 것으로, 사실과 규칙을 임의적으로 모아놓은 것이며, 그 울타리 안에서 수학을 한다는 것은 답에 이르는 단계별 절차를 따르는 것을 의미한다고 본 것이다. 그러나 중국 교사들은 계산법을 수행하는 방법을 알 뿐만 아니라 그것이 이치에 맞는 이유를 아는 데에도 관심이 있었다. 그들의 태도는 연구 중인 수학자의 태도와 비슷했다. 그들은 등식을 유도해서 설명을 정당화하고, 한 문제를 여러 방법으로 해결하고, 네 가지 기본연산들 간의 관계를 중시하는 경향을 보였다. 세 가지 설문 주제 각각에 대해 중국 교사들은 "지식 꾸러미"—해당 주제를 학습함으로써 뒷받침되거나 뒷받침하는 절차적·개념적 주제들의 네트워크—를 설명했다. 특정 개념을 처음 가르칠 경우, 그 개념은 지식 꾸러미 속의 "핵심"으로 간주되어 각별히 강조되었다. 예를 들어, "20 이내의 덧셈과 뺄셈"은 리그루핑이 필요한 뺄셈 지식 꾸러미의 핵심으로 간주된다. 그것을 가르칠 때 10을 구성하고 해체하기라는 개념이 처음 소개되기 때문이다. 초등수학은 "기본basic" 수학—절차의 모음—이나 기초수학으로 여겨질 수 있다. 기초수학은 초보 수학이며, 토대 수학이고, 제 1의 수학이다. 그것이 초보 수학인 이유는, 학생들이 처음 배우기 시작하는 수학이기 때문이다. 그것이 제 1의 수학인 이유는, 더 고등한 수학 분야에서 발전시킨 수많은 중요 개념이 거기에 뿌리를 두고 있기 때문이다. 그것이 토대 수학인 이유는, 학생들의 미래 수학 학습의 토대가 되기 때문이다.

기초수학에 대한 깊은 이해(PUFM)는 초등수학에 대한 건전한 개념적 이해 이상이다. PUFM을 지녔다는 것은, 초등수학에 내재한 개념적 구조와 수학적 기본 태도를 알고 있을 뿐만 아니라, 학생들에게 개념적 구조의 토대를 제공하고 기본 태도를 가르쳐줄 수 있는 능력을 지녔다는 뜻이다. 수학에 대한 깊은 이해는 폭과 깊이와 엄밀성을 지닌다. 이해의 폭은 한 주제를 개념적으로 비슷하거나 다소 미흡한 힘을 지닌 주제들과 연결시키는 능력을 나타낸다. 이해의 깊이는 한 주제를 개념적으로 더 큰 힘을 지닌 주제들과 연결시키는 능력을 나타낸다. 엄밀성은 모든 주제를 연결·소통시키는 능력을 나타낸다.

PUFM을 지닌 교사의 가르침은 연관성을 지니고 있으며, 주어진 문제 하나를 해결하는 다중의 접근을 촉진하고, 기본 아이디어를 복습케 하고 강화시키며 종적 일관성을 지니고 있다. PUFM을 지닌 교사는 학생들에게 수학 개념과 절차들 간의 관계를 드러내어 제시할 수 있다. 이 교사는 한 아이디어의 여러 측면들을 인식하고, 한 해법에 대한 다양한 접근을 중시할 뿐만 아니라 각 접근법의 장점과 단점을 안다. 그리고 여러 측면과 다양한 접근에 대해 수학적 설명을 할 수도 있다. PUFM을 지닌 교사는 "단순하지만 강력한" 기본 수학 아이디어를 잘 알고 있으며, 기본 아이디어를 복습하게 하고 강화하는 경향이 있다. 그런 교사는 초등수학 교육과정 전체를 기본적으로 이해하고 있다. 따라서 학생들이 이전에 배운 중요 개념을 복습할 기회가 찾아오거나 나중에 배우게 될 개념의 기초를 다져줄 기회가 찾아오면, 적극적으로 기회를 활용할 준비가 되어 있다.

part 6

기초수학에 대한 깊은 이해 :

언제 어떻게 이해가 깊어지는가?

이번 연구에서 나는 마지막으로 PUFM이 언제 어떻게 획득되는지를 탐구해보았다. 첫 번째로 PUFM이 언제 획득되는지를 폭넓게 알아보기 위해, 중국에서 교직 경험이 없는 두 집단의 사람들을 면담했다. 이때 제시된 설문지는 교사들에게 제시한 것과 똑같은 것을 사용했다. 한 집단은 한 학급 26명의 예비교사로 이루어졌고, 다른 집단은 20명의 9학년 학생들로 이루어졌다.[49] 전자는 사범학교를 마칠 무렵의 지식수준을 알아보기 위한 것이었고, 후자는 사범학교를 들어갈 무렵의 지식수준을 알아보기 위한 것이었다.

두 번째로 탐구한 것은 PUFM이 어떻게 획득되는지에 관한 것이었다. 나는 PUFM을 지닌 것으로 확인된 교사 세 명을 면담했다. 이 면담에서는 주로 두 가지 질문을 제기했다. 교사의 수학 교과지식은 어떤 것이어야 한다고 보는가? 그리고 자신의 수학 지식은 어떻게 얻었다고

---

49) 중국의 중학교(7~9학년)는 학교에 따라 수준이 크게 다르다. 내가 면담한 학생들은 상하이에 있는 보통 수준의 학교에 다니는 학생들이었다. 그들의 절반 정도는 사범학교 입학시험에 합격할 수 있는 수준이다.

생각하는가? 교사의 수학 지식이 어떤 것이어야 하는가의 질문에 대한 답은 앞서의 장에서 논한 바 있다. PUFM에 이르는 시점을 다룬 후, 그 방법을 다룰 때, 중국 교사들의 수학 지식의 발전과 조직화가 근무 조건에 의해 어떻게 뒷받침되었고, 어떻게 계속 뒷받침되고 있는가를 아울러 설명했다.

1. 기초수학에 대한 깊은 이해에 이르는 시점 :
앞의 네 주제에 대한 이해

💗 중국인 두 집단 간의 차이

두 집단은 계산법 차원에서 눈에 띄는 능력 차이를 보이지 않았다. 뺄셈과 곱셈, 분수 나눗셈 문제 계산은 한 명을 제외하고 모두 정확했다—9학년 학생 한 명이 여러 자릿수 곱셈 문제의 부분곱을 더할 때 실수를 했다. 둘레와 넓이의 관계에 대한 주장을 탐구할 때, 두 집단은 모두 넓이 계산 공식을 잘 알고 있었다. 예비교사 58퍼센트와 9학년생 60퍼센트는 "둘레가 늘어나면 따라서 넓이도 늘어난다"는 주장이 항상 옳지는 않다고 생각했다. 대다수는 그 주장이 성립하지 않는 반례를 제시했고, 몇 명은 가능한 여러 경우의 수를 설명했다.

그러나 분수 나눗셈 개념을 제시할 때, 두 집단은 몇 가지 흥미로운 차이를 드러냈다. 예비교사들은 올바른 답을 제시하는 경향을 보였지만, 관점이 협소했다. 반면에 학생들은 더 넓은 관점을 지니고 있었지만, 실수를 더 많이 했다.

$1\frac{3}{4} \div \frac{1}{2}$ 의 의미를 개념적으로 올바르게 제시한 문장제 문제를 만들어낸 예비교사는 85퍼센트(22명)에 이르렀지만, 9학년생은 40퍼센트(8명)에 그쳤다. 최소한 하나의 올바른 문장제 문제를 만들어낸 22명의 예비교사 가운데 20명(91%)이 제시한 것은 분할모델(예컨대 절반이 $1\frac{3}{4}$인 전체를 알아내기)이었다. 측정모델(예컨대 $1\frac{3}{4}$ 안에는 $\frac{1}{2}$이 몇 번 포함되는가 알아내기) 문장제를 제시한 것은 2명(9%)뿐이었다. 그러나 문장제를 만들어내는 데 성공한 9학년생 8명은 어느 한 모델에 치우치지 않았다. 즉, 4명은 분할모델을, 다른 4명은 측정모델을 제시했다.

문장제를 만들어내지 못한 예비교사 2명은 못하겠다고 시인만 하고, 잘못된 개념을 보여주는 이야기를 제시하지는 않았다. 그러나 개념적으로 올바른 문장제를 만들지 못한 9학년생 12명은 "용기"는 더 많았는데, "조심성"이 떨어졌다. 그들은 그 주제를 여러 방향에서 탐구했다. 그래서 8명은 계산 절차 가운데 하나인 $1\frac{3}{4} \times 2$의 의미를 제시하는 이야기를 만들었다. 3명은 $1\frac{3}{4} \times \frac{1}{2}$을 나타내는 이야기를 만들었고, 1명은 그냥 못하겠다고 시인했다.

분수 나눗셈의 의미를 제시하는 데 있어서 두 집단이 차이를 보인 것은, 사범학교 교육 덕분에 예비교사들의 수학 지식이 향상되었기 때문인 것 같다. 그 주제에 대한 그들의 지식은 "정리"가 된 것으로 보였다—잘못된 개념이 제거된 것이다. 그러나 그 과정에서 그들의 관점이 협소해졌는지도 모른다. 옳고 그름에 대한 조심성 때문에 그들은 일단 생각이 막히자 대안 방법을 찾으려는 노력을 하지 않는 경향을 보였다.

두 집단이 드러낸 또 다른 차이는, 예비교사들이 수학적 주제를 논할 때 교수 · 학습에 관심을 보였다는 것이다. 그들은 계산을 한 후 설명을 하려는 경향을 보였다―설명의 대부분은 아주 제한적이고 간단했다. 예를 들어 여러 자릿수 곱셈의 경우 학생의 잘못에 대한 문제에 답할 때, 9학년생은 단순히 학생들이 틀렸다는 것을 지적하며 올바른 계산 절차를 보여주는 경향이 있었다. 이와 달리, 예비교사들의 반응은 흔히 세 단계를 포함했다. 첫째, 문제는 학생들이 부분곱을 올바르게 정렬하지 못했다는 것이다. 둘째, 예비교사들은 학생들에게 계산법의 밑바탕에 놓인 원리를 설명해주겠다고 말했다. 셋째, 그들은 학생들에게 좀더 연습을 시키겠다고 말했다. 피상적으로 원리를 설명한 예비교사가 한 명 있었지만 어떤 연습을 시킬 것인지 길게 논한 사람은 한 명도 없었다. 그러나 그들은 교수·학습에 뚜렷한 관심을 보였다.

요약하면, 계산법 차원에서는 예비교사들과 9학년생의 능력이 비슷했지만, 크게 두 가지 점에서 차이를 드러냈다. 첫째, 예비교사들은 수학적 개념을 "정리"한 것처럼 보인 반면, 수학적 접근은 협소해 보였다. 둘째, 9학년생들과 달리 예비교사들은 교수·학습에 관심이 있었다.

🐛 두 중국 집단과 미국 교사들 간의 차이

이제 두 중국 집단과 미국 교사들 간의 차이를 살펴보자. 리그루핑이 필요한 뺄셈과 여러 자릿수 곱셈의 경우, 세 집단은 연산 능력이 비슷했다. 그러나 두 중국 집단은 좀더 개념적인 이해를 보여주었다. 예를 들어, 여러 자릿수 곱셈의 정렬 규칙을 설명할 때, 그들은 모두 그 계산법의 밑바탕에 놓인 원리를 이해하고 있었다.

다른 두 고등 주제의 경우 두 중국 집단의 능력은 미국 교사들보다 현저하게 뛰어났다. 중국 집단의 모든 구성원들은 $1\frac{3}{4} \div \frac{1}{2}$ 을 올바르게 계산했고, 넓이를 구하는 공식도 알고 있었다. 그러나 미국 교사의 경우에는 43퍼센트만이 분수 나눗셈을 올바르게 계산했고, 17퍼센트는 넓이 공식을 모른다고 답했다. 좀더 개념적인 이해를 요구한 두 질문의 경우 차이가 훨씬 더 두드러졌다. 중국 예비교사의 85퍼센트와 9학년생의 40퍼센트는 분수 나눗셈의 의미를 개념적으로 올바르게 제시하는 문장제 문제를 만들어냈지만, 미국 교사는 4퍼센트만 그것을 해냈다. 중국 예비교사의 58퍼센트와 9학년생 60퍼센트는 직사각형의 둘레와 넓이의 관계에 대한 올바른 접근법을 보여주었지만, 미국 교사들은 역시 4퍼센트만 그러했다. 주제가 더 고등하고, 개념적 사고를 더 많이 요구할수록, 미국 교사들은 수행 능력이 떨어지는 것으로 나타났다. 그림 6.1은 두 고등 주제의 경우 드러난 차이를 요약한 것이다.

〈그림 1.1〉 리그루핑이 필요한 뺄셈에 대한 교사들의 이해 차이

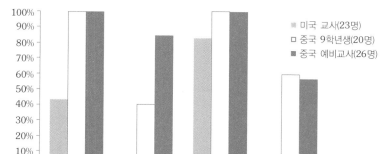

두 중국 집단과 중국 교사들 간의 차이

두 중국 집단과 중국 교사들 간의 지식의 차이는 그 유형이 또 달랐

다. 보통사람의 관점에서 본 수학 지식의 척도인 연산 능력은 비슷했다. 그러나 교사 관점에서 수학 지식의 특징을 살펴볼 때, 두 중국 집단은 교사 집단과 크게 달랐다.

　설문은 같았지만, 예비교사와 9학년생을 면담할 때에는 교사를 면담할 때보다 시간이 훨씬 적게 걸렸다. 다수의 예비교사들은 계산법을 설명하려는 경향을 보였지만, 그들의 설명은 아주 짧았다. 9학년생들은 설명을 하려고 들지는 않았지만, 분수 나눗셈 문장제와 둘레와 면적의 관계를 얘기할 때 더 많은 시간이 걸렸다. 두 집단은 네 주제 가운데 어느 것에 대해서도 정교한 설명을 제시하지 못했다. 수학 주제들 간의 관계, 한 문제에 대한 다중 접근[50], 혹은 관련 주제에 대한 기본 아이디어에 대해서도 논하지 못했다.

　그러나 교사의 교과지식으로서의 PUFM을 항상 분명하게 구별할 수 있는 것은 아니다. 많은 경우, 한 교사가 PUFM을 지녔는지, 지니지 못했는지 단정하기 어렵다. 예를 들어, 면담을 한 중국 교사들의 약 1할은 PUFM을 지녔다는 것을 확인할 수 있었다. 그들은 모두 오랜 교육 경험을 지닌 교사들이었다. 그들 대다수는 초등수학을 처음부터 끝까지 가르쳐본 적이 있었고, 모든 학년을 한 번 이상 가르쳤다. 또 중국 교사약 1할은 PUFM을 전혀 갖지 못한 것으로 분류될 수 있었다. 그러나 다른 교사들 대부분은 두 극단 사이의 어느 지점에 속하는지 단정할 수 없었다. 일부 교사는 당시 가르치고 있는 것에 대해서는 깊고 폭넓고 엄밀하게 이해하고 있다는 것을 보여주었지만, 전체 초등수학 분야에 대해서는 그러하지 못했다. 예를 들어 일부 교사는 저학년 초등수학을 특

---

50) 가능하면 두 가지 이상의 문장제를 만들어보라고 요구하자 예비교사 6명이 문장제를 하나 더 만들었지만, 모두가 비슷한 분할모델만 제시했다.

히 잘 다루었고, 일부는 고학년 초등수학을 특히 잘 다루었다. 그들은 자신이 잘 다루는 분야의 주제에 대해서는 정교한 논의를 할 수 있었지만, 다른 주제에는 서툴렀다. 사실 면담을 하는 동안 처음 두 주제를 가장 섬세하게 논한 교사는 대개 저학년을 가르치고 있었고, 다른 두 주제를 가장 정교하게 논한 교사들은 대개 고학년을 가르치고 있었다.

내가 중국 교사 집단에서 발견한 PUFM은 그들이 교사가 된 후에 발전한 것 같았다. 즉, 학생들을 가르치는 동안 PUFM이 발전했다는 것이다. 그렇다면 문제는, 교사가 된 후 PUFM을 어떻게 발전시켰는가이다. 이 질문을 탐구하기 위해, 나는 PUFM을 지닌 것으로 판단되는 교사 세 명을 면담했다.

2. 기초수학에 대한 깊은 이해에 이르는 방법

자료 수집의 편의를 위해, 상하이의 같은 초등학교 교사인 Tr. 마오, Tr. 왕, Tr. 쑨을 면담했다. 그들은 각각 고, 중, 저학년의 초등수학을 가르치고 있었다. 내가 면담한 중국 교사들[51] 대부분이 그렇듯, 이 세 명은 당시 수학만을 가르치고 있었다. (일부 교사는 전담 과목을 바꾸기도 하지만, 요즘은 그런 일이 드물다.) 일반적으로, 전담교사를 두는 학교에서, 새 교사의 전담과목은 학교의 필요, 새 교사의 교사임용시험 성적, 해당 교사의 관심 과목에 따라 결정된다.

미국 초등교사들과 달리, Tr. 마오, Tr. 왕, Tr. 쑨은 하루에 45분 단위

---

51) 72명 가운데 12명은 시골학교에서 전과목을 가르쳤다.

의 수업을 3~4회 했다. 수업이 없을 때에는 동료들과 함께 쓰는 교무실에서 수업 준비를 하거나 과제물 첨삭지도를 했다.

💛 집중적인 교재 연구

어떻게 "체계적으로" 수학 지식을 얻었느냐고 묻자, 그들은 "집중적인 교재 연구(鑽硏敎材)"[52]라는 말을 언급했다.

> 우리는 몸소 가르쳐야 하기 때문에, 가르칠 때 무엇보다도 집중적인 교재 연구를 할 필요가 있습니다. 사범학교에서 우리는 "초등수학 내용과 교수법" 등의 과목을 이수합니다. 그러나 그것만으로는 충분치 않습니다. 초등수학이 무엇인가에 대해 간단하고 기초적인 것만 알게 될 뿐이거든요. 그건 실제 교육과 관계가 없습니다. 우리는 몸소 한 학년을 가르쳐봄으로써 해당 학년에서 실제로 무엇을 가르치는지 알게 됩니다. 제대로 알려면 한 학년만 가르쳐서는 안 되고, "라운드(회)"별로 5개 학년을 모두 가르쳐봐야 합니다. 초등학교 교육은 여러 라운드로 나뉩니다. 우리 학교에서는 1라운드가 1학년부터 3학년까지를 포함하고, 2라운드는 4학년과 5학년을 포함합니다. 각 라운드에서 여러 학년이 함께 연결되어 초등수학의 일정 부분을 다룹니다. 1라운드를 가르쳐보면, 처음 3개 학년에서 가르치는 것이 무엇이고, 그것이 어떻게 연결되어 있는지, 그 실상에 익숙해집니다. 2라운드를 가르쳐보면, 4학

---

52) 옮긴이 주: 鑽硏敎材(쭈안옌 쟈오차이) : studying teaching materials intensively. 찬연鑽硏은 깊이 연구한다는 뜻.

년과 5학년 때 가르치는 수학의 실상에 익숙해집니다. 두 라운드를 모두 가르쳐보면, 초등학교 수학 교육과정의 전체 실상에 익숙해집니다. 한 라운드를 여러 번 가르칠수록 그 라운드의 내용에 더욱 익숙해지지요. 그러나 단지 가르치는 것만으로는 충분치 않습니다. 그 내용을 알게는 되지만, 그렇다고 해서 반드시 잘 안다고 할 수는 없으니까요. 잘 알기 위해서는, 그것을 가르치는 동안 교재를 깊이 연구해야 합니다. (Tr. 쑨)

Tr. 쑨이 언급한 세 가지 요소―직접 가르쳐보기, 라운드 별로 가르치기, 가르치는 동안 교재를 깊이 연구하기(쭈안옌 쟈오차이)―는 다른 교사들도 언급한 것이다. 처음 두 가지 요소는 중국인이 아니어도 쉽게 이해할 수 있을 것이다. 그러나 중국 교사들과 얘기할 때 자주 듣는 "쭈안옌 쟈오차이"라는 말이 정작 무슨 뜻으로 사용되고 있는지는 좀더 설명할 필요가 있을 것 같다.

중국어와 영어를 모두 아는 사람이라면 "쟈오차이(敎材)"를 "교재-teaching materials"로 번역할 것이다. "쟈오(敎)"는 "교육-teaching"을, "차이(材)"는 "재료-materials"를 뜻하기 때문이다. 그러나 "쟈오차이"는 사실상 미국의 "교육과정curriculum"에 더 가까운 말이다. 일반적으로, 중국 교사가 "쭈안옌 쟈오차이"라고 말할 때, "쟈오차이"는 다음 세 가지로 이루어진다―교수·학습의 얼개[교학대강],[53] 교과서,[54] 교사용 안내서.[55]

---

53) 교학대강敎學大綱(쟈오쉐에 따깡) : the teaching and learning framework.
54) 課本(커뺀) : textbook.
55) 備課輔導材料(뻬이커 후우따오 차이라오) : teacher's manuals.

교학대강은 교육부에서 공표한다. 이것은 각 학년의 학생이 무엇을 배워야 하고, 그 배움의 기준은 무엇인가를 명문화한 것이다. 어느 면에서 이것은 미국의 경우 전국 수학교사 평의회(NCTM, 1989)의 "학교 수학의 규준" 혹은 캘리포니아 교육부(1985)의 "캘리포니아 공립학교 수학의 얼개"와 유사한 문서이다. 중국에서 교과서는 교학대강을 해석하고 구체화한 것이다. 과거에는 교육부에서 모든 공립학교용의 교과서를 한 종만 출판했다. 지난 10년 동안은, 지역의 특성을 더 감안하는 방식으로 교학대강을 해석해서 여러 종의 교과서가 출판되어왔다. 그러나 교과서의 질은 여전히 중앙과 지방 정부의 엄격한 통제를 받기 때문에, 여러 종의 교과서가 사실상 아주 비슷하다. 각종 교과서는 교사용 안내서와 함께 출판되는데, 이 안내서는 해당 교과서에 담긴 지식의 배경과 그것을 가르치는 방법을 제시한다. 교과서와 안내서는 전국적으로 인정받은 학교 교육과정 전문가와 고참교사가 참여해서 공들여 만든다. 교육과정은 "조직화된 교육 프로그램의 내용과 목적"이라는 워커(1990)의 정의를 받아들인다면, 어느 면에서 이 세 가지 교재(敎材)는 중국 교육과정을 구성하는 세 가지 구성요소로 간주될 수 있다.

중국 교사들은 세 가지 교재를 다른 방식으로 연구한다. 여름에, 즉 학기가 시작되기 전에, 교사들은 대개 교학대강을 연구한다. 이때 교사들은 장차 가르치게 될 학년과 관련된 부분을 특히 잘 살펴서 한 학기나 한 학년 목표를 세운다. 교사들은 교학대강을 따를 뿐, "타협"을 하지는 않는다. 그들은 학생들이 교학대강에 명문화된 학습 기준에 이르도록 돕는 것이 주된 임무 가운데 하나라고 생각한다.

교과서는 중국 교사들이 가장 많은 시간을 보내며, "집중 연구"를 하는 교재이다. 그들은 가르치는 동안에도 끊임없이 교과서를 연구한다.

무엇보다 먼저, 그들은 "이것이 무엇인가"를 이해하고자 한다. 교과서가 교학대강에 포함된 아이디어를 어떻게 해석하고 어떻게 예시했는가? 저자가 교과서를 특정 방식으로 구성한 이유는 무엇인가? 여러 내용들 간의 관계는 무엇인가? 전후 내용들 간의 관계는 무엇인가? 개정된 교과서는 과거의 교과서에 비해 무엇이 달라졌고 왜 달라졌는가? 등을 연구한다. 좀더 세부적으로는, 교과서의 각 단원이 어떻게 조직되어 있는가, 저자들이 각 내용을 어떻게 제시했는가, 왜 그렇게 제시했는가를 연구한다. 단원마다 보기가 나와 있는데, 그런 보기를 선택한 이유는 무엇이고, 각 보기는 어떤 순서로 제시되었는가를 연구한다. 또한 각 소단원의 연습문제를 살펴보고, 그런 연습문제를 낸 목적 등을 음미한다. 정말이지 그들은 교과서를 비평하듯 아주 면밀하게 조사한다. 교사들은 대개 저자들의 아이디어가 정교하며 고무적이라고 생각하게 되지만, 때로는 자기 관점에서 불만족스럽거나 부적절해 보이는 부분을 발견할 수도 있다.

중국(일부 다른 아시아 국가들)의 교과서는 미국 교과서와 사뭇 다르다. 스티븐슨과 스티글러(1992)는 중국 교과서를 이렇게 묘사했다.

> 과목마다 학기별로 교과서가 한 권씩 있는데, 한 권이 100쪽을 넘는 경우는 거의 없다. 표지에는 멋진 그림이 그려져 있지만, 안에는 그림이 조금밖에 없고, 주로 글만 씌어져 있다. 그림은 각 단원의 핵심만 나타내는 경향이 있고, 고찰해야 할 개념의 전개에 불필요한 정보는 거의 없다. 교사가 다른 재료로 정보를 보충해주고 정교하게 설명해줄 거라는 전제 아래, 교과서는 요점만 제시한다.

예를 들어, 3학년 두 학기의 수학 교과서 두 권은 각각 120쪽 이하이다. 무게는 170그램밖에 안 된다. 두 권이 다루는 11가지 주제[56]는 아주 면밀하게 조직되어 있으며, 서로 연결되어 있고, "고찰해야 할 개념의 전개에 불필요한 정보는 거의 없다." 그처럼 집약적이면서도 엄밀한 구조는 교사들이 내용을 엄밀하게 연구하고 확실히 파악하는 데 도움이 된다.

교사들은 "무엇을 가르칠 것인가"를 면밀하게 고찰하는 것 외에도, "그것을 어떻게 가르칠 것인가", 그들의 용어로 바꿔 말하면, "어떻게 교재를 다룰 것인가"[57]를 연구한다. 정말이지 "이것이 무엇인가"에 대한 고찰 속에는, "이것을 어떻게 가르칠 것인가"에 대한 관심이 항상 내재되어 있다. 결국 교과서는 그것을 가르칠 목적으로 구성된 것이다.

---

56) 11가지 주제는 다음과 같다(괄호 속은 하위 주제).
    1. 나누는 수가 한 자릿수인 나눗셈(한 자릿수 나누는 수로 나누기, 몫의 끝자리 수가 0인 나눗셈, 나누기와 곱하기를 잇달아서 하는 문제, 복습).
    2. 여러 연산이 복합된 문제와 문장제(수평으로 쓴 연산 문제, 문장제, 복습).
    3. 여러 자릿수 숫자 읽기와 쓰기.
    4. 여러 자릿수 덧셈과 뺄셈(여러 자릿수 덧셈, 덧셈에서의 교환법칙과 결합법칙, 여러 자릿수 뺄셈, 덧셈과 뺄셈의 관계, 교환법칙과 결합법칙으로 일부 덧셈과 뺄셈 연산을 더 쉽게 하는 방법, 복습).
    5. 킬로미터 알기.
    6. 톤, 킬로그램, 그램 알기.
    7. 곱하는 수가 두 자릿수인 곱셈(두 자릿수 곱하는 수로 곱하기, 곱하는 수와 곱해지는 수 모두 혹은 한 수의 끝자리 수가 0인 곱셈, 복습).
    8. 나누는 수가 두 자릿수인 나눗셈(두 자릿수 나누는 수로 나누기, 곱셈과 나눗셈의 관계, 복습).
    9. 여러 연산이 복합된 문제와 문장제(수평으로 쓴 연산 문제, 문장제, 복습).
    10. 년, 월, 일
    11. 직사각형과 정사각형의 둘레(선과 선분, 각, 직사각형과 정사각형의 특징, 직사각형과 정사각형의 둘레 구하기).
    교과서는 11가지 주제를 다룬 후, "총 복습"을 하게 한다.
57) 處理敎材(츠우리 쟈오차이) : to deal with teaching material. 교사들이 말하는 "츠우리 쟈오차이"는 "교과서 다루기"를 뜻한다. 넓은 의미에서 "쟈오차이(교재)"는 교과서와 교사용 안내서, 교학대강까지 포함하지만, 실제로는 교과서 연구에 대부분의 시간을 할애한다.

"어떻게 교재를 다룰 것인가"를 파악하기 위해 교사들은 그것을 어떻게 가르칠 것인가—교재를 어떻게 제시할 것인가, 한 주제를 어떻게 설명할 것인가, 학생들에게 적절한 연습문제를 어떻게 만들어낼 것인가 등—의 관점에서 교과서를 살펴본다. 다시 말하면, Tr. 마오가 말했듯이, "가능한 한, 진도가 느린 학생이든 빠른 학생이든 모든 학생에게 도움이 되는 방식으로 최단 시간에 최대 학습을 도모하는 방법"을 찾아내고자 한다. 교과서 속의 내용과 그것을 다루는 방법을 연구하는 동안, "무엇을 가르칠 것인가"와 "어떻게 가르칠 것인가"의 상호작용이 일어난다. 그러한 상호작용을 통해, 어떻게 가르칠 것인가에 자극을 받아서 교사의 교과지식이 발전하리라는 것은 명백한 일이다.

앞에서 말한 세 가지 교재 가운데, 교사용 안내서는 중국 교사들에게 상대적으로 가장 경시된다. 많은 교사들, 특히 신참교사들은 가르칠 내용과 방법을 탐구할 때 안내서가 꽤 도움이 된다고 생각하지만, 대개는 안내서에 의지하면 안 되고, 그것을 뛰어넘어야 하는 것으로 간주한다. 실제로 교사용 안내서는 대개 교과서를 보충하는 것으로 여겨진다.

교사용 안내서는 이 책에서 다룬 연구와는 관계가 없다. 그러나 내 연구에 협조한 교사들과 마찬가지로, 나도 초등교사였을 때 안내서를 사용했다. 교사용 안내서에 대한 다음 설명은 그때의 경험에 기초한 것이다.

교사용 안내서는 해당 교과서 내용에 대한 배경 지식과 그것을 가르치는 방법을 제시한다. 전형적인 안내서의 서문에서는 교과서를 개관한다—주요 주제, 교과서 편성의 원리, 해당 학년과 전후 학년 교과서 주제들 간의 관계 등이 언급된다. 안내서 본문에서는 각 주제와 하위 주제를 항목 별로 논한다. 각 주제에 대한 논의는 다음 질문에 초점을 둔다.

그 주제와 관계가 있는 개념은 무엇인가?

그 개념을 가르칠 때 어려운 점은 무엇인가?

그 개념을 가르칠 때 중요한 점은 무엇인가?

학생들이 그 주제를 학습할 때 혼동하거나 잘못하기 쉬운 것은 무엇인가?

때로는 이런 질문을 논한 후에 교수법적 문제의 해답이 제시되기도 한다. 예를 들어, 4학년 교과서의 교사용 안내서(Shen & Liang, 1992)를 살펴보면 "분수의 의미와 속성"에 대해 이렇게 논하기 시작한다.

> 무엇보다 먼저 학생들에게 분수의 의미를 이해시켜야 한다—"'1'이라는 전체를 똑같이 여러 개로 나누었을 때, 이렇게 나눈 것 하나 이상을 나타내는 수를 '분수'라고 한다." 이때 학생들이 학습하기 어려운 것은 "1"이 전체라는 개념을 이해하는 것과 분수로 등분된 단위를 이해하는 것이다. 요점은 "똑같이 나누기(등분)" 개념을 명료하게 설명해야 한다는 것이다.

안내서에는 교사가 전체 "1"이 항상 하나의 원이나 직사각형, 혹은 하나의 사과와 같은 단 하나의 사물만을 나타내는 것은 아니라는 것을 확실히 밝혀야 한다고 씌어져 있다. "1"은 한 반의 학생들, 한 바구니의 사과, 한 무더기의 책과 같은 사물 집단을 나타낼 수도 있다. 안내서는 이렇게 이어진다.

> "등분" 개념을 처음 가르칠 때, 둥그런 모양을 교구로 사용

하는 것이 가장 적절하다. 등분된 원과 각 부분을 보여줌으로써 전체와 부분의 관계를 가장 쉽게 보여줄 수 있기 때문이다. 그런 후, 다른 모양을 교구로 사용해서 그 개념을 강화할 수도 있다. 예를 들어, 직사각형 하나를 고르게 네 부분으로 접어서, $\frac{1}{4}$과 $\frac{3}{4}$을 다르게 색칠해보도록 하면, $\frac{1}{4}$과 $\frac{3}{4}$ 개념을 정립할 수 있을 것이다. 그런 다음 학생들에게 그것을 4등분해서 칠판에 붙여놓게 하면, $\frac{3}{4}$이 3개의 $\frac{1}{4}$로 이루어져 있다는 것을 보여줄 수 있다. $\frac{3}{4}$의 분수 단위는 $\frac{1}{4}$이다. 같은 방법을 사용해서, $\frac{4}{7}$는 4개의 $\frac{1}{7}$로 이루어져 있다는 것을 보여줄 수 있다— $\frac{4}{7}$의 분수 단위는 $\frac{1}{7}$이다. 이렇게 하면, "분수 단위"를 가르칠 때의 난점이 해소될 것이다.

학생들에게 분수 단위 개념을 이해시키는 데 사용될 수 있는 여러 방법을 좀더 논의한 후, 안내서는 이렇게 결론짓는다.

학생들이 분수의 값과 그 분수의 단위를 말할 수 있다면, 분수의 기초 의미를 이해했다는 것을 뜻한다. 이제 몇 가지 모양을 제시해서 심화 학습을 할 수 있다. 예를 들어, 아래 그림 가운데 음영 부분과 분수 표시가 일치하지 않는 것, 일치하는 것을 찾게 하고, 그 이유를 물어본다.

$\frac{1}{2}$

$\frac{2}{5}$

$\frac{1}{3}$

$\frac{1}{3}$

$\frac{1}{2}$

$\frac{1}{4}$

몇 명의 교사는 안내서를 사용하지 않는다고 말했는데, 그것은 이미 그 내용을 다 알기 때문이다. 그러나 신참교사의 경우, 그리고 처음으로 특정 학년을 가르치는 고참교사의 경우에도, 안내서는 그들이 가르쳐야 할 것에 대한 사고의 얼개를 마련해주고, 더 깊이 이해하기 위한 첫 디딤돌이 되는 정보를 제공해준다.

내가 면담한 교사들은 모두 "집중적인 교재 연구"가 매우 중요하다고 생각했다.

> 교재 연구는 너무나 중요한 것입니다. 교재를 연구한다는 것은 우리가 무엇을 가르쳐야 하고 어떻게 가르쳐야 하는가를 연구하는 것을 의미합니다.─바꿔 말하면, 지식과 학생들 사이의 연결고리를 발견하는 것입니다. 사범학교에서 실습 나온 교생들은 나와 함께 학생들을 가르치며, 우리가 왜 그토록 많은 시간을 들여 교재를 연구하는지, 그렇게 연구를 해서 우리가 무엇을 얻을 수 있는지를 이해하지 못합니다. 그들이 보기에는, 너무나 간단하고 명료해서 연구하고 말 것도 없는 것 같습니다. 그저 몇 가지 보기 문제가 있을 뿐이고, 그런 문제는 1분이면 너끈히 풀 수 있고, 2분이면 학생들에게 설명해줄 수 있습니다. 그러나 나는 교생들에게 이렇게 말합니다. 30년 이상을 가르쳐왔는데도, 교과서를 연구할 때마다 새로운 것을 발견하게 된다고. 학생들의 정신을 어떻게 북돋울 것인가, 어떻게 명료하게 설명할 것인가, 어떻게 더 적은 시간을 들여서 더 많은 것을 배우도록 할 것인가, 학생들이 그 주제를 배우도록 어떻게 동기부여를 할 것인가… 이런 질문에 제대로 답하려면 교재가 무엇을 얘기하고 있는가에 대해 깊고 폭넓게

이해해야 합니다. 교재를 연구할 때마다 매번 가르칠 내용과 방법에 대해 더 좋은 아이디어를 얻게 됩니다. 그러니 교재를 연구해서 더 이상 배울 것이 없다고는 감히 생각할 수가 없습니다. (Tr. 마오)

"교재 연구"는 중국 교사들의 업무에서 중요한 위치를 차지한다. 때로 그것은 "수업 계획"과 동의어로 사용된다.

나는 항상 가르치는 시간보다 수업 준비를 하는 데 더 많은 시간을 들입니다. 때로는 세 배, 네 배나 더 시간이 들이지요. 교재를 연구하는 데 그렇게 많은 시간을 들이는 겁니다. 내가 이번 단원에서 가르쳐야 할 것이 무엇인가? 그 주제를 어떻게 가르쳐야 하는가? 학생들이 이미 배운 개념과 테크닉 가운데 어떤 것을 끌어들여야 하는가? 그것은 다른 지식의 토대가 되는 핵심 지식인가, 아니면 다른 지식을 토대로 하는 지식인가? 그것이 핵심 지식일 경우, 미래의 학습을 뒷받침할 수 있도록 확고히 이해시키려면 어떻게 가르치는 것이 좋은가? 만약 핵심 지식이 아닐 경우, 그것의 토대가 되는 개념이나 절차는 무엇인가? 과거에 배운 핵심 지식을 어떻게 끌어들여서, 어떻게 확실히 인식시키고, 핵심 지식과 새로운 주제 사이의 관계를 어떻게 가르쳐줄 것인가? 학생들은 무엇을 복습할 필요가 있는가? 그 주제를 단계별로 어떻게 제시해야 하는가? 내가 어떤 질문을 제기할 때 학생들은 어떻게 반응할 것인가? 내가 길게 설명해줘야 하는 것과, 학생들이 스스로 터득하도록 남겨둬야 하는 것은 각각 무엇인가? 직접 혹은 간접적으로 이 주제를 토대로 해서 장차 학생들이 배우게 될 주제로는 어떤 것들이 있는가? 다음 주제 학습을 위한 기초, 그리고 미래에 접하게 될 관련 주제 학습을 위한 기초를 다져주려면 지금 어떻게 가르치는 것이 좋은가? 진도가 빠른 학생이 이번 수업에서 배우길 바라는 것은 무엇인가? 진도가 느린 학생이 배우길 바라는 것은 무엇인가? 어떻게 해야 이러한 여러 목표를 달성할 수 있겠는가? 등을 연구하는 겁니다. 요컨대, 가르쳐야 할 사람을 연구하는 것과 가르쳐야 할 지식을 연구하는 것은 별개입니다. 두 가지가 멋지게 맞물려야 성공했다고 할 수 있지요. 우리는 교재를 연구하면서 그 두 가지를 거듭해서 생각합니다. 그게 말로는 아주 간단해 보이지만, 실제로 그렇게 하려면 아주 복잡하고 미묘하며, 시간도 많이 걸립니다. 초등학교 교사가 되기는 쉽지만, 훌륭한 초등학교 교사가 되기는 참 어렵습니다. (Tr. 왕)

앞서의 진술에서 알아보았듯이, 한 단원 혹은 한 주제를 가르치기 전에 교사들의 정신 속에서는, "이것이 무엇인가"와 "이것을 어떻게 가르칠 것인가" 사이의 상호작용이 일어난다. 이런 과정을 거친 후, 그들이 가르칠 내용과 방법에 대한 지식은 성장한다.

리그루핑이 필요한 뺄셈 원리의 이해가 바로 좋은 예이다. 그 예를 살펴보면, 중국 교사들이 "교재"라고 부르는 것을 연구함으로써 학교 수학 지식을 어떻게 증진시켰는지를 잘 알 수 있다. 이번 연구에서 우리는 중국 교사들 대다수가 리그루핑이 필요한 뺄셈을 "떨기(더 높은 값의 단위 하나를 해체하기)"로 설명한다는 것을 알았지만, 1970년대 말까지만 해도 대다수 중국 교사들은 "빌려오기"로 설명을 했다. 뺄셈에 대해 면담을 하는 동안, 한 교사는 일부 학부모가 자녀들에게 여전히 빌려오기 개념을 가르치고 있다고 말했다. 그러나 1980년대 초에 출판된 교학대강과 교과서에서 "빌려오기" 개념이 "떨기" 개념으로 교체된 후, 오늘날 대다수 교사가 후자를 사용하고 있다.

🍒 동료에게 수학을 배우기

중국 교사들은 개인적으로 교재를 연구할 뿐만 아니라, 동료와 함께 연구를 하기도 한다. 그래서 동료들 간에도 학교 수학에 대한 이해의 상호작용이 이루어진다.

중국 교사들은 "가르침 연구 집단"[58]을 구성하고 있다. 이 집단은 대개 1주일에 1회, 약 1시간 동안 공식적인 모임을 갖고, 가르침에 대한 아이디어와 반성할 점을 공유한다. 이때에 주로 하는 것은 교재를 연구하는 것이다. 이밖에도, 중국 교사들은 교실에 자기 책상이 없기 때문에, 교무실에서 동료들과 함께 지낸다. 동료들은 대개 같은 연구 집단에 속하는 사람들이다. 교사들은 학생들이 낸 과제물을 읽고 바로잡아주며, 수업 준비를 하고, 학생들과 개인적인 얘기를 나누는 등, 수업이 없는 시간에는 교무실에서 시간을 보낸다. 따라서, 연구 집단의 공식 모임 외에도 교무실에서 동료와 의미 있는 비공식 상호작용을 한다.

동료에게 어떤 수학을 배웠느냐고 묻자마자, Tr. 왕은 처음 교사가 되었을 때의 경험을 들려주었다.

> 나는 다른 교사들에게 많은 걸 배웠어요. 처음 교사가 되었

---

58) 教研組(쟈오옌쭈) : teaching research groups.

을 때에는, 시에⁵⁹⁾ 선생님이 나를 가르쳐주셨습니다. 그분은 아주 훌륭한 수학 교사였는데, 지금은 은퇴를 하셨지요. 나는 시에 선생님과 다른 교사들이 문제풀이 방법을 논의하는 걸 듣는 게 좋았어요. 그들은 대부분 하나의 문제를 푸는 여러 방법을 알고 있었습니다. 겉보기에는 아주 간단한 아이디어를 사용해서 아주 복잡한 문제를 푸는 것에 나는 감탄했지요. 내가 수학의 아름다움과 힘을 처음 알게 된 것은 모두 그들 덕분입니다.

실은 젊은 교사들만이 동료에게 수학을 배우는 것이 아니라, 경험이 많은 교사들 역시 동료들에게 배운다. Tr. 마오는 이렇게 말했다.

　　　동료들과 토론을 하는 것은 아주 고무적입니다. 특정 주제를 어떻게 다룰 것인지, 수업을 어떻게 계획할 것인지, 가르치는 속도를 어떻게 조절할 것인지, 어떤 과제를 왜 내주는지 등에 대해 토론할 때 더욱 그렇지요. 우리 연구 집단에서 나는 가장 나이가 많고, 교사 경력도 가장 길지만, 젊은 동료들에게 많은 것을 배운답니다. 그들은 대부분 문제를 푸는 방식에 있어서 나보다 더 마음이 열려 있어요. 예를 들어, 지엔치앙은 교사 경력이 3년밖에 되지 않은 젊은 교사예요. 그는 아주 독창적이고 고무적인 방법으로 문제를 푼답니다. 나이든 사람은 경험이 많지만, 흔히 문제를 푸는 방법이 정해져 있어요. 전에 가르쳤던 방법에 얽매이는 거지요. 그러나 젊은이들은 그렇지 않아요. 그들은 다각도로 생각해보

---

59) 이 연구에 협조한 Tr. 시에와는 다른 사람이다.

는 경향이 있어요. 그래서 우리는 서로에게 자극이 될 수 있지요.

Tr. 쑨은 두 학교에서 가르쳐본 경험이 있었다. 나는 그녀에게 두 학교의 동료 관계를 비교하면 어떤지 물어보았다.

> 내가 이 학교에 온 것은 3년 전이에요. 그때 나는 상하이로 이사왔는데, 전에는 저지앙(浙江) 성(省) 지아띵(嘉定) 현(縣)에 있는 학교에서 가르쳤어요. 이때 역시 교사들은 연구 집단 내에서 아주 친하게 지냈답니다. 나는 연구 집단이 항상 도움이 된다고 생각해요. 뭔가를 더 잘 이해하려면 남들에게 자극을 받을 필요가 있으니까요. 다른 교사들은 교학대강을 어떻게 해석하는지, 자기가 가르쳐야 할 주제를 다른 동료는 어떻게 이해하고 있는지, 그들은 그것을 어떻게 가르치는지 등을 알면 큰 도움이 되지요. 나아가서, 자기 아이디어를 다른 사람에게 얘기해줄 때 자기 아이디어가 더욱 명백해져요. 내 아이디어를 동료들과 공유하지 않았다면, 내 아이디어가 충분히 발전하지 못했을 거라는 생각을 항상 해요.

정말이지 Tr. 쑨이 시사한 것처럼, 동료들에게 뭔가 특별한 것을 배운다는 것은 동료 관계에서 얻을 수 있는 여러 혜택 가운데 하나일 뿐이다. 동료들과 아이디어를 공유함으로써, 자신의 아이디어가 더욱 명백해지고, 연구하고자 하는 동기가 강해진다. 그뿐만 아니라, 집단토의를 하면 쉽게 영감을 얻을 수도 있다. "이것은 무엇인가"와 "이것을 어떻게 가르칠 것인가" 사이의 상호작용을 통해, 중국 교사들은 학교 수학 지식이 성장할 수 있는 추진력을 얻는 것으로 보인다. 동료 관계는 이처럼 추진력을 얻을 수 있는 계기로 작용한다.

🐛 학생에게 수학을 배우기

나는 교사들이 학생에게도 수학을 배웠다고 말할 거라고는 생각지 못했는데, 사실 그러했다. Tr. 마오는 아주 인상적인 사례 하나를 들려주었다.

> 훌륭한 교사는 학생에게도 배울 수가 있어요. 때로는 학생이 제안한 해법 가운데 내가 전에 생각해보지 못한 것이 있지요. 수십 년 동안 초등수학을 가르쳐왔는데도 말입니다. 바로 몇 년 전에 그런 일이 있었어요. "삼각형 단원"을 가르칠 때, 나는 학생들에게 다음 도형의 넓이를 구해보라고 했지요.

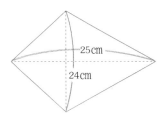

대부분의 학생들은 이 문제를 풀 수 없다고 생각했어요. 삼각형의 높이를 모르니까요. 평소에 이런 것을 가르칠 때에는 삼각형의 넓이 공식과 분배법칙을 먼저 말해주었지요. 대개 나는 이렇게 말했어요. "자, 이 도형은 위와 아래, 두 개의 삼각형으로 이루어져 있어요. 두 삼각형에는 공통점이 있는데, 그게 뭘까요?"

학생들은 두 삼각형의 밑변이 같다는 것을 알아차렸어요. 왼쪽과 오른쪽의 두 삼각형으로 이루어져 있다고 할 수 있고, 그때에도 밑변이 같다는 것을 알게 되었지요. "위와 아래, 두 삼각형으로 계산해볼까요? 어떤 수를 문자로 나타내는 방법을 이미 배웠으니까, 문자를 사용해서 우리가 모르는 높이를 나타내보도록 하겠어요. 위쪽 삼각형의 높이가 h_1이라면, 아래쪽 삼각형의 높이는 어떻게 나타낼 수 있을까요? h_2. 좋아요, 그럼 넓이를 공식으로 나타내면 어떻게 될까요?" 위쪽 삼각형의 면적은 $25 \times h_1 \div 2$, 아래쪽 삼각형의 넓이는 $25 \times h_2 \div 2$로 나타낼 수 있다고 한 학생이 말했어요. 그래서 전체 도형의 면적은 $25 \times h_1 \div 2 + 25 \times h_2 \div 2$가 됩니다. 우리는 분배법칙을 배웠으니까, 공통 인수 25로 묶을 수 있고, 2로도 묶을 수 있다는 것을 알고 있어요. 그래서 우리는 문제를 이렇게 고쳐 쓸 수 있지요.

$$25 \times h_1 \div 2 + 25 \times h_2 \div 2 = 25 \times (h_1 + h_2) \div 2$$

이 단계에서 학생들은 불현듯 해결책을 찾게 됩니다. $h_1 + h_2$가 무엇인지 알고 있으니까요! 그건 24cm! 그래서 문제는 풀리게 됩니다. 그런데 이때 내가 설명을 하기 전에, 한 학생이 손을 번쩍 들더니 자기가 다른 방식으로 문제를 풀 수 있다고 말하는 것이었어요. 그 애는 이렇게 말했지요. "저는 그 도형 둘레에 직사각형을 그리겠어요.

이 직사각형은 가로가 25cm이고 세로가 24cm예요. 넓이는 25×24예요. 직사각형 속에 있는 원래의 도형은 직사각형의 절반이에요. 그러니까 25×24를 2로 나누면 넓이를 알아낼 수 있어요." 보시

다시피, 이 학생의 방법은 내 방법보다 훨씬 더 간명했어요. 나는 전에 이렇게 멋진 방법을 생각해본 적이 없었습니다. 나는 즉각 그 학생의 아이디어를 이해했지요. 하지만 대부분의 학생들은 이해를 하지 못했어요. 학생들에게 그것이 어떻게, 그리고 왜, 이치에 맞는지를 설명해줄 필요가 있었어요. 나는 말했지요. "이건 정말 훌륭한 아이디어예요. 잘 살펴보세요. 이 커다란 직사각형 안에는 작은 직사각형이 몇 개나 들어 있나요?" "네 개요." "좋아요." 나는 작은 직사각형 가운데 하나를 가리키며 물었어요. "이 직사각형 속의 이 선은 무슨 선이죠?" "대각선이요." "그렇다면, 대각선으로 나눈 작은 직사각형 두 개의 넓이는 같을까요, 다를까요?" "같아요." 그러자 학생들은 작은 직사각형 각각을 둘로 나누었다는 것을 금방 알아차렸어요. 안쪽에 네 개, 바깥쪽에 네 개가 있어요. 원래의 도형인 안쪽 네 개는 바깥쪽 네 개와 넓이가 같아요. 따라서 원래 도형의 넓이는 큰 직사각형 넓이의 절반입니다…

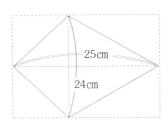

그러나 수업시간에 이와 같은 학생들의 새 아이디어를 포착하려면, 교사가 먼저 수학을 잘 이해하고 있어야 해요. 전체 학생들이 교사의 안내를 기다리는 짧은 순간에 파악해야 하지요.

Tr. 왕도 학생들에게 배운 것을 얘기했다. 그녀는 처음 교사가 되었을 때, 일부 진도가 빠른 학생들은 자기보다 더 많은 수학적 지식을 갖고 있었다고 확신했다. Tr. 쑨은 저학년 학생에게 배운 것에 대해 이렇게 말했다.

> 학생들은 아주 창조적이에요. 그들은 내게 많은 것을 가르쳐주었어요. 나는 다른 학교에서 초등학교 고학년을 가르쳤는데, 이 학교에서는 저학년을 가르쳐달라고 하더군요. 저학년 꼬마들은 나를 정말 여러 번 깜짝 놀라게 했답니다. 예를 들어, 선생님이 설문으로 제시한 떨기가 필요한 뺄셈 문제의 경우, 그것을 해결하는 다른 방법이 그토록 많다는 것을 전에는 생각해본 적이 없었어요. 그런데 학생들이 비표준 방법들을 제안하는 거 있죠. 정말이지 그 애들의 제안은 계산법에 대한 내 지식을 심화시켜 주었답니다.

학생들에게 어떻게 배웠는가에 대한 교사들의 얘기를 들으며, 나는 여러 해 전에 다른 교사와 나누었던 대화를 떠올렸다. 그 교사는 이렇게 말했다.

> 수학 문제를 푸는 것에 관한 한, 일부 학생들은 나보다 훨씬 더 유능해요. 우리 교구(教區)의 수학 경시대회 문제 가운데 일부는 나도 풀 수 없을 정도로 복잡해요. 그런데 내가 가르치는 학생 가운데 일부는 그 문제들을 풀 수 있었어요. 나는 우리 학생들이 나보다 유능하다는 게 여간 흐뭇하지 않아요. 하지만 나는 그 애들에게 그런 능력을 불어 넣어준 것이 바로 나 자신이었음을 자

부합답니다.

나는 이 교사의 말이 옳다고 생각한다. 창조적인 학생은 창조적으로 가르치고 배우는 환경 속에서 길러진다. 정말이지 그런 환경을 만드는 사람과 학생들이 교사의 교사가 되도록 하는 사람. 그 사람은 바로 교사 자신이다.

🐛 수학을 함으로써 수학을 배우기

수학을 한다는 것은 중국 교사들에게는 매우 중요한 일이다. 그들에게 "하나의 문제를 여러 방법으로 풀기"[60]는 수학을 하는 능력의 중요 척도이다. 교사들은 그것이 바로 스스로의 실력을 증진시키는 하나의 방법이라고 말했다. Tr. 왕은 그것이 자신의 수학 지식을 증진시킨 주된 방법 가운데 하나였다고 말했다.

> 나는 교사가 된 후 수학 지식이 크게 늘었어요. 이 학교에 처음 부임한 것은 1980년이었는데, 그때 나는 초등수학에 대해 거의 알지 못했어요. 나는 문화혁명기에 초등학교와 중학교를 다녔는데, 이때에는 학교에서 학생들을 진지하게 가르치지 않았어요. 처음에 나는 6학년 학급을 가르친 시에 선생님의 보조교사였어요. 내가 하는 일은 학생들의 과제물을 바로잡아주고, 진도가 느린 학생들을 도와주는 거였지요. 그때 나는 시에 선생님이 가르치는 반

---

60) 一題多解(이티 뚜어지에) : solving one problem in several ways.

아이들 가운데 나보다 뛰어난 학생들이 많다는 걸 알게 되었어요. 진도가 빠른 학생들이 복잡한 문제를 얼마나 잘 푸는지 보고 난 정말 깜짝 놀랐죠. 나는 전혀 그렇게 할 수가 없었거든요. 이듬해 나는 3학년을 맡아서 가르치게 되었어요. 그후 2학년, 그후 3학년, 4학년, 5학년, 6학년을 가르쳤어요. 최근 몇 년 동안은 고학년을 가르쳐왔어요. 나는 수학 문제를 풀면서, 수학을 하면서, 수학 지식을 증진시켜왔어요. 시에, 판, 마오 등 경험이 많은 선생님들, 그리고 심지어는 진도가 빠른 학생들이 수학 문제를 푸는 멋진 방법은 정말 감탄하지 않을 수 없어요. 나는 실력을 늘리기 위해 무엇보다 먼저, 학생들에게 풀게 할 모든 문제를 미리 직접 풀어보았어요. 그런 다음 아이들을 위해 그 문제를 어떻게 설명하고 어떻게 분석해야 할지 연구했지요. 더욱 많은 수학 문제들을 풀어보기 위해, 수학 문제집을 찾아서 온갖 문제들을 풀어보았어요. 내가 교사가 된 후 얼마나 많은 문제를 풀어 보았는지 몰라요. 정말 헤아릴 수 없을 만큼 많은 문제를 풀어보았지요. 요즘에는 수학 경시대회 문제집을 연구하고 있답니다. 그 문제들은 내가 학교에서 가르치는 것보다 훨씬 더 복잡하지만, 연구하다보면 내 실력이 늘었다는 걸 느낄 수가 있어요. 나는 다른 교사들, 특히 지엔치앙과 함께 어려운 문제 풀이법을 토론해요. 지엔치앙도 복잡한 수학 문제를 좋아한답니다. 우리는 서로 문제를 푸는 여러 방법에 대해 토론하길 좋아해요.

"수학하기doing mathematics"는 수학자의 주된 활동이다. 랑게 (1964)는 이렇게 썼다.

수학계—인간의 다른 탐구 분야에서는 보기 힘든 보편성을 지닌 거의 전 세계적인 공동체—의 대다수 수학자들은 지금 무엇을 하고 있는지 아랑곳하지 않고 오로지 수학하기를 좋아한다.

수학자들은 "지금 무엇을 하고 있는지 아랑곳하지 않고" 수학을 할 수 있겠지만, 수학을 가르치는 교사들은 지금 무엇을 가르치고 있는가의 문제를 무시할 수 없다. 그러나 수학 교사들 역시 수학을 하려는 열정을 가져야 한다. 수학 교사는 두 가지—수학하기뿐만 아니라, 지금 무엇을 하고(가르치고) 있는가를 확인하기—사이를 왕복해야 하는 것 같다. 이러한 상호작용을 통해 교과지식을 향상시킬 수 있다.

세 교사가 학교 수학에 대한 이해를 어떻게 증진시켰는가를 논한 글에서, 우리는 일련의 상호작용이 일어나는 과정을 살펴볼 수 있었다—가르쳐야 하는 내용과 방법에 대한 고찰 사이의 상호작용, 동료 사이의 상호작용, 교사와 학생 사이의 상호작용, 수학에 대한 교사의 관심과 보통사람 혹은 수학자의 관심 사이의 상호작용이 그것이다. 이런 모든 상호작용이 교사의 수학 교과지식의 발전과 구축에 기여하지만, 가르쳐야 할 내용과 방법 사이의 상호작용은 그 "바퀴"를 돌리는 "축"인 것으로 보인다. 한편, 교사들 사이의 동료 관계는 모든 조각을 연결하는 "바퀴살" 구실을 한다.

가르침과 배움에 대한 관심을 축으로 해서 발전하는 수학 교과지식은 적절하고 유용한 가르침으로 이어지는 것 같다. 바꿔 말하면, 중국 교사들은 수업 준비를 하고, 교재를 가르치고, 그 과정을 반성함으로써 초등수학에 대한 교과지식을 발전 심화시킨다. 따라서 그들이 배우는 것은 교육 현장에서 유용하게 쓰이고, 교육에 기여한다.

3. 요약

이번 장에서는 PUFM을 언제 어떻게 얻는지에 대한 간략한 연구 결과를 논의했다. 교사가 언제 PUFM을 얻는지 고찰하기 위해, 교사들에게 제시했던 것과 같은 설문을 이용해서 예비교사와 9학년생 두 집단을 면담했다. 두 집단은 개념적 이해와 연산 능력을 보여주었다. 9학년생들과는 달리, 네 주제에 대한 예비교사들의 반응은 가르침과 배움에 대한 관심을 보여주었다. 그러나 아무도 PUFM을 보여주지 못했다. 즉, 수학 주제들 간의 관계, 한 문제에 대한 다중 접근, 수학의 기본 원리, 혹은 종적 일관성에 대해 그들은 논의하지 못했다.

중국 예비교사 집단의 모든 구성원은 그들이 미국 교사들보다 개념을 더 잘 이해하고 있다는 것을 보여주었다. 예를 들면, 여러 자릿수 곱셈의 원리를 모두가 이해하고 있었다. 또한 중국의 예비교사 집단은 절차적 지식도 잘 이해하고 있었다. 한 명이 사소한 실수를 한 것을 제외하면 모두가 올바르게 계산했고, 모두가 직사각형의 넓이를 구하는 공식을 알고 있었다. 분수 나눗셈의 의미를 올바르게 제시한 문장제를 만들어낸 예비교사는 85퍼센트에 이르렀고, 9학년생은 40퍼센트였다. 예비교사 58퍼센트와 9학년생 60퍼센트는 직사각형 둘레와 넓이의 관계에 대한 올바른 답을 냈다. 이와 달리 미국 교사는 43퍼센트가 분수 나눗셈 계산에 성공했고, 그 가운데 오직 1명(4%)만이 분수 나눗셈의 의미를 올바르게 제시한 문장제를 만들어냈다. 직사각형의 둘레와 넓이의 관계에 대한 올바른 답을 낸 미국 교사도 1명뿐이었고, 17퍼센트는 넓이 공식을 알지 못했다.

두 번째 연구는 중국 교사들이 PUFM을 어떻게 얻는가에 대한 것이었다. 이를 위해 PUFM을 지닌 세 교사를 면담해서, 그들이 수학 지식을 어떻게 얻었는지 물어보았다. 이 교사들은 여러 요인을 언급했다. 동료에게 배우기, 학생에게 배우기, 문제를 풀어보고, 직접 가르치고, 라운드 별로 가르치고, 교재를 집중 연구함으로써 배우기 등이 그 요인이었다.

여름방학과 학기초에 중국 교사들은 세 가지 교재, 즉 교학대강과 교과서와 교사용 안내서를 연구한다. 이 책들은 어떤 면에서는 미국 NCTM(1989)의 "학교 수학의 규준"이나 캘리포니아 교육부(1985, 1992)의 "캘리포니아 공립학교 수학의 구성 체제[61]"와 비슷한 책자이다. 그러나 이들이 가장 많이 연구하는 교재는 교과서이다. 교사들은 교과서를 가르치는 동안에도 계속 교과서를 연구하고 토론한다. 교사용 안내서는 신참교사에게 도움이 되긴 하지만, 그것을 연구하는 시간은 상대적으로 적게 소요된다.

위와 같은 두 연구 결과로부터 다음과 같은 암시를 받을 수 있다. 즉, 중국 교사들이 학교를 다니면서 건전한 기초를 닦기는 하지만, PUFM을 개발하는 것은 교사가 된 이후였다. 가르쳐야 할 내용과 방법에 관심을 가짐으로써 자극을 받고, 동료와 교재의 뒷받침과 영감을 받아 가면서 PUFM이 개발되었다.

---

61) 옮긴이 주: 이 책이 NCTM의 규준(1989)과 함께 캘리포니아 주에서의 "수학 전쟁math war"을 유발하는데 결정적인 역할을 했다.

part 7

결론

이 책의 서두에서 말했듯이, 일부 아시아 국가들의 경우보다 미국 학생들의 수학 성취도가 불만족스러운 이유를 탐구해보려고 한 것이 이 연구를 시작하게 된 계기였다. 결론을 내리기 위해, 나는 미국 학생들의 수학 교육에 대한 당초의 관심을 되짚어 보고 싶다. 학교 수학에 대한 교사들의 지식을 깊이 고찰해본 결과, 학생들의 수학 교육을 개선하기 위해서는, 학교 수학에 대한 교사들의 지식의 질을 개선시키는 중대 조치를 취해야 한다는 것을 알 수 있었다.

이번 연구에서 나는 미국과 중국 교사들의 수학 지식을 비교 평가할 의도가 없었지만, 그들의 학교 수학 지식에는 몇 가지 중요한 차이가 있다는 것이 드러났다. 평균 이상의 미국 교사들 23명 가운데, 초등수학에 대한 깊은 이해를 보여준 교사가 한 명도 없었다는 것은 결코 우연한 일이 아닐 것이다. 사실, 미국과 중국 교사들 간의 지식의 격차는 다른 학자들[62]이 이미 밝힌 바 있는 미국과 중국 학생들 간의 지식의 격차에 상응한다. 서로 상응하는 것이 우연의 일치가 아니라면, 학생들의

---

62) 스틴븐슨 등의 1990년 연구, 스틴븐과 스티글러의 1992년 연구.

수학 교육을 개선시키고자 할 경우, 교사들의 학교 수학 지식을 개선시킬 필요도 있다는 말이 된다. 서두에서 지적했듯이, 교사 교과지식의 질은 학생 학습에 직접적인 영향을 미친다—이것은 너무나 자명한 얘기이다.

그림 7.1에 나타난 것처럼 교사의 교과지식은 하나의 순환 과정 속에서 발전한다.

〈그림 7.1〉 교사들의 교과지식이 발전하는 세 주기

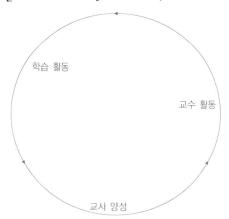

그림 7.1은 학교 수학에 대한 교사들의 교과지식이 길러지는 세 주기[63]를 보여준다. 중국에서는 이 주기가 나선형으로 상승 효과를 일으킨다. 교사는 학생시절에 수학적 능력을 얻는다. 교사양성 교육을 받는 동안, 그들의 수학적 능력은 이제 학교 수학의 교수·학습에 대한 기본적인

---

63) 옮긴이 주: 여기서 "schooling"은 주로 학생으로서의 학습 활동을 뜻하지만, 교사가 된 이후에 하게되는 스스로에 의한 학습이나 교사 연수 등 다양한 교사 재교육 프로그램에 의한 학습도 뜻하는, 즉 학생으로서의 교사의 역할을 의미한다고도 볼 수 있다.

관심과 연결되기 시작한다. 마지막으로, 직접 학교에서 가르치는 동안, 학생들에게 수학적 능력을 불어넣으며 동시에 교사의 교과지식이 발전하게 되는데, 이것을 나는 최고 형태의 PUFM이라고 부른다.

하지만 안타깝게도 미국에서는 사정이 다르다. 질이 낮은 학교 수학 교육과 질이 낮은 교사 지식은 서로를 강화하며 악순환 되는 것으로 보인다. 학생시절에 수학적 능력을 얻지 못한 교사들은 그것을 얻을 또 다른 기회를 갖지 못하는 것 같다. 미국 교사양성 교육에 대한 국립 교사교육 연구센터(NCRTE)의 연구(1991)에서는 교사양성 교육이 수학 자체보다는 수학을 가르치는 방법에 초점을 맞추고 있다고 지적했다. 교사양성 교육을 받은 후, 교사들은 가르칠 내용과 방법을 알 것으로 예상해서 더 이상의 연구는 필요가 없을 거라고 가정한다(Schifter, 1996a). 이러한 가정은 미국 교육의 구조에 반영되어 있다. 교육과 미국의 미래에 관한 국가 위원회(1997)는 교사들이 필요로 하는 지식에 접근할 수 있도록 보증하는 적절한 체계가 없다는 사실을 발견했다. 이러한 결여는 개혁에 중대한 걸림돌이 될 수 있다. 2년에 걸쳐 집중 연구를 한 후인 1996년에, 이 위원회는 이렇게 결론지었다. "대다수 학교와 교사들은 새로운 교육 기준으로 설정된 목표를 성취할 수 없는데, 그것은 의지가 없어서가 아니라 방법을 모르기 때문이며, 교사들의 근무 체계가 뒷받침해주지 못하기 때문이다."

중국 수학 교육을 돌아볼 때, 상향 나선형이 저절로 존재한 것이 아니라, 중국의 견실한 수학적 실체에 힘입어 배양되고 뒷받침된 것이라는 사실을 알 수 있다. 그들이 가르쳤던 수학이 깊이와 폭을 갖지 못했다면 어떻게 중국 교사들이 수학에 대한 깊은 이해를 발전시킬 수 있었겠는가? 사실상 중국에는 실질적인 초등수학과 견실한 수학 교육 사이에 또 다른 상향 나선형이 존재할 수도 있다. 이런 점은 미국에서 낮은 수준이 지속되는 것과 대조를 이룬다—미국에서는 부적절한 초등수학("기본 테크닉", "상인용 산술")과 불만족스러운 수학 교육이 서로를 강화하며 악순환 된다. 미국에서는 초등수학이 **기본적**이며, **피상적**이고, **누구나 알고 있는 것**이라는 생각이 널리 퍼져있다. 이 책의 자료는 그러한 미신을 타파한다. 초등수학은 전혀 피상적인 것이 아니다. 초등수학을 가르치는 사람이라면 누구나 포괄적으로 이해하기 위해 열심히 연구를 해야만 한다.[64)]

불만족스러운 학생 학습과 부적절한 교사 지식 사이의 관계, 불만족스러운 수학 교육과 부적절한 초등수학 사이의 관계, 이러한 영속적 악순환 관계를 어떻게 해야 타파할 수 있을까? 어떻게 해야 개혁의 목표를 달성할 수 있을까? 결론으로 몇 가지 권고를 하고 싶다.

1. 교사 지식과 학생 학습을 동시에 다뤄야 한다

무엇보다 먼저, 나는 이렇게 지적하고 싶다. 교사 지식 격차가 학생 학습 격차의 요인이라는 것은 받아들이지만, 그렇다고 해서 교사들의 지식 개선이 학생들의 학습 개선보다 반드시 앞서야 한다고는 보지 않는다. 오히려 양자가 동시에 다뤄져야 한다고 믿는다. 그리고 한쪽의 대한 개선 노력이 다른 쪽의 대한 개선을 뒷받침해야 한다고 믿는다. 양자는 상호의존적 과정이기 때문에, 교사들의 수학 지식이 먼저 개선

---

64) 데보라 볼(1988)과 같은 다른 학자들 또한 초등수학이 누구나 아는 것이라는 가정이 거짓이라는 것을 밝힌 바 있다.

됨으로써, 자동적으로 학생들의 수학 교육이 개선될 것이라고 기대할
수는 없다.

지난 장에서 살펴보았듯이, 학교 수학에 대한 교사의 교과지식은 수
학 교수·학습에 대한 관심과 수학적 능력 사이의 상호작용의 산물이
다. 상호작용의 질은 양자의 질에 달려 있다. 교사 자신이 학생시절 학
습을 통해 건전한 수학적 능력을 갖추지 못한다면, 확고한 교수 지식을
발전시킬 기초가 취약해진다. 앞서의 자료에서 살펴보았듯이, 중국의 9
학년생 집단은 미국 교사 집단보다 초등수학에 더 유능했을 뿐만 아니
라 개념적 이해도 더 뛰어났다. 이것이 시사하는 것은 중국 교사들이
교직에 있는 동안 PUFM을 발전시키긴 하지만, 그들의 학생시절 학습
이 수학교육의 건전한 기초로 작용하고 있다는 것이다. 학생시절 학습
이 다뤄지지 않는 한, 미국의 예비교사들은 건전한 기초를 다지지 못할
것이다.

수학에 대한 교사들의 교과지식을 개선하는 것이 학교 수학 교수 개
선과 별개일 수 없는 두 번째 이유는 이미 말한 바 있다. 즉, 중국 교사
들의 학교 수학에 대한 교사의 교과지식이 발전하는 핵심 기간이 바로
수학을 가르칠 때이기 때문이다—바로 이 때에 교사 자신의 교수 개선
의 동기와 기회가 주어진다. 그것이 사실이라면, 학교에서의 수학 교육
이 개선되기 전에 미국 교사들의 학교 수학에 대한 교과지식이 개선되
기를 바란다는 것은 비현실적인 기대일 것이다. 따라서 교사들의 교과
지식 개선과 학생들의 수학 교육 개선은 서로 맞물려 있는 상호의존적
과정이므로 반드시 동시에 이뤄져야 한다. 그러자면 교사들이 수학 교
수를 개선하기 위해 노력하면서 자신의 학교 수학 지식을 개선해나갈
수 있는 환경이 필요하다.

2. 교사들의 학교 수학 연구와 그것을 가르치는 방법 사이의 상호작용을 강화해야 한다

중국 교사들이 학교 수학에 대한 깊은 이해를 발전시키는 핵심 기간은 바로 그들이 학교 수학을 가르칠 때라고 이미 지적한 바 있다. 그러나 이러한 발견이 미국 교사들에게는 해당되지 않는 것 같다. 이 연구에 협조한 미국의 경험 많은 교사들은 교과지식 면에서 신참교사보다 더 뛰어나지 못했다. 이러한 발견은 NCRTE(1991)의 연구결과와 일치한다. 그렇다면 문제는 이렇다. 왜 이 나라에서는 교사들이 수학을 가르치면서 PUFM을 창출하지 못했는가?

미국에서의 수학 가르침은 가르쳐야 할 내용과 방법에 대한 연구 사이의 **상호작용을 결여**하고 있다고 이미 말한 바 있다. 교사들이 학교 수학을 면밀히 연구하는 데 걸림돌이 되는 요인은 여러 가지이다. 이미 논의했듯이, 초등수학이 "기본적"이며 피상적이고, 누구나 아는 것이라는 가정이 바로 대표적인 걸림돌이다.

또 다른 가정—교사들은 가르치는 교과에 대해 더 이상 연구할 필요가 없다는 것—은 또한 교사가 학교 수학을 더 연구하는 데 걸림돌이 된다. 시프터(1996a)는 이렇게 썼다.

> 경험 많은 교사라도 자신의 수업 현장에서 계속 배울 수 있으며 배워야 한다는 생각은, 교사가 된다는 것이 충분히 배웠음을 나타낸다는 전통적인 가정과 첨예하게 대립된다. 학교 문화의 관습에 따르면, 정의상 교사는 이미 알고 있는 사람이라고 말하는 것은 그리 과장이 아니다. 교사는 가르쳐야 할 영역의 내용을 알

고 있으며, 그것을 가르치기 위해 거쳐야 하는 수업의 순서를 알고 있고, 한 교실의 학생들에게 지시를 하기 위한 테크닉을 알고 있는 것으로 가정된다.

교사들이 학교 수학을 연구할 시간과 마음이 있다 하더라도, 그들은 무엇을 연구할 것인가? 데보라 볼(1996)은 이렇게 썼다. "대다수 교육과정 개발자들이 교사 학습을 하나의 목표로 삼고 있는지의 여부는 확실치 않다." 버크하트(개인적 대화, 1998)는 이렇게 말했다. "전문적인 교육과정 개발자들은 아이들을 위한 구성주의적 접근을 주창하면서도, 구성주의적으로 교사들이 학습을 하는 것은 점진적으로만 허용하려고 한다."

교사용 안내서는 교사들을 거의 이끌어주지 못한다(Armstrong & Bezuk, 1995; Schmidt, 1996). 그것은 아마도 교사들이 그것을 읽을 것이라고 기대하지 않았기 때문일 것이다. 버크하트는 또한 이렇게 말했다.

수학 교과서는 교사가 주제를 설명하고 수업을 이끌어 가는 데 사용할 대본(연출이 필요한 대본)을 제공한다. 학생들은 다만 각 장의 마지막 부분에 있는 연습문제를 읽고 풀기만 하면 되는 것으로 교과서가 꾸며져 있다. 교사교육을 받고 있는 사람을 제외하고는 아무도 "교사용 안내서"를 읽지 않는다.

제3차 국제 수학·과학 연구(TIMSS) 결과, 미국의 초등수학 교육이 교과서를 토대로 삼는 경향이 있는 것으로 나타났지만, 교사들이 교과서를 정확히 어떻게 사용하는지에 초점을 맞춘 연구는 거의 없다. 몇몇 연구에 의하면, 교사들이 선택하는 주제, 강조하는 내용, 수업의 순서 등은 교사에 따라 아주 큰 편차를 보일 수 있는 것으로 나타났다. 처음부터 끝까지 교과서를 따라가며 수업을 하는 경우는 드물다(Schmidt, McKnight, & Raizen, 1997). 사례 연구에 따르면, 교과서 내용 가운데 어떤 것을 선택하고 어떻게 해석하는가는 교사들의 지식에 좌우되는 것으로 나타났다. 하나의 주제를 가르칠 때에도 아주 큰 편차를 보일 수 있다. 이 책의 처음 세 장에서 살펴보았듯이, 교사가 다르면 같은 주제도 아주 다르게 해석될 수 있다.

중국에서는 하나의 교과 과정을 가르친다는 것은 연극에서 연기를 하는 것과 같은 것으로 간주된다. 배우는 희곡을 아주 잘 알아야 하고 독창적으로 해석할 수도 있어야 하지만 희곡을 창작(혹은 개작)해야 하는 건 아니다. 정말이지 잘 씌어진 희곡은 배우의 연기나 창조성을 제한하지 않고 오히려 그것을 자극하고 고무시킨다.

교사들의 경우도 그와 같을 수 있다. 가르친다는 것은 사회적 협동이 필요한 활동일 수 있다. 우리는 좋은 배우뿐만 아니라 좋은 극작가를 필요로 한다. 사려 깊고 면밀하게 구성된 교과서는 교육과정에 대한 지혜를 담고 있다. 교사들은 그 지혜와 "대화"를 할 수 있고, 그 지혜는 교사들을 고무시키고 계몽한다. 중국에서 교과서는 학생뿐만이 아니라 교사를 위한 것으로도 간주된다—교과서는 교사들이 가르쳐야 할 수학을 학습할 수 있도록 해주는 것이다. 교사들은 교과서를 아주 면밀하게 연구한다. 개인적 · 집단적으로 연구하며, 교과서 내용의 의미에 대해 대화하고, 함께 문제를 풀어보고 문제에 대해 얘기를 나눈다. 교사용 안내서는 가르칠 내용과 교수법, 학생들의 사고, 종적 일관성에 대한 정보를 제공한다.

이때 문제가 되는 것은 시간이다. 수업이 없는 자투리 시간에 무엇을 가르쳐야 할지 스스로 알아내야 하고, 그것을 가르치는 방법을 스스로 결정해야 한다면, 면밀하게 연구할 시간이 어디 있겠는가? 미국 교사들은 수업 이외의 근무 시간이 중국 교사들보다 적다(McKnight et al, 1987; Stigler & Stevenson, 1991). 그런데 그 적은 시간에 훨씬 더 많은 일을 해야 한다. 따라서 미국 교사들이 그 많은 일을 완수할 거라고 기대하기는 불가능하다. 그들이 무엇을 가르쳐야 할지 철저하게 고찰할 시간이 부족하고, 적절한 뒷받침도 받지 못하고 있다는 것은 분명하다. 가르쳐야 할 내용을 제대로 모르면서 어떻게 그 방법을 사려 깊게 결정할 수 있겠는가?

3. 교사양성 교육에 다시 주목해야 한다

교사양성 교육 기간은 전략적으로 변화를 일으킬 수 있는 중요한 때이다. 초등학교 예비교사 수학교육에 관한 협의회 보고서(1992)는 이렇게 지적했다.

> 초등학교 수학 교육의 문제를 대학 수준에서 해결코자 하는 것은 일리가 있다. 모든 교사는 대학에 가기 때문이다―대학은 가르치는 방법을 배울 것으로 기대되는 곳이다. 게다가, 교사를 교육하는 대학은 약 1천 개밖에 없으니까… 대학 수준에서는 그 과제를 다루기 쉽다.

내 연구 자료는 중국 교사들이 교사양성 교육을 받는 동안 PUFM을 발전시킨다는 것을 보여주진 않지만, 그렇다고 해서 교사양성 교육을 통해 교사들이 초등수학 지식을 개선할 수 있다는 기대를 낮춰 잡아야 한다는 뜻은 아니다. 반대로, 질이 낮은 수학 교육과 질이 낮은 교사 지식의 악순환 속에서 제3자라고 할 수 있는 교사양성 교육은 그 악순환의 고리를 끊는 힘으로 작용할 수 있다.

교사양성 교육에 다시 주목하면 또 다른 중요 연구 과제가 생긴다. 즉, 교사와 학생이 학습해야 할 견고하고 실질적인 학교 수학을 재구축 해야 한다. 우리는 수학의 새로운 고등 분야와 기초수학 간의 관계를 좀더 포괄적으로 이해해서 실질적인 학교 수학을 재구축 해야 한다. 현 실정에 맞는 실질적인 학교 수학을 재구축 하는 것은 수학 교육 연구자들의 과제이다. 정말이지, 그러한 학교 수학이 개발되지 않으면, 낮은 수준의 내용과 가르침 사이의 악순환은 종식되지 않을 것이다.

4. 교과서를 비롯한 교재가 개혁을 하는 데 어떤 역할을 할 수 있는지 이해해야 한다

캘리포니아 교육부(1985)의 "구성 체제Framework"와 NCTM(1989)의 "규준Standards" 등의 개혁 문서는 교과서와 마찬가지로 다양하게 해석될 수 있다. 독자가 지닌 수학 지식과 교수·학습에 대한 지식과 신념에 따라 해석이 달라지는 것이다.

NCTM(1991)의 전문적 수학교육 규준에는 이렇게 씌어져 있다. "교과서는 교사에게 유용한 자원일 수 있다. 그러나 학생들의 아이디어와 추측이 텍스트 내용 전달에 도움이 된다면, 교사는 자유롭게 텍스트에서 이탈하거나 각색할 수도 있어야 한다." 페루치(1997)는 교과서를 계속 이용하지 않는 것이 바로 이러한 진술과 일맥상통한다고 지적했다. 과제물, 연습, 복습을 위해 "교육과정을 보충하는 것으로서 교과서를 사용하는 것"이 곧 교사 차원의 개혁이라고 보는 사람들도 있다. 이와 달리, 전통적인 교사들은 텍스트에 의존해서 교육과정의 순서대로 정해진 범위를 가르친다.

교과서에 대한 불만족 때문에 혹은 교사양성 교육을 받을 때 그래야 좋은 것으로 배웠기 때문에, 일부 개혁 지향적인 교사들은 독자적으로 자기만의 교육과정을 만들고, 자기 나름대로 교재를 만들어서 자기가 계획한 대로 수업을 한다. 데보라 볼과 코언(1996)은 이렇게 썼다.

> 교육자들은 흔히 교과서를 멸시한다. 다수의 개혁 지향적 교사들은 교과서를 거부하며, 사용할 가치가 없다고 선언한다. 이처럼 전문가의 자율권을 이상화하면, 교과서에 얽매이지 않고 자기 나름대로 교육과정을 만드는 교사를 훌륭한 교사로 보게 된다… 교과서에 대한 이런 적대감, 그리고 개인의 전문성을 이상화한 이미지는 교육과정이 담당할 수 있는 건설적인 역할을 면밀히 고찰하는 데 걸림돌이 되어왔다.

교사들은 교과서를 적대시할 필요가 없다. 이번 연구 자료는 교사들이 교과서를 이용하면서 동시에 초월할 수 있는 방법을 예시하고 있다. 예를 들면, 중국 교사들의 지식 꾸러미는 국가 교육과정을 따르고 있다. 그러나 Tr. 마오가 "포착한" 한 학생의 아이디어(제6장), 그리고 리그루핑이 필요한 뺄셈, 여러 자릿수 곱셈, 분수 나눗셈에 대해 중국 교사들이 설명한 비표준 방법들은 교과서에 나오지 않는 것들이다.

교사용 안내서는 교육과정 개발자들이 각 주제를 어떻게 선정하고 어떻게 순서를 매겼는지에 대한 의도와 이유를 설명해주는 것일 수 있다. 또 안내서는 특별활동에 대해 학생들이 어떻게 반응하는가에 대한 아주 상세한 정보를 제공해줄 수도 있다. 학생들의 반응에 대한 정보는 교사가 학생의 사고에 초점을 맞추는 데 도움이 될 것이다. 그러나 교사가 그 의미를 인식하지 못하거나, 안내서를 면밀히 연구할 시간과 에너지가 없다면, 그러한 정보는 전혀 쓸모가 없게 된다.

5. 개혁의 핵심을 이해해야 한다 : 교실에서 어떤 형태의 상호작용이 일어나든지 간에, 본질적인 수학에 초점을 맞춰야 한다

교과서 사용의 경우와 마찬가지로, 개혁 문서에서 주창한 가르침의 종류에 대해서도 여러 가지로 해석될 수 있다. 예를 들어, 퍼트남과 그의 동료(1992)는 캘리포니아의 교사들과 수학 교육자들을 면담했다. 일부 사람들은 1985년 캘리포니아의 "구성 체제"가 가르치는 내용— "중요한 수학적 내용"—에 중점을 두고 있다고 생각했다. 다른 사람들은 가르치는 방법—"교구 사용과 협동적인 집단학습 요구"—에 중점을 두고 있다고 생각했다. 1992년과 1993년에, 수학교육 개혁 인지와 기록 프로젝트에서는 미국 전역의 학교를 연구했다. 여기서 프로젝트 요원인 페리니-먼디와 존슨(1994)은 피상적인 노력을 변화로 간주한 기록을 남겼다. "수학 수업이 꽤 기준을 지향하는 것처럼 보인다. 계산기를 충분히 갖추었고, 학생들이 집단학습 활동을 하고, 교구를 이용하고, 흥미로운 문제를 토론한다." 연구조사를 하는 사람들은 이런 수업에서 심층적으로 무슨 일이 일어나고 있는지를 더 깊이 이해할 필요가 있다.

미국이 이처럼 이분법적이라는 것은 중국 교사들의 수업을 살펴보면 더욱 뚜렷이 알 수 있다. 한편으로, 중국의 수학 교육은 아주 "전통적"인 것처럼 보인다—PUFM을 지닌 교사가 가르칠 때에도 그러하다. 즉, 개혁과는 상반되어 보인다. 중국 수학 교육은 분명 교과서를 기초로 하고 있다. 중국 교실에서 학생들은 교사를 향해 줄지어 앉아 있다. 교사는 분명 수업의 지도자이며, 교실 학습의 일정과 방향을 정하는 사람이다. 그런데 다른 한편으로 중국의 수학 교육은 개혁적인 특징도 아울러 지니고 있다. 개념을 이해하도록 가르친다는 것, 학생들이 자신의 아이디어를 표현하려는 열정과 기회를 갖고 있다는 것, 학생들 스스로 학습 과정에 참여하고 기여한다는 것, 개혁을 통해 얻고자 하는 이러한 특징은 PUFM을 지닌 교사가 가르치는 교실에서 특히 두드러지게 눈에 띈다. 이처럼 겉보기에는 모순되어 보이는 특징들—개혁에 상반되는 모습과 개혁을 이룬 모습—이 어떻게 동시에 조화롭게 나타날 수 있을까? 이분법적인 미국과는 뚜렷하게 대조를 이루는 이러한 사실로 미루어볼 때, 미국에서는 어떻게 개혁을 추진해야 할까?

코브와 그의 동료들(1992)의 견해는 이 수수께끼를 푸는 데 도움이 된다. 그들은 이렇게 본다. 즉, 현재 추진해야 하는 개혁의 정수는 교실 수학의 전통을 바꾸는 것이다. 전통적인 수업과 개혁적인 수업은 차이가 있는데, 그것은 다만 "수사적 묘사"의 차이가 아니다. "공유해야 하는 것으로 받아들여진, 즉 규범적인 수학의 의미와 실천의 질"에 있어서 그 차이가 있다.

그들은 두 교실 수업에 대한 사례 연구를 했다. "학교 수학의 전통"을 보여준 수업에서는 지식이 교사한테서 "수동적인 학생들"에게 "전달" 되었다. "탐구 수학의 전통"을 보여준 다른 수업에서는 "수학 학습이 상호작용을 하는 건설적 문제-중심적 과정으로 여겨졌다." 이 사례 연구에서 두 경우 모두 교사와 학생들이 자신들의 학교 수학 전통의 발전에 적극적으로 기여했는데, 모두 그 과정에서 교사가 "제도화된 권위"를 드러냈다는 사실을 학자들은 발견했다. 이러한 발견이 시사하는 것은, 수학 교육에서 "의미 있는 학습"이 말뿐일 수도 있다는 것이다. 그것은 어떤 교실 수학 전통들에서는 "절차적 가르침을 따르는 활동이 학생들에게 의미 있는 것으로 간주될 수 있다"는 이유에서 그렇다. "전달"이라는 말을 강조하면서, 교사한테서 수동적인 학생들에게 지식을 "전달"하려고 하는 것만이 타파되어야 할 전통적인 수학 교육이라고 말하는 것은 다만 "정치적으로 개혁을 들먹이는 상황"에서나 적절한 것이다.

이러한 의미에서, 중국 교사들의 교실 수학 교육이 부분적으로는 개혁의 "수사적 묘사"와 일치하지 않는 경우도 있지만, 실제로는 현행 개혁이 지향하는 교실 수학의 전통을 이미 구현하고 있다. PUFM을 지닌 중국 교사의 교실이 형태상 매우 "전통적"으로 보일 수 있지만, 사실은 여러 면에서 그 형태를 뛰어넘는다. 교과서를 기초로 하지만, 교과서에 국한되지 않는다. 교사가 지도자이지만, 학생의 아이디어와 수업 주도권을 높이 평가하며 격려한다.

한편으로는 이렇게 말할 수도 있다. 리그루핑이 필요한 뺄셈, 여러 자릿수 곱셈, 분수 나눗셈 등의 계산법을 수학적으로 설명하지 못하는 교사, 분수 나눗셈과 같은 산술 연산의 의미를 올바르게 제시하지 못하는 교사, 혹은 새로운 수학적 주장을 탐구해보겠다는 마음이 없는 교사, 이런 교사가 어떻게 "이해하도록 가르친다"고 할 수 있겠는가?

요점을 좀더 분명히 하기 위해, 일부 연구자들이 바람직한 개혁의 모델로 간주하는 볼(1993a, 1993b, 1996)의 교실 수업에 대해 생각해보자.

> 학생의 사고와 토론을 중심으로 한 교실 수업—수학 교육 개혁가들이 꿈꾸는 교실 수업—에서 어린이들은 일정한 소집단으로 분산되어, 함께 문제를 해결한다. 한편 교사는 교실을 돌아다니며 의미 있는 수학적 쟁점에 귀를 기울인다. 개입이 필요할 경우에는 어떤 식으로 개입하면 좋을지 생각한다. 어린이들이 다시 모여서 아이디어와 해결책을 서로 비교할 때, 교사는 토론이 잘 이뤄지도록 질문을 던진다.

이것은 중국의 교실 수업 방식과 전혀 다르다. 그러나 내가 지적하고 싶은 것은, 양자가 아주 달라 보이긴 하지만 그건 겉보기에만 그렇다는 것이다. 중국 학생들이 하고 있는 수학의 유형과 그들이 생각하도록 격려를 받아온 사고의 유형, 그리고 교사와 학생의 상호작용이 정신적·수학적 발전을 촉진하는 방법 등을 면밀히 살펴보면, 두 유형의 교실 수업은 사실상 보기보다는 훨씬 더 유사하다. 다른 한편으로는, 아주 많은 미국 초등교사들이 어린이들을 여러 집단으로 나누어 서로 마주보고 앉아서 교구를 사용하도록 한다는 사실 때문에, 처음 보기에는 그런 교실이 볼의 교실과 유사해 보일지 모른다. 그러나 그런 유사점에도 불구하고 학생들이 하고 있는 수학도 수학적 사고도, 학생들의 이해를 돕기 위해 교사가 시도하고 있는 것도 교실마다 다 다르다. 교실에서 진행되는 참된 수학적 사고는 사실상 수학에 대한 교사의 이해에 크게 좌우된다.

내가 강조하고자 하는 또 다른 점은, 교실 수학 전통의 변화가 단지 옛것을 버리고 새것을 채택하는 어떤 "혁명"이 아닐 수도 있다는 것이다. 변화라는 것은, 옛 전통에서 어떤 새로운 특징들이 발전되어 나오는 하나의 과정일 수 있다. 바꿔 말하면, 두 전통은 서로 절대적으로 적대적인 것이 아닐 수도 있다는 것이다. 사실상 새로운 전통은 옛 전통을 끌어안는다—과학적 연구의 새로운 패러다임이 옛 패러다임을 완전히 배제하는 것이 아니라 특별 사례로 포함하듯이.

참된 교실 수업에서 두 전통은 서로 명료하게 구분되지 않을 수도 있다. 혹은 두 전통은 묘사되어온 것과 달리 그렇게 "순수"하지 않을 수도 있다. 예를 들면, 이 연구는 PUFM을 지닌 교사들이 "개념적 이해"를 매우 강조하면서도 "절차적 학습"의 역할을 결코 무시하지 않는다는 것을 보여준다.

나아가서 이 연구는 교사들의 수학 교과지식이 교실 수학 전통과 그 변화에 기여할 수 있다는 것을 시사한다. 교실 전통을 특징짓는 "규범적 수학의 이해"는 교실 안에 있는 사람들의 수학 지식과 무관할 수 없다—특히 수업 진행을 책임진 교사의 지식과 무관할 수 없다. 초등학교에서 가르치는 교사 자신의 수학 지식이 절차에 얽매여 있다면, 그 교실의 수업이 어떻게 탐구 수학의 전통을 지닐 수 있겠는가? 우리가 기대하는 변화는 다만 교사들의 수학 지식이 변하도록 다 함께 노력할 때에만 가능하다.

마지막으로 존 듀이(1902/1975)의 말을 인용하면서 마치고 싶다.

> 그러나 여기서 곰곰이 생각해볼 필요가 있다. 둘로 분리할 조건을 발견하는 것, 하나를 희생시키고 다른 하나만 주장하는 것, 둘을 대립시키는 것. 그것은 그 둘이 모두 속한 하나의 진실을 발견하는 것보다 쉽다.

🍀 옮기고 나서

　우리나라의 초·중등 학생의 수학 성취도는 세계 어느 나라와 비교해도 뒤떨어지지 않는다고 한다. 그러나 그들의 수학에 대한 흥미도는 우려할 만한 수준이다. 어쩌면 우리나라 초·중등 학생들의 수학 성취도가 대학이나 대학원에서의 뛰어난 성취도로 이어지지 않는 것은, 이에 비추어 볼때, 자연스러운 현상일지도 모른다.

　그런데, 우리나라 초등학생 수학 성취도의 상대적 우위 요인은 무엇일까? 수학에 대한 그들의 우려할 만한 수준의 흥미도는 그 원인이 무엇일까? 여러 가지 변인을 생각할 수 있을 것이다. 우리나라 아이들이 선천적으로 뛰어난 수학적 자질을 가지고 있는가? 우리나라 학교 제도와 정책이 뛰어난가? 초등학교 선생님들의 헌신적인 교육의 결과인가? 우리나라 학부모의 남다른 교육열과 그에 따른 사교육의 결과인가?

　세계, 특히 우리나라의 수학 교육에 지대한 영향을 미치는 미국은 지금, 수학 교육으로 심각한 갈등을 겪고 있다. 초·중등 수학 교육 전반에 걸쳐 문제점이 나타나고 있지만, 특히 초등수학 교육에서 그러하다. 다양한 국제 비교 연구에서와 경시 대회에서 미국 학생들은 기대 이하의 결과를 얻고 있으며, 1990년대 초에 캘리포니아 주에서 발생한 "수학 전쟁math war" 등에서 그러한 현실이 심화되고 있음을 알 수 있다.

이런 상황에서 중국의 수학 교육자 리핑 마Liping Ma의 연구는 커다란 충격이었고, 하나의 해결책을 얻을 수 있는 희망이기도 했다. 사실, 그녀의 연구는 중국과 미국의 초등수학 교육에 관한 내용이지만, 그 책의 서문에서 리 슐만Shulman이 언급하였듯이, 수학 교육 전반에 걸쳐 많은 시사점과 해결책을 이 연구로부터 다소나마 얻을 수 있기 때문이다.

이 책에서는 다음과 같은 말이 나온다.

> 미국에서는, 초등수학이 "기본적"이며, "피상적"이고, "누구나 알고 있는 것"이라는 생각이 널리 퍼져 있다. 이 책의 자료는 그러한 미신을 타파한다. 초등수학은 전혀 피상적인 것이 아니다. 초등수학을 가르치는 사람이라면 누구나 포괄적으로 이해하기 위해 열심히 연구를 해야만 한다.

이 책에 제시된 자료는 정말 흥미진진하다. 미국 초등교사 23명과 중국 초등교사 72명이 네 가지의 초등수학 문제를 어떻게 풀고, 어떻게 설명했는지에 대한 자료가 이 책 분량의 3분의 2에 걸쳐 제시되어 있다. 그러나 이 자료가 정말 흥미진진한 것은, 초등수학 문제 네 개가 전혀 어려운 문제가 아님에도 불구하고, 초등교사 95명의 답이 너무나 극적인 편차를 보이는 데다가, 저자의 분석과 논의가 너무나 절묘하고 탁월하기 때문이다. 그리고 나아가서, 미국 초등수학에 대한 〈미신을 타파>하는 묘미를 안겨주기 때문이다.

미국의 초등교사 23명 가운데 11명은 강도 높은 대학원 수학 교육을 받고 있었고, 교육과정을 이수하면 초등학교 교사에게 수학을 재교육시키는 교사로 임명될 사람들이었다. 다른 12명은 이제 곧 석사 학위를 받게 될 초등교사들이었다. 그런데 대분수($1\frac{3}{4}$)를 가분수($\frac{7}{4}$)로 바꾸지 못하는 사람도 많았고, 직사각형의 넓이조차 구할 줄 모르는 사람이 꽤 있었다. $1\frac{3}{4} \div \frac{1}{2}$의 답을 낸 교사는 약 절반밖에 되지 않았다. 그들은 전체적으로 초등수학의 기초 개념을 제대로 이해하지 못했다. 그들의 초등수학 실력은 중국의 평범한 9학년생들(중3)의 실력에도 훨씬 못 미쳤다. 중국 교사들에 비하면 이루 말할 수 없이 차이가 났다. 어려운 수학 문제가 아니라 초등수학 문제를 푸는 데 그랬다!

어떻게 그럴 수가 있었을까? 저자가 제시한 가장 중요한 이유 가운데 하나는, 그들이 초등학교 시절에 수학을 제대로 배우지 못했기 때문이라는 것이다. 물론 초등학교 시절에 배우지 못한 것은 중·고등학교에서도, 교육대학에서도, 대학원에서도 배우지 못했다. 그들 가운데 초등수학 문제를 풀지 못한 사람이 많았는데, 답을 낸 사람이라 해도 풀이 절차만 알고 있었을 뿐, 기초 개념도 기초 원리도 이해하지 못했고, 당연히 설명을 할 수도 없었다(저자는 책의 뒷부분에서 정책적 해결책까지 제시한다).

그러나 중국 교사들은 판이하게 달랐다. 중국 교사들은 바람직한 초등수학 지식의 표본을 보여주었다(어떻게 그럴 수 있었는지 그 이유를 물론 제시했다). 그래서 이 책은 초등수학을 어떻게 이해하고, 어떻게 가르쳐야 하는가를 탁월하게, 구체적으로 제시하고 있다. 이 책은 초등수학을 가르치는 사람들이 가서는 안 되는 길과 가야만 하는 길을 동시에 다양하게 구체적으로 보여주는 것이다.

저자는 초등학교 수학이야말로 모든 수학의 탑을 쌓아올리게 될 기초수학, 토대수학, 제1의 수학이라고 말한다. 이 책은 초등학교 시절에 기초수학의 개념과 원리를 제대로 학습하지 못한다면 영원히 배울 길이 없게 된다는 것을 시사한다. 그러면 영원히 기초를 상실한 채, 사상누각을 쌓아올리게 될 지도 모른다.

이 책은 세계적인 주목을 받은 책이다. 추천사에는 다음과 같은 말이 적혀 있는데, 이 말 역시 결코 과장이 아니다.

> 리핑 마의 원고는 이미 놀랄만한 주목을 받아왔다. 암암리에 대인기를 끌었는데, 내가 보기에 이것은 "수학 전쟁"의 양측이 모두 주목하고 모두 호의를 보인 유일한 원고이다. 수많은 세계적 수학자들이 모두 이 원고에 열광한다.

리핑 마의 연구 결과는 우리 나라의 초등 수학 교육은 물론, 중등 수학 교육, 교사 양성 대학의 수학 교육, 더 나아가 교육 대학원 및 교사 재교육(연수) 등에도 여러 가지 시사점을 찾을 수 있다.

수학 교육에 관한 전문 서적을 번역하는 것 자체가 어려운 일이지만 많은 수학 교육 용어의 번역이 특히 어려웠다. 그렇기 때문에 가급적 자주 사용되는 용어로 번역하고자 노력하였다. 그러나 분명한 이해를 위해 필요하다고 생각되는 경우에는 새로운 용어를 사용하기도 하였다. 특히, 영어로 번역된 중국어 표현은 직접 우리말로 번역하였다. 중국식 표현에 비교적 익숙한 우리에게는 그렇게 하는 것이 더 이해에 도움이 되리라 믿기 때문이다.

우리 나라의 한 수학 교육학회는 이 책에 관한 집중 세미나를 가졌으며, 또 다른 학회에서는 책의 내용과 시사점에 관한 논문이 발표된 바 있다. 미국의 어떤 주에서는 이 책을 모든 초등학교 교사의 필독서로 지정하기도 하였다. 이 책의 중요성을 엿 볼 수 있는 대목이다.

아무쪼록 이 땅의 어린이에게 수학을 올바르게 가르치고자 수고하시는 초등학교 선생님, 학부모는 물론, 더 나아가 중등 학교와 대학에서 수학을 가르치는 모든 선생님께 이 번역서가 도움이 된다면 더할 나위 없는 기쁨이리라.

2002년 3월

신현용 · 승영조

찾아보기

References

Armstrong, B., & Bezuk, N. (1995). Multiplication and division of fractions: The search for meaning. In J. Sowder & B. Schappelle (Eds.), Providing a foundation for teaching mathematics in the middle grades (pp.85~119). Albany: State University of New York Press.

Ball, D. (1988a) Mount Holyoke College, South Hadley, Massachusetts Summermath for teachers program and educational leaders in mathematics project. In National Center for Research on Teacher Education, Dialogues in teacher education (pp.79~88). East Lansing, MI: National Center for Research on Teacher Education.

Ball, D. (1988b). Knowledge and reasoning in mathematical pedagogy: Examining what prospective teachers bring to teacher education. Unpublished doctoral dissertation, Michigan State University, East Lansing

Ball, D. (1988c). The subject matter preparation of prospective teachers: Challenging the myths. East Lansing, MI: National Center for Research on Teacher Education.

Ball, D (1989). Teaching mathematics for understanding: What do teachers need to know about the subject matter. East Lansing, MI: National Center for Research on Teacher Education.

Ball, D. (1990) Prospective elementary and secondary teachers' understanding of division. Journal for Research in Mathematics Education, 21(2), 132~144.

Ball, D. (1991) Research on teaching mathematics: Making subject matter knowledge part of the equation. In J. Brophy (Ed.), Advances in research on teaching (Vol. 2, pp.1~48) Greenwich, CT: JAI. press.

Ball, D. (1992) Magical hopes: Manipulatives and the reform of math education. American Educator, 16(1), 14~18, 46~47.

Ball, D. (1993a). Halves, pieces, and twoths: Constructing and using representational contexts in teaching fractions. In T. Carpenter, E. Fennema, & T. Romberg (Eds.), Rational numbers: An integration of research (pp.157~195). Hillsdale, NJ: Lawrence Erlbaum Associates.

Ball, D. (1993b). With an eye on the mathematical horizon: Dilemmas of teaching elementary school mathematics. Elementary School Journal. 93(4), 373~397

Ball, D. (1996) Connecting to mathematics as a part of teaching to learn. In. D. Schifter (Ed.), What's happening in math class?: Reconstructing professional identities (Vol. 2, pp.2. 36~45). New York: Teachers College Press

Ball, D., & Cohen, D. (1996). Reform by the book: What is-or what might be-the role of curriculum materials in teacher learning and instructional reform? Educational Researcher, 25(9), 6~8, 14.

Ball, D., & Feiman-Nemser, S. (1998). Using textbooks and teachers' guides: A dilemma for beginning teachers and teacher educators. Curriculum Inquiry, 18, 401~423.

Beijing, Tianjin, Shanghai, and Zhejiang Associate Group for Elementary Mathematics Teaching Material Composing (1989). Shuxue, Diwuce [Mathematics Vol.5]. Beijing, China: Beijing Publishing House.

Bruner, J. (1960/1977). The process of education. Cambridge, MA: Harvard University Press.

California State Department of Education. (1985). Mathematics framework for California public schools. Sacramento, CA: California State Department of Education.

California State Department of Education. (1992). Mathematics framework for California public schools. Sacramento, CA: California State Department of Education.

Chang, L., & Ruzicka, J. (1986). Second international mathematics study, United States, Technical report I. Champaign, IL: Stipes.

Cipra, B. (Ed.). (1992). On the mathematical preparation of elementary school teachers. Report of a two-part conference held at the University of Chicago in January and May, 1991.

Cobb, P., Wood, T., Yackel, E., & McNeal, B. (1992). Characteristics of classroom mathematics traditions: An interactional analysis. American Educational Research Journal, 29(3), 573~604.

Cohen, D. K. (1991). A revolution in one classroom: The case of Mrs. Oublier. Educational Evaluation and Policy Analysis, 12, 311~330.

Coleman, J. S. (1975). Methods and results in IEA studies of effects of school on learning. Review of Educational Research, 45(3), 355~386.

Crosswhite, F. J. (1986). Second international mathematics study: Detailed report for the United States. Champaign, IL: Stipes.

Crosswhite, F. J., Dossey, J., Swafford, J., McKnight, C., & Cooney, T. (1985). Second international mathematics study. Summary report for the United States. Champaign, IL: Stipes.

Dewey, J. (1902/1975). The child and the curriculum. In M. Dworkin (Ed.), Dewey on education: Selections (pp.91~111). New York: Teachers College Press.

Dowker, A. (1992). Computational strategies of professional mathematicians. Journal for Research in Mathematics Education, 23(1), 45~55.

Driscoll, M. J. (1981) Research within reach: Elementary school mathematics. Reston, VA: National Council of Teachers of Mathematics.

Duckworth, E. (1979, June). Learning with breadth and depth. Presented as the Catherine Molony Memorial Lecture, City College School of Education, Workshop Center for Open Education, New York.

Duckworth, E. (1987). Some depths and perplexities of elementary arithmetic. Journal of Mathematical Behavior, 6, 43~94.

Duckworth, E. (1991). Twenty-four, forty-two, and I love you: Keep it complex. Harvard Educational Review, 61, 1~24.

Ferrini-Mundy, J., & Johnson, L. (1994). Recognizing and recording reform in mathematics: New questions, many answers. Mathematics Teacher, 87(3), 190~193.

Ferrucci, B. (1997). Institutionalizing mathematics education reform: Vision, leadership, and the Standards. In J. Ferrini-Mundy & T. Schram (Eds.), The

Recognizing and Recording Reform in Mathematics Education Project: Insights, issues, and implications (pp.35~47). Journal for Research in Mathematics Education Monograph No. 8.

Freeman, D. J., & Porter, A. C. (1989). Do textbooks dictate the content of mathematics instruction in elementary schools? American Educational Research Journal, 26(3), 403~421.

Fuson, K. C., Smith, S. T., & Lo Cicero, A. M. (1997). Supporting Latino first graders' ten-structured thinking in urban classrooms. Journal for Research in Mathematics Education, 28(6), 738~766.

Geary, D., Siegler, R., & Fan, L. (1993). Even before formal instruction, Chinese children outperform American children in mental addition. Cognitive Development, 8(4), 517~529.

Greer, B. (1992). Multiplication and division as models of situations. In D. Grouws (Ed.), Handbook of mathematics teaching and learning (pp.276~295). New York: Macmillan.

Grossman, P., Wilson. S., & Shulman, L. (1989). Teachers of substance: Subject matter knowledge for teaching. In M. Reynolds (Ed.), Knowledge base for the beginning teacher (pp.23~36). New York: Pergamon Press.

Heaton, R. (1992). Who is minding the mathematics content?: A case study of a fifth grade teacher. Elementary School Journal, 93(2), 153~162.

Hiebert, J. (1984). Children's mathematics learning: The struggle to link form and understanding. Elementary School Journal, 84, 497~513.

Hirsch, E. D., Jr. (1996). The schools we need and why we don't have them. New York: Doubleday.

Husen, T. (1967a). International study of achievement in mathematics (Vol. 1). New York: Wiley.

Husen, T. (1967b). International study of achievement in mathematics (Vol. 2). New York: Wiley.

Kaput, J. (1994). Democratizing access to calculus: New routes to old roots. In A. Schoenfeld (Ed.), Mathematical thinking and problem solving (pp.77~156). Hillsdale,

NJ: Lawrence Erlbaum Associates.

Kaput, J., & Nemirovsky, R. (1995). Moving to the next level: A mathematics of change theme throughout the K-16 curriculum. UME Trends, 6(6), 20~21

Kieran, C. (1990). Cognitive processes involved in learning school algebra. In P. Nesher & J. Kilpatrick (Eds.), Mathematics and cognition: A research synthesis by the International Group for the Psychology of Mathematics education (pp.96~112). Cambridge, England: Cambridge University Press.

Kroll, L., & Black, A. (1993). Developmental theory and teaching methods: A pilot study of a teacher education program. Elementary School Journal, 93(4), 417~441.

Lange, L. (1964). The structure of mathematics. In G. Ford & L. Pugno (Eds.), The structure of knowledge and the curriculum (pp.50~70). Chicago, IL: Rand McNally.

LaPointe, A. E., Mead, N. A., & Philips, G. W. (1989). A world of differences: An international assessment of mathematics and science. Princeton, NJ: Educational Testing Service.

Lee, S, Y., Ichikawa, V., & Stevenson, H. W. (1987). Beliefs and achievement in mathematics and reading: A cross-national study of Chinese, Japanese, and American children and their mothers. In D. Kleiber & M. Maehr (Eds.), Advances in motivation (Vol. 7, pp.149~179). Greenwich, CT: JAI Press.

Leinhardt, G. (1987). Development of an expert explanation: An analysis of a sequence of subtraction lessons. Cognition and Instruction, 4(4), 225~282.

Leinhardt, G., & Greeno, J. (1986). The cognitive skill of mathematics teaching. Journal of Educational Psychology, 78(2), 75~95.

Leinhardt, G., Putnam, R., Stein, M., & Baxter, J. (1991). Where subject matter knowledge matters. In J. Brophy (Ed.), Advances in research on teaching (Vol. 2, pp.87~113). Greenwich, CT: JAI Press.

Leinhardt, G., & Smith, D. (1985). Expertise in mathematics instruction: Subject matter knowledge. Journal of Educational Psychology, 77(3), 247~271.

Lindquist, M. (1997). NAEP findings regarding the preparation and classroom practices of mathematics teachers. In P. Kenney & E. Silver (Eds.), Results from the sixth mathematics assessment of the National Assessment of Educational Progress (pp.61~86). Reston, VA: National Council of Teachers of Mathematics.

Lynn, R. (1988). Educational achievement in Japan: Lessons for the West. NY: Sharpe.

Magidson, S. (1994, April). Expanding horizons: From a researcher's development of her own instruction to the implementation of that material by others. Paper presented at the annual meeting of the American Educational Research Association, New Orleans, LA.

Marks, R. (1987). Those who appreciate: A case study of Joe, a beginning mathematics teacher (Knowledge Growth in a Profession Publication Series). Stanford, CA: Stanford University, School of Education.

McKnight, C., Crosswhite, F., Dossey, J., Kifer, E., Swafford, J., Travers, K., & Cooney, T. (1987). The under-achieving curriculum: Assessing U.S. schools from an international perspective. Champaign, IL: Stipes.

Miura, I., & Okamoto, Y. (1989). Comparisons of American and Japanese first graders' cognitive representation of number and understanding of place value. Journal of Educational Psychology, 81, 109~113.

National Center for Education Statistics. (1997). Pursuing excellence: A study of U.S. fourth-grade mathematics and science achievement in international context (NCES 97~255). Washington, DC: U.S. Government Printing Office.

National Center for Research on Teacher Education. (1988). Dialogues in teacher education. East Lansing, MI: National Center for Research on Teacher Education.

National Center for Research on Teacher Education. (1991). Findings from the teacher education and learning to teach study: Final report. East Lansing, MI: National Center for Research on Teacher Education.

National Commission on Teaching and America's Future. (1997). Doing what matters most: Investing in quality teaching. New York: Author.

National Council of Teachers of Mathematics. (1989). Curriculum and evaluation: Standards for school mathematics. Reston, VA: National Council of Teachers of Mathematics.

National Council of Teachers of Mathematics. (1991). Professional standards for teaching mathematics. Reston, VA: Author.

Paine, L., & Ma, L. (1998). Teachers working together: A dialogue on organizational and cultural perspectives of Chinese teachers. International Journal of Educational Research, 19(8), 675~718.

Pólya, G. (1973). How to solve it: A new aspect of mathematical method. Princeton NJ: Princeton University Press (2nd printing).

Putnam, R. (1992). Teaching the "hows" of mathematics for everyday life: A case study of a fifth-grade teacher. The Elementary School Journal, 93(2), 163~177.

Putnam, R. Heaton, R., Prawat, R., & Remillard, J. (1992). Teaching mathematics for understanding: Discussing case studies of four fifth-grade teachers. Elementary School Journal, 93(2), 213~228.

Resnick, L. B. (1982). Syntax and semantics in learning to subtract. In T. Carpenter, P. Moser, & T. Romberg (Eds.), Addition and subtraction: A cognitive perspective (pp.136~155). Hillsdale, NJ: Lawrence Erlbaum Associates.

Robitaille, D. F., & Garden, R. A. (1989). The IEA study of mathematics II: Contexts and outcomes of school mathematics. New York: Pergamon.

Schifter, D. (1996a). Conclusion: Throwing open the doors. In D. Schifter (Ed.), What's happening in math class?: Reconstructing professional identities (Vol. 2, pp.163~165). New York: Teachers College Press.

Schifter, D. (1996b). Introduction: Reconstructing professional identities. In D. Schifter (Ed.), What's happening in math class?: Reconstructing professional identities (Vol. 2, pp.1~8). New York: Teachers College Press.

Schifter, D. (Ed.). (1996c). What's happening in math class?: Envisioning new practices through teacher narratives (Vol. 1). New York: Teachers College Press.

Schifter D. (Ed.). (1996d). What's happening in math class?: Reconstructing professional identities (Vol. 2). New York: Teachers College Press.

Schmidt, W. (Ed.). (1996). Characterizing pedagogical flow: An investigation of mathematics and science teaching in six countries. Boston: Kluwer.

Schmidt. W. McKnight, C., & Raizen, S. (1997). A splintered vision: An investigation of U.S. science and mathematics education. Boston: Kluwer.

Schoenfeld, A. (1985). Mathematical problem solving. Orlando, FL: Academic Press.

Schram, P., Nemser, S., & Ball, D. (1989). Thinking about teaching subtraction with regrouping: A comparison of beginning and experienced teachers' reponses to textbooks. East Lansing, MI: National Center for Research on Teacher Education.

Shen, B., & Liang, J. (1992). Xiao xue shu xue jiao xue fa [Teaching elementary mathematics§—A teacher's manual]. Shanghai, Beijing: The Press of East China Normal University.

Shimahara, N.,& Sakai, A. (1995). Learning to teach in two cultures: Japan and the United States. New York: Garland Publishing.

Shulman, L. (1986). Those who understand: Knowledge growth in teaching. Educational Researcher, 15, 4~14.

Simon, M. (1993). Prospective elementary teachers' knowledge of division. Journal for Research in Mathematics Education, 24(3), 233~254.

Smith, D., & Mikami, Y. (1914). A history of Japanese mathematics. Chicago: Open Court Publishing Company.

Sosniak, L., & Stodolsky, S. (1993). Teachers and textbooks: Materials use in four fourth-grade classrooms. Elementary School Journal, 93(3), 2549~275.

Steen, L. (1990) Pattern. In L. Steen (Ed.), On the shoulders of giants (pp.1~10). Washington, DC: National Academy Press.

Stein, M., Baxter, J., & Leinhardt, G. (1990). Subject matter knowledge and elementary instruction: A case from functions and graphing. American Educational Research Journal, 27(4), 639~663.

Steinberg, R., Marks, R., & Haymore, J. (1985). Teachers' knowledge and structure content in mathematics (Knowledge Growth in a Profession Publication Series). Stanford, CA: Stanford University, School of Education.

Stevenson, H. W., Azuma, H., & Hakuta, K. (Eds.). (1986). Child development and education in Japan. New York: W. H. Freeman.

Stevenson, H. W., Lee, S., Chen, C., Lummis, M., Stigler, J., Fan, L., & Ge, E. (1990). Mathematics achievement of children in China and the United States. Child Development, 61, 1053~1066.

Stevenson, H. W., & Stigler, J. W. (1992). The learning gap. New York: Summit Books.

Stigler, J. W., Fernandez, C., & Yoshida, M. (1996). Cultures of mathematics instruction in Japanese and American elementary classrooms. In T. Rohlen & G. LeTendre (Eds.), Teaching and learning in Japan (pp.213-247). Cambridge, England: Cambridge University Press.

Stigler, J. W., Lee, S.Y., & Stevenson, H. W. (1986). Mathematics classrooms in Japan, Taiwan, and the United States. Child Development, 58(5), 1272~1285.

Stigler, J. W., & Perry, M. (1988a). Cross-cultural studies of mathematics teaching and learning: Recent findings and new direction. In D. Grouws & T. Cooney (Eds.), Perspectives on research on effective mathematics teaching (Vol. 1). Reston, VA: National Council of Teachers of Mathematics.

Stigler, J. W., & Perry, M. (1988b). Mathematics learning in Japanese, Chinese, and American classrooms. New directions for child development, 41, 27~54.

Stigler, J. W., & Stevenson, H. W. (1991). How Asian teachers polish each lesson to perfection. American Educator, 14(4), 13~20, 43~46.

Walker, D. (1990). Fundamentals of curriculum. Santiago, Chile: Harcourt Brace Jovanovich.

Wilson, S. (1988). Understanding historical understanding: Subject matter Knowledge and the teaching of U.S. history. Unpublished doctoral dissertation, Stanford University, Stanford, CA.

신현용은 서울대학교 사범대학 수학교육과 졸업. 동 대학원 수학교육과 석사. 미국 알라배마 대학원 수학과 박사. 네덜란드 국립수학연구소(CWI)방문교수. 해군 제2사관학교 수학교관(해군대위) 역임. 한국교원대학교 수학교육연구소 소장 역임. 현재 한국교원대학교 수학교육과 교수. 번역서로는 〈우리 수학자 모두는 약간 미친 겁니다〉와 〈뷰티풀 마인드〉, 〈무한의 신비〉 등이 있다.

승영조는 1991년 중앙일보 신춘문예 문학평론에 당선. 번역서로는 〈발견하는 즐거움〉, 〈뷰티풀 마인드〉, 〈무한의 신비〉 외 30여 종이 있으며, 저서로는 〈창의력 느끼기〉가 있다.